KB065637

원자

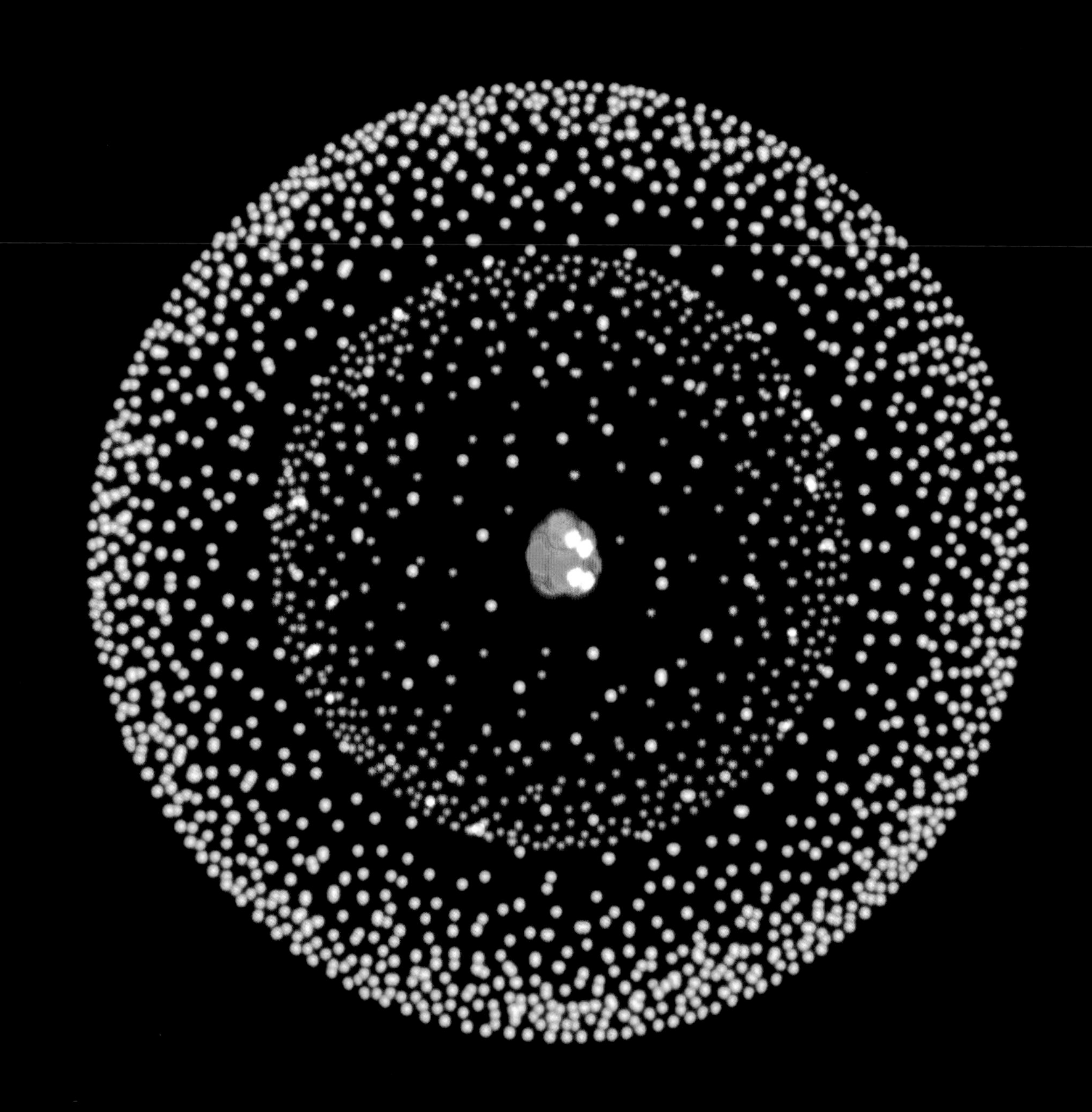

원자

만물의 근원에 관한 모든 것

잭 챌로너 지음 | 장정문 옮김 · 이강영 감수

소우주

지은이 잭 챌로너

런던 임페리얼대학에서 물리학을 전공했다. 이후 런던 과학박물관에서 일했고, 스코틀랜드 BBC의 과학 프로그램 제작에도 참여했다. 현재 과학책 전문 작가로 활동 중이며, 저서로는 『원자』, 『세포』, 『원소』, 『미래 과학자를 위한 즐거운 실험실』, 『죽기 전에 꼭 알아야 할 세상을 바꾼 발명품 1001』 등이 있다.

옮긴이 장정문

이화여자대학교 영문학과 졸업 후 외국계 기업에서 근무했으며 현재 전문 번역가로 활동하고 있다. 옮긴 책으로 『스티븐 호킹』, 『원자』, 『주기율표』, 『일상에 숨겨진 수학 이야기』, 『사파리』, 『정글』 등이 있다.

감수 이강영

서울대학교 물리학과를 졸업하고 KAIST에서 입자물리학으로 석사 학위와 박사 학위를 받았다. 서울대학교 이론물리학 연구센터, 연세대학교 자연과학 연구소, 고등과학원 등에서 연구했고 KAIST, 고려대학교, 건국대학교의 연구교수를 지냈다. 지금까지 입자 물리학의 여러 주제에 관해 70여 편의 논문을 발표했다. 저서로는 『LHC, 현대물리학의 최전선』, 『보이지 않는 세계』, 『스핀』이 있다. 현재 경상대학교 물리교육과 교수로 재직하고 있다.

The ATOM: The Building Block of Everything

Text copyright © Jack Challoner
Design and layout copyright © 2018 Quarto Publishing PLC
All rights reserved.

Korean translation copyright © 2019 by SoWooJoo
Korean translation rights arranged with Quarto Publishing PLC through EYA(Eric Yang Agency).

이 책의 한국어판 저작권은 EYA(Eric Yang Agency)를 통한 Quarto Publishing PLC 사와의 독점 계약으로 '소우주'가 소유합니다. 저작권법에 의해 한국 내에서 보호를 받는 저작물이므로 무단 전재 및 복제를 금합니다.

원자: 만물의 근원에 관한 모든 것

초판 1쇄 발행 2019년 1월 21일

지은이 잭 챌로너
옮긴이 장정문
감수 이강영
편집 류은영
펴낸이 김성현
펴낸곳 소우주출판사
등록 2016년 12월 27일 제 563-2016-000092호
주소 경기도 용인시 기흥구 보정로 30, 136-902
전화 010-2508-1532
이메일 jidda74@naver.com

ISBN 979-11-960577-5-6 (03420)

값 20,000원

서 문

멀리서 바라보면 물질은 부드럽고 연속된 것처럼 보인다. 테이블과 같은 단단한 물체는 경계가 명확하고 내부에는 틈을 찾아보기 어렵다. 물이 컵에서 흘러 내릴 때는 물줄기를 이루기도 하고 물방울로 떨어지기도 한다. 우리가 숨쉬는 공기 역시 눈에 보이지는 않지만 기체로 된 연속체처럼 느껴진다. 그러나 우리가 온전히 이해하기 어려울 정도의 지극히 작은 스케일에서는, 물질이 울퉁불퉁하고 불연속적이다. 물질은 빈 공간에 수없이 많은 미세한 입자들이 점점이 박혀 있는 것이다. 이렇게 물질이 매우 작은 입자로 이루어져 있다는 개념을 원자론이라 부른다. 이 책은 원자론에 대한 예찬이며, 우리를 둘러싼 세계를 원자의 관점에서 조망하며 놀라운 통찰을 제시한다.

이 책의 제목이나 앞 페이지에서 언급했던 내용에도 불구하고, "원자"는 사실 물질을 이루는 근본적인 요소가 아니다. 여기에는 두 가지 이유가 있다. 첫째, 원자는 그 자체가 양성자, 중성자, 전자라는 더 작은 입자로 이루어져 있다. 둘째, 대부분의 물질은 사실 원자로 만들어지지 않는다. 원자를 정확히 정의하면 동일한 수의 양성자와 전자를 가진 고립되고 자족적인 물질이라 할 수 있는데, 사실 현실에서 이런 상황은 거의 존재하지 않는다. 엄밀히 말하면 우리 주변의 거의 모든 물질은 원자가 아니라 분자 혹은 이온으로 이루어져 있다. 분자란 두 개 이상의 원자가 결합되어 있는 것으로, 이때 원자는 고립되고 자족적인 것이 아니라 전자를 공유하며 결합한다. 이온은 양성자의 수와 전자의 수가 동일하지 않기 때문에 원자가 아니다. 그럼에도 불구하고 물질이 "원자로 이루어져 있다"고 말하는 것은 편리하다. 또한 원자는 물질의 작용을 이해하기에 매우 유용한 전형典型이자, 더없이 훌륭한 출발점이기도 하다.

물질은 무엇으로 이루어져 있는가?

인간에게 호기심이란 것이 존재한 이래로, 우리는 아마도 물질이 무엇으로 이루어져 있는지에 대해 의문을 품어 왔을 것이다. 원자의 현대적 정의는 지난 200년 동안 이론과 관찰, 실험을 통해 발전해 왔다. 그러나 물질이 매우 작은 입자로 이루어져 있다는 생각은 -비록 항상 지배적인 것은 아니었지만- 그보다 훨씬 더 오래전에 시작되었다. 1장에서 우리는 "원자"의 개념에 관한 기나긴 역사를 되돌아보면서, 위대한 지성들의 탁월한 사상을 대략적으로 살펴볼 것이다.

오늘날 원자가 어떻게 행동하는지에 대한 이해는 양자 이론에 의존한다. 양자 이론이란 원자 스케일에서 입자들의 상호 작용을 지배하는, 직관에 반하지만 잘 검증된 일련의 규칙을 말한다. 2장에서는 원자의 기본 구조를 이해하기 위해 양자 이론을 다소 깊이 있게 들여다 본다. 원자의 내부에서 전자는 핵 주변에 특정한 패턴으로 배열되어 있으며, 핵은 양성자와 중성자로 구성되어 있는 조밀한 중심부이다.

자연적으로 존재하는 원자의 종류는 약 90개에 불과하다. 각각의 원자는 핵 안에 서로 다른 수의 양성자를 가지고 있다(양성자의 수는 핵 주변에 배열되어 있는 전자의 수와 항상 같다). 원자의 종류를 원소라 부른다. 우주가 생성될 때 최초 몇 분 동안 양성자와 중성자가 결합해 단순한 핵을 형성하면서 몇몇 원소가 생겨났다. 고온 고압의 항성 내부에서는 원시 원자의 핵이 결합, 즉 "융합"해 더 큰 원자핵을 만들면서 무거운 원소들이 생겨났다. 초신성 -거대한 항성이 수명을 다하면서 강력한 폭발을 일으키는 현상- 은 더욱 무거운 원소를 생성하는데, 이는 더 큰 핵이 융합하기 때문이다. 3장에서는 원소의 생성 과정과 특성에 대해 알아본다. 또한 원소를 비슷한 성질을 가진 것끼리 묶어 분류한 주기율표에 대해서도 소개한다.

4장에서는 원자 간의 상호 작용이 물질의 물리적 성질과 화학적 성질을 어떻게 설명하는지에 대해 알아본다. 다수의 입자들(원자, 분자 또는 이온) 간의 상호 작용은 고체, 액체, 그리고 기체의 물리적 성질 및 행동을 설명할 수 있는데, 이를테면 기압, 증발 및 표면 장력의 존재 등이다. 원자 간에 작용하는 인력은 결합(화합물을 생성하는 화학 결합)을 형성한다. 예를 들면, 수소 원자와 산소 원자가 결합해 우리가 물이라 부르는 화합물을 형성하는 것이다.

5장에서는 과학자들이 원자에 관한 상세한 지식을 얻는 데 바탕이 된 현대 기술에 대해 살펴본다. 이러한 기술 덕분에 원자 표면의 놀라운 이미지를 생성하거나 원자를 하나씩 조작할 수 있게 되었다. 6장에서는 20세기와 21세기에 걸쳐 원자 이론이 일상 생활과 일상을 벗어나는 영역에서 기여한 점에 대해 알아본다. 예를 들어 양자 이론으로 인해 전자공학자들은 전자를 지배할 수 있게 되었고, 이는 디지털 혁명의 바탕이 된, 컴퓨터를 비롯한 여러 기기의 개발로 이어졌다. 또한 핵반응과 방사능에 대한 이해 덕분에 인류는 거대한 에너지원을 얻게 되었으며, 이는 평화적인 목적 또는 그 반대의 목적으로 사용될 수 있다.

이 책의 마지막 장인 7장에서는 입자와 이들의 상호작용을 나타낸 표준 모형을 통해 원자론의 현재 상태에 대해 알아본다. 이 아름다운 이론은 스위스와 프랑스의 국경 지대에 있는 CERN에서, 대형 강입자 가속기와 같은 강력한 입자 가속기를 이용해 이론 물리학자들과 실험 물리학자들이 수십년 동안 연구해 온 결과이다. 표준 모형으로 인해 우리는 방대한 아원자 입자 세계를 이해할 수 있게 되었고, 신의 입자로도 불리는 힉스 보손의 존재와 같은 대담한 예측도 가능했으며 이는 실제로 입증되었다. 그 중심에 이 세상을 구성하는 (쪼개지지 않는) 기본 입자, 즉 진정한 "원자"가 있다. 그러나 표준 모형에는 아직까지 풀리지 않은 난제가 있다. 이는 표준 모형이 입자는 고체가 아니라 모든 공간에 스며드는 "장field"의 발현이라는, 양자 이론의 연장인 양자장 이론에 기반을 두고 있기 때문이다. 현대 물리학에 의하면 "원자"는, 무한하고 눈에 보이지 않으며 실체가 없는 포텐셜의 바다 위를 표류하는 파동일 뿐이다.

원자를 정확히 정의하면 동일한 수의 양성자와 전자를 가진 고립되고 자족적인 물질이라 할 수 있다.

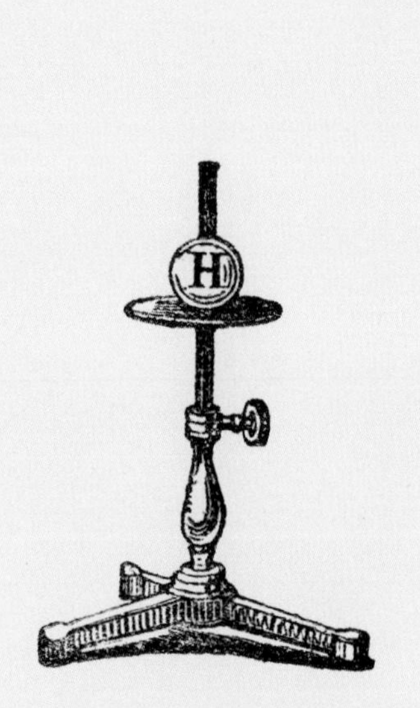
H

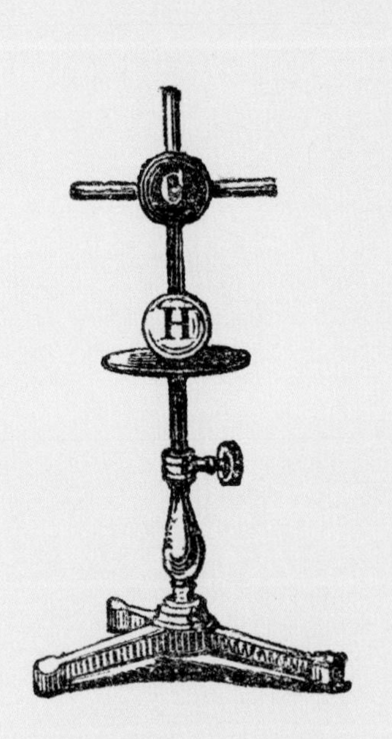
C
H

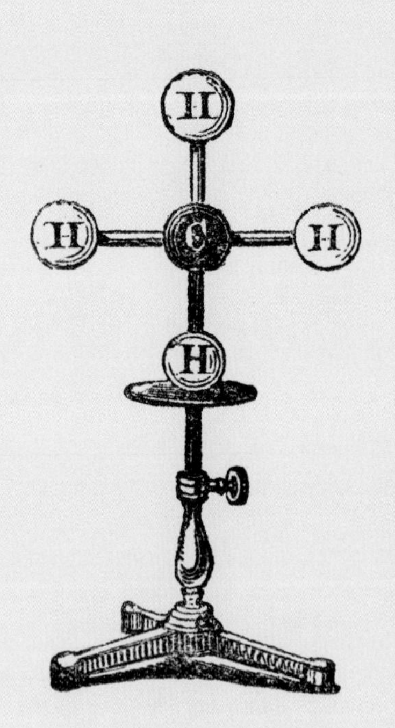
H
H
C
H
H

제1장

"원자" 개념의 역사

물질이 아주 작은 입자들로 이루어져 있다는 생각은 적어도 2,500년 전부터 존재했다. 오랜 시간 동안 이러한 생각은 철학적이고 종교적인 이유로 인해 과학적 사고의 비주류로 취급되었지만, 17-18세기 유럽에서 과학의 위상이 높아지면서 다시 주목 받게 되었다. 원자가 실제로 존재한다는 생각이 널리 받아들여진 것은 20세기 초반 원자 물리학이 빠른 속도로 부상하면서부터였다.

1865년 독일의 화학자 아우구스트 빌헬름 폰 호프만 August Wilhelm von Hofmann이 영국 런던 왕립연구소에 제시한 분자 모형. 호프만은 원자의 존재 여부에 대해 여전히 의문이 있던 시기에 "원자의 결합력"이라는 제목의 강의에서 이 모형을 사용했다.

모든 것과 없는 것

현대 원자 이론은 고대 그리스에 그 뿌리를 두고 있다. 특이한 점은 원자론의 시작이, 변화하는 것은 실제인지 환영인지, 빈 공간은 존재할 수 있는지에 대한 철학적 논쟁에서 비롯되었다는 사실이다. 그리스와 인도 두 지역에서 면밀하고 설득력 있는 원자 이론이 발전해왔음에도 불구하고, 다른 사상들이 우위를 점하게 되었다.

모든 것은 변한다 – 정말 그럴까?

고대 그리스의 철학자들은 세상의 질서, 즉 우리가 마주하는 다양한 현상을 설명할 수 있는 통합된 원인을 찾고자 했다. 물리적 세계, 즉 물질에 관한 한 초기 그리스 철학자들은 "일원론자"였다. 이들은 세상의 모든 물질이 한 종류에서 출발해 다원화되거나, 하나의 물질이 다양한 형태로 나타난 것이라고 주장했다.

초기 그리스 철학자 중 한 명이었던 밀레투스의 탈레스Thales of Miletus (기원전 625년경-545년경)는 물을 모든 물질의 근원이라 했으며, 밀레투스의 아낙시메네스Anaximenes는 이를 공기라고 주장했다.

수십 년 후에는 또 다른 그리스 철학자인 에베소의 헤라클레이토스Heraclitus of Ephesus (기원전 535년경-475년경)가 세상을 이루는 기본 물질은 불이라고 주장했다. 그는 불이 모든 변화의 매개자라고 추론했는데, 변화야말로 세상의 필수적이고 지속적인 특징이라 할 수 있다. 반면, 헤라클레이토스와 동시대에 살았던 엘레아의 파르메니데스Parmenides of Elea (기원전 515년경 출생)는 그 반대라고 믿었다. 파르메니데스와 그의 제자들은 인간의 감각에 의한 실증적 경험을 부정했고, 대신 순수 이성을 중시했다. 이들은 모든 변화가 실제로는 존재하지 않는 환상에 불과하다고 믿었다.

변화가 환상이라는 파르메니데스의 생각은 "없는 것nothingness"은 존재할 수 없다는 믿음에서 출발했다. 그는 어떤 물질이 "변화된" 걸로 보이는 상태는 원래 물질과는 다르기 때문에 이전에는 존재하지 않았다고 주장했다. 즉, 변화된 것이 아니라 무無에서부터 생겨났다는 것이다. 심지어 파르메니데스는 사물이 움직인다는 생각조차 부정했다. 그의 논리에 의하면 어떤 것이 움직이기 위해서는 그것이 이동할 수 있는 "허공void", 즉 빈 공간이 필요한데, 빈 공간은 "없는 것"과 동일하기 때문이다. 파르메니데스에게 현실이란 항상 존재해 왔고 어떤 것도 변하지 않았으며, 완벽하면서 충만한 불변의 구球와 같은 것이었다. 그는 이것을 플레넘plenum이라고 불렀다. 현대 이론물리학의 관점에서 보는 플레넘의 개념에 대해서는 7장에서 다시 살펴볼 것이다.

원자 – 변화에 대한 이해

파르메니데스의 사상은 고대 그리스에서 영향력이 있었기 때문에 그를 계승한 철학자들은 그의 관점을 고려할 수 밖에 없었다. 최초의 포괄적 원자 이론을 제시한 것으로 널리 인정받고 있었던 데모크리토스Democritus(기원전 460년경-370년) 역시 그중 한 명이었다(같은 시기에 인도에서도 유사한 사상이 존재했다. 14페이지 박스 내용 참고). 그는 현실에 관한 파르메니데스의 개념에 절충안을 제시하려고 했다. 즉, 현실에서 실제로 변화가 일어나긴 하지만 전체적으로는 변하지 않는다는 것이다. 데모크리토스는 이를 위해 파르메니데스의 생각에서 두 가지를 수정했다. 첫째, "허공", 즉 빈 공간은 존재할 수 있으며, 둘째, 모든 물질은 매우 작고 더 이상 쪼갤 수 없는 입자로 이루어져 있다는 것이다. 데모크리토스에 의하면 개별 입자들의 정체성은 그대로 유지되며 입자의 총 개수도 동일하기 때문에 전체적으로 볼 때는 변화가 일어나지 않는다. 그러나 국지적으로는 변화가 일어날 수 있는데 이는 입자들이 움직이고, 서로 충돌하며, 결합하거나 분리되고, 재배열될 수 있기 때문이다.

데모크리토스는 이러한 입자를 아토모스(ἄτομος, atomos; "더 이상 쪼갤 수 없는"이라는 뜻)라고 불렀다. 이 단어는 ἀ-(a-, "부정접두어")와 τέμνω(temnō, "쪼개다")에서 유래했다. 또한 그는 입자는 항상 움직이며 크기와

일원론에 의하면 만물은 오직 하나의 물질로만 이루어지거나 하나의 물질에서 기원한다. 하지만 어떻게 바다, 바위, 하늘로 치솟는 새, 그리고 구름이 하나의 동일한 물질로 만들어질 수 있을까?

모양을 제외하면 모두 동일하다고 생각했다.

데모크리토스는 원자론적 철학으로 물질의 물리적 성질을 이해하고자 했다. 그는 기체가 매우 작고 가벼운 원자로 이루어져 있고 이들 사이에는 허공이 상당한 부분을 차지하고 있는 반면, 밀도가 높은 고체 물질은 무거운 원자가 좀 더 조밀하게 분포하고 있다고 주장했다. 또한 원자는 마치 고리 단추처럼 서로 물리적으로 연결되어 있으며, 이러한 연결은 화학 반응이 일어나거나 액체가 증발하고 수증기가 응결할 때 끊어지거나 새로 형성될 수 있다고 했는데, 이에 관해서는 4장에서 좀 더 자세히 다룰 것이다. 또한 원자의 모양에 따라 특정한 성질이 발생하는데, 예를 들어 소금 원자는 날카롭지만, 액체 원자는 둥글기 때문에 쉽게 서로를 타고 넘어 흐를 수 있다고 했다.

데모크리토스의 이론이 널리 받아들여지지 않은 주된 이유는 두 가지이다. 첫째, 그의 이론은 지극히 물질주의적인 세계관으로, 형이상학적 또는 정신적 영향력이 관여할 만한 여지를 두지 않았다. 그는, 영혼에는 특별한 종류의 원자가 있으며 이들은 다른 원자들보다 크기가 작아서 인체 내부의 원자 사이를 쉽게 지나갈 수 있다고 생각했다. 이러한 물질주의적 특성 때문에 그의 이론은 많은 사람들, 특히 종교 사상가들의 지지를 받지 못했다. 대체 어떻게 인간의 영혼과 상상력을 원자의 움직임으로 설명할 수 있단 말인가?

"없는 것"은 매우 중요하다

데모크리토스 이론이 지닌 또 다른 문제점은 이 이론이 허공, 즉 빈 공간의 개념에 의존하고 있다는 사실이었다. 이러한 문제점은 다른 철학자로 인해 점점 더 그 중요성이 부각되었다. 바로 아리스토텔레스(기원전 384-322)였다. 물질에 대한 아리스토텔레스의 생각은 일상의 경험에 기반을 두고 있는 실용적인 것이었으며, 이는 그의

인도의 원자이론

그리스에서 데모크리토스가 자신의 원자 이론을 정립해 가고 있을 무렵, 인도에서는 힌두교와 불교, 자이나교의 철학자들 및 종교 사상가들이 비슷한 생각을 발전시키고 있었다. 예를 들어 초기 자이나교에서 모든 물질matter은 파라마누스(paramāṇus)라고 불리는 매우 작고 더 이상 쪼개질 수 없는 입자로 이루어졌으며, 6종류의 영원한 실체substance 중 하나로 간주되었다. 그러나 인도의 철학가들이 제창한 사상의 완성도나 그리스 원자 이론과의 유사성과는 무관하게, 유럽에서의 원자론 발전에 영향을 미친 것은 그리스 철학자들의 사상이었다. 그리고 수세기 후, 유럽에서 현대 원자 이론이 탄생했다.

데모크리토스는 기원전 5세기 그리스 북동부의 트라케 연안 압데라에서 태어났다. 그는 수학, 윤리학, 미학, 인식론(지식에 대한 이론) 등 방대한 주제에 대해 저술했지만, 남아 있는 것은 거의 없다.

기원전 4세기의 학자인 아리스토텔레스는, 가장 많은 작품을 남기고 영향력이 컸던 그리스 철학자 중 한 명이었다. 그는 철학, 생물학, 천문학, 날씨, 윤리학, 정치학, 시, 희곡, 언어학 등 다양한 주제에 대한 글을 남겼다.

사상이 영향력을 가질 수 있었던 이유 중 하나이다. 아리스토텔레스는 물질이 연속적이며, 원칙적으로 무한히 나누어질 수 있다고 믿었다. 또한 어떤 실체substance의 성질, 즉 "형상form"은 물질 자체와는 별개라고 생각했다. 그는 자신의 생각이 마치 진리인 것처럼 주장했으며 수 세기 동안 대부분의 학자들은 그의 주장을 받아들였다. 아리스토텔레스는, 빈 공간이 생기면 즉시 주변의 물질로 채워지기 때문에 허공은 존재할 수 없다고 확신했다. 그가 남긴 가장 유명한 문구는 아마도 "빈 공간에 대한 공포*horror vacui*"일 것이다. 허공의 존재는 데모크리토스 이론의 핵심적인 요소였기 때문에 허공이 존재할 수 없다는 믿음은 결국 원자론에 대한 강한 부정으로 이어졌다.

스콜라주의적 관점

초기 이슬람 세계 및 중세 유럽의 철학자들과 학자들은 대부분 물질에 대한 아리스토텔레스의 견해를 의심의 여지없이 받아들였다. 아리스토텔레스는 물질이 작은 입자로 이루어졌다는 생각을 믿지 않았기 때문에, 원자론은 사실상 힘을 잃고 말았다. 그러나 17세기 유럽에서의 새로운 과학적 탐구 정신의 발현과 더불어 이러한 생각에도 변화가 생겨나기 시작했다.

고대 그리스와 고대 인도로부터 이어져 온 지식과 사상은, 여러 제국이 탄생과 몰락을 이어가던 기원전 3세기부터 널리 퍼져 나갔다. 아리스토텔레스의 철학은 초기 기독교 학자들뿐만 아니라, 공통의 언어와 종교로 통일을 이루며 번성한 이슬람 제국의 아랍 학자들에게도 지지를 받았다. 강력한 칼리프를 특징으로 한 이슬람 제국은 아라비아 반도와 인도 일부, 중동, 북아프리카 등을 포함한 광대한 지역으로 뻗어나갔다.

이슬람 문명의 황금기

수준 높은 문화와 정교한 과학, 수학, 공학 등이 이슬람 제국 전역으로 퍼져나간 시기였던 9-12세기는 이슬람 문명의 황금기라 불린다. 많은 아랍 학자들은 고대 그리스의 고전 작품을 흡수한 다음, 이를 번역하고 재해석했으며, 다양한 분야에서 독자적인 발전을 이루기도 했다. 몇몇 학자들은 자기 나름의 원자 이론을 발전시켰는데, 아부 알 가잘리Abū al-Ghazālī(1058-1111년경)가 주목할 만 하다. 그는 모든 물질은 더 이상 나눠지지 않는 입자로 이루어져 있으며, 알라신이 이들을 배열해 놓았다고 믿었다.

특히 두 명의 학자가 아리스토텔레스의 연구를 계승하고 발전시켰다. 이븐 시나Ibn Sīnā(980-1037년경)와 이븐 루시드Ibn Rushd(1126-98)는 데모크리토스의 원자론을 부정했고, 이후 수 세기 동안 큰 영향을 끼쳤다.

유럽으로의 확산

아랍 학자들에 의해 축적된 지식은 주로 스페인을 통해 유럽으로 퍼져나갔고, 11세기 이래 유럽의 새로운 대학들에서 사용되던 교수법인 "스콜라주의"에 편입되었다. 물질에 대한 이론에 관해서는 아리스토텔레스의 생각이 지배적이었다. 아리스토텔레스는 실체substance가 물질matter과 형상form으로 이루어졌다고 생각했다. 그는 형상은 바뀔 수 있지만 물질을 변하지 않는다고 했으며, 특히 물질은 연속적이며 허공은 존재할 수 없다고 주장했다.

아리스토텔레스적 사고가 당시의 학계를 지배하고 있었음에도 불구하고 원자론에 대한 개념은 두 가지 주된 이유에서 지속되고 있었는데, 이들은 모두 아리스토텔레스 자신의 저술과 관련된다. 첫째, 비록 비판적이긴 했지만 아리스토텔레스는 자신의 글에서 데모크리토스의 이론에 관해 광범위하게 논의했다. 사실 데모크리토스의 글은 남아 있는 것이 하나도 없기 때문에 아리스토텔레스의 글은 우리가 데모크리토스의 사상을 알 수 있는 가장 중요한 원천의 하나이다. 둘째, 아리스토텔레스는 물질의 "가장 작은 부분"에 대해 논의하면서 이를 미니마 나투랄리아minima naturalia라고 불렀다. 아리스토텔레스의 "미니마"는 데모크리토스의 원자처럼 더 이상 쪼개지지 않는 입자가 아니라 어떤 실체의 최소량을 의미했다. 예를 들어 육체는 계속해서 점점 더 작은 조각으로 나눌 수 있다. 그러나 특정 크기보다 작아지면, 물질은 여전히 존재하지만 이것은 더 이상 육체가 아니라는 것이다.

몇몇 학자들이 아리스토텔레스의 생각에 의문을 가지기 시작했을 무렵, 영향력 있는 이탈리아의 학자였던 줄리어스 시저 스칼리거Julius Caesar Scaliger(1484-1558)는 아리스토텔레스의 사상을 열렬히 옹호했다. 그러나 그는 아리스토텔레스의 미니마를 실체의 최소량이 아닌 물리적 객체, 즉 물질의 기본 구성 요소로 간주했다. 예를 들어 그는 자신의 글에서 어떻게 물이 돌을 한 번에 한 입자씩 마모시킬 수 있는지, 그리고 미니마가 서로 가까이 있으면 실체의 밀도가 어떻게 변하는지 등에 대해 기술했다. 데모크리토스의 정신을 계승해 원자론을 전적으로 지지하는 학자들도 있었으나 이들은 극소수에 불과했다. 진정한 원자론은 학자들이 아리스토텔레스의 생각에 의문을 가지기 시작하고, 자신의 아이디어를 고안하고 이를 검증하기 위해 실험을 거치는 과정에서 비로소 대두되었다.

스콜라주의scholasticism는 아리스토텔레스의 작품과 초기 기독교 사상가들의 가르침에 바탕을 둔 것으로, 유럽 대학에서 철학과 신학을 배우기 위한 접근 방식이었다. 이것은 배움에 대해 비판적으로 평가할 여지가 거의 없는, 완전히 설교적인 학습법이었다.

아리스토텔레스에 대한 의심

14세기에 시작된 르네상스 시대 동안, 예술가, 작가, 철학자, 수학자, 그리고 과학자들은 학문적 영역을 넘어 고대 그리스와 로마의 문화에 새롭게 관심을 두었다. 이들은 기존의 정설에 도전하고 그리스인들과 로마인들의 정신을 이어 받아 자신들의 문화를 만들어가기 시작했다. 1440년경 요하네스 구텐베르크Johannes Gutenberg가 발명한 인쇄기는 새로운 사상이 멀리 퍼져나가는 것을 도왔으며, 특히 레오나르도 다빈치와 미켈란젤로의 예술 작품, 코페르니쿠스의 지동설, 안드레아스 베살리우스의 인체 해부학, 종교개혁 등이 르네상스 시대에 탄생한 중요한 성과로 꼽힌다.

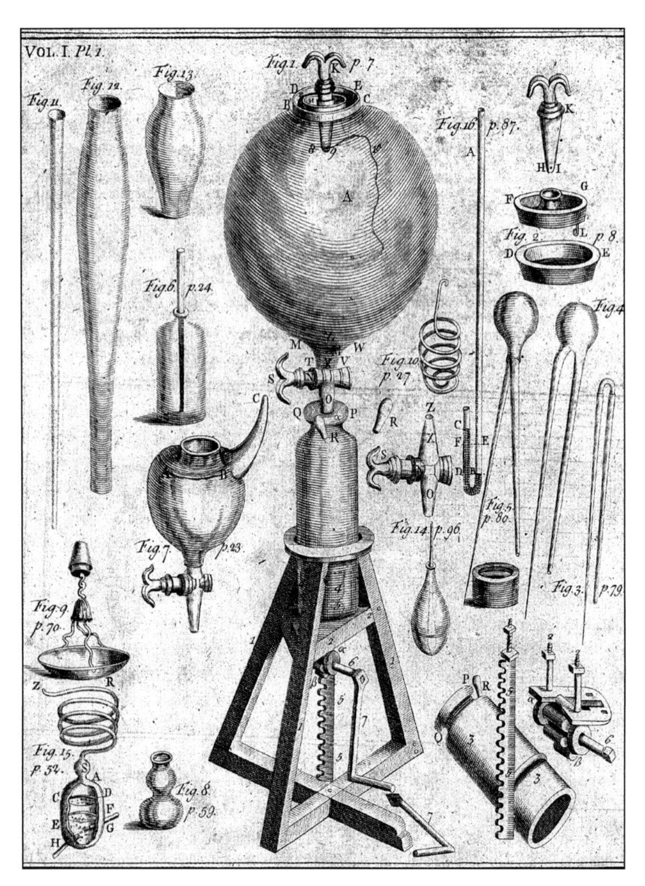

17세기 초 무렵, 세상의 원리와 구성 요소에 대한 생각은 철학에서 과학으로 옮겨졌으며, 특히 경험주의가 부상했다. 갈릴레오 갈릴레이Galileo Galilei(1564–1642) 등은 새롭게 발명된 망원경과 현미경을 이용해 아리스토텔레스 견해의 문제점을 부각시키며 새로운 과학적 탐구 정신에 박차를 가했다. 1620년에는 영국의 정치가이자 과학자인 프랜시스 베이컨Francis Bacon(1561–1626)이 그의 저서 『신기관*Novum Organum*』(논리를 사용해 지식을 얻는 방법에 관한 6권짜리 저술로, 제목이 아리스토텔레스의 『오르가논*Organon*』과 관련된다)에서 과학적 연구 방법을 성문화했다. 유럽 전역에서 과학자들이 관찰하고 질문하며, 이론을 정립하고 실험을 진행하는 상황에서, 물질이 무엇으로 만들어지는지에 대한 인식이 바뀌기 시작한 것은 당연한 일이었다.

17세기 중반이 되자 몇몇 저명한 과학자들은 물질이 입자로 이루어졌다고 생각하게 되었다. 원자론의 출현을 가능하게 했던 새로운 현상은 진공, 즉 아리스토텔레스가 강하게 부정했던 빈 공간이었다. 1643년, 이탈리아의 과학자 에반젤리스타 토리첼리Evangelista Torricelli(1608–47)는 수은 기압계의 유리 안쪽에 빈 공간처럼 보이는 곳을 발견했다. 1654년에는 독일의 과학자이자 정치가 오토 폰 게리케Otto von Guericke(1602–86)가 밀폐된 용기의 내부에 부분적으로 진공을 만들 수 있는 진공 펌프를 발명해 수백 번의 실험을 진행했다. 그의 연구 결과에서 영감을 얻은 영국계 아일랜드 과학자 로버트 보일Robert Boyle(1627–91)은 더 나은 진공을 만들 수 있는 훨씬 강력하고 효과적인 펌프를 고안했다. 그는 또한 원자론의 역사에서 또 다른 중요한 줄기였던 화학의 발전에서 선구자적 역할을 했다.

저압 공기를 이용한
로버트 보일**의** 실험 장비 및
진공 펌프

폰 게리케가 두 개의 반구에서 공기를 제거하자, 대기압에 의해 결합된 반구는 여러 마리의 말이 힘을 가해도 분리되지 않았다. 1654년 독일의 레겐스부르크에서 보인 시연.

토리첼리는 한쪽 끝이 막힌 긴 유리관에 수은(실온에서 액체 상태인 밀도가 높은 금속)을 가득 채운 후 수은이 담긴 그릇에 유리관의 막히지 않은 쪽을 아래로 해서 세웠다. 그 결과 유리관 내부의 수은은 30인치(76cm) 높이의 기둥을 이루었고 윗부분은 명확히 빈 공간, 즉 진공이었다.

물질에 대한 새로운 과학

17세기 후반이 되자, 과학으로서의 화학이 비과학적 전임자인 연금술을 대신하게 되었다. 화학자들은 물질의 행동에 관한 과학 법칙을 만들었고, 이는 원자론의 부상으로 이어졌다. 원소와 화합물에 대한 새로운 지식에 영감을 받은 영국의 화학자 존 돌턴John Dalton은, 19세기 초반 최초의 현대 원자 이론을 확립했다.

화학 반응

연소는 불을 생성하고 나무를 재로 바꾼다. 발효는 식물을 와인이나 맥주로 변화시키고, 제련은 암석에서 금속을 만들어낸다. 만약 원자에 대한 지식과 원소 및 화합물에 대한 이해가 없었다면 이러한 화학 반응은 신비로운 것, 심지어는 마법으로 여겨졌을 것이다. 화학이 과학화되면서 화학 반응 과정에서 실제로 일어나는 일들이 밝혀지기 전까지, 철학자를 비롯한 다른 학자들은 고대의 연금술을 바탕으로 이를 이해했다.

몇몇 뚜렷한 유형의 연금술이 전 세계 여러 지역에서 진화했다. 유럽 연금술사들은 이슬람 황금 시대 아랍 연금술사들의 관습과 믿음을 받아들이고 이를 발전시켰는데, 당시 아랍의 연금술사들은 기본적인 실험 기술을 개발했고, 오늘날 화학 실험실에서 쓰이는 기초 실험 장비도 다수 만들었다.

아랍과 유럽의 연금술사들은 화학적 변화를 변환trans-mutation, 즉 실체가 "형상을 바꾸는 것"이라고 생각했다. 이들의 사고는 실체가 물질과 형상으로 이루어져 있다는 아리스토텔레스의 생각에 근거했다(17페이지 참고). 또한 이들은 4가지 "원소"(흙, 공기, 불, 물)에 대한 고대 이론에도 기반을 두었는데, 이 역시 아리스토텔레스가 옹호하고 발전시킨 이론이었다. 현대 과학에서는 이 4가지 물질을 화학 원소로 정의하지 않는다. 일부 연금술사들은 수은과 황을 원소 목록에 추가했는데, 아이러니하게도 수은과 황은 실제로 화학 원소이다. 연금술사들은 변환을, 어떤 실체를 이루는 원소의 비율이 바뀌는 것으로 보았다.

연금술사들이 지지했던 4원소론에 의하면, 나무는 대부분 불, 물, 그리고 흙으로 이루어진다. 나무가 연소하면 "불"과 "물" 성분이 방출되며 흙만 남는데, 이는 재의 형태를 띠게 된다. 이 과정에서 발생하는 화학 반응에 대한 현대적인 이해는 나무와 공기에 있는 원자 간 결합의 분해 및 생성에 기반한다.

THE
SCEPTICAL CHYMIST:
OR
CHYMICO-PHYSICAL
Doubts & Paradoxes,
Touching the
SPAGYRIST'S PRINCIPLES
Commonly call'd
HYPOSTATICAL,
As they are wont to be Propos'd and
Defended by the Generality of
ALCHYMISTS.
Whereunto is præmis'd Part of another Discourse
relating to the same Subject.

BY
The Honourable ROBERT BOYLE, Esq;

LONDON,
Printed by J. Cadwell for J. Crooke, and are to be
Sold at the Ship in St. Paul's Church-Yard.
MDCLXI.

로버트 보일은 자신의 저서 『회의적 화학자』에서 사람들이 물질을 연구하는 데 있어 좀 더 "철학적인" 접근을 하도록 장려했다. 당시 화학 반응을 다루던 사람들의 대부분은 이를 단지 약품을 만드는 조제법으로만 여기고 있었다.

변화하는 원소

로버트 보일은 물질이 입자로 이루어져 있다는 결론에 도달했다. 이는 진공에 관한 실험의 결과이기도 했지만, 그보다는 경험주의에 대한 그의 확고한 믿음의 산물이라 할 수 있었다. 그는 화학이라는 새로운 과학을 정립하는 데 큰 영향을 끼친 자신의 책 『회의적 화학자The Sceptical Chymist』(1661)에서 이 같은 견해를 분명히 밝혔다.

보일은 당시(17세기)에 점차 인기를 얻고 있던 원자론을 고수했는데, 이는 바로 입자론corpuscularianism이었다. 그는 입자론의 맥락에서 기존의 4원자론에 도전했으며, 원소에 대해 다음과 같은 새로운 정의를 제안했다.

"원시적이면서도 단순한, 즉 다른 것이 전혀 섞이지 않은 것. 다른 구성 성분이 없고, 서로를 구성하지도 않는 것. 완벽하게 섞인 모든 물질의 구성 요소이자 이들이 분해될 때 궁극적으로 남는 것."

이를 달리 표현하면, 원소는 단 한 종류의 입자로 이루어진 물질이고, 원소의 입자들이 섞여 다른 물질, 즉 화합물을 형성한다. 보일은 일상의 화합물을 분해하면 이론적으로 순수한 원소를 얻는 것이 가능하다고 생각했다. 로버트 보일의 책은 화학 반응과 물질을 연구하는 데 있어 새롭고 과학적인 접근법을 제시하였으며, 이는 이 책에 담긴 원자론에 대한 지지나 원소의 새로운 정의보다 더 중요한 의미를 지닌다.

입자론

입자론자의 관점에서 본다면, 물질은 의심의 여지없이 입자로 만들어졌다. 그러나 입자가 공간을 채우고 있는지(파르메니데스의 플레넘과 같이. 12페이지 참고), 혹은 공간에 둘러싸여 있는지(데모크리토스가 제안한 것처럼. 13페이지 참고)에 대해서는 명확한 의견이 없었다. 17-18세기에는 영향력을 가진 입자론자들이 여러 명 있었는데, 그중 대표적인 인물로 프랑스의 철학자이자 수학자인 르네 데카르트(1596-1650)와 영국의 과학자 아이작 뉴턴(1642-1727)을 들 수 있다. 뉴턴은 그의 책 『광학*Opticks*』(1704)에서 물질의 입자가 어떻게 물리적, 화학적 반응을 설명하는지에 대해 상세히 기술했다. 그는 중력이 "멀리서 작용하는 힘"이라는 사실을 발견하고는, 물질의 입자들도 비슷한 종류의 힘에 의해 결합할 수 있는지에 대해 의문을 가졌다. 또한 액체 입자가 증발해서 기체가 될 때 입자들은 계속해서 접촉을 유지하고 있지만 원래 크기보다 여러 배까지 크게 자라고 용수철처럼 튀어오른다고 주장하며, 기체가 압축될 수 있는 이유에 대해 설명했다.

뉴턴은 『광학』에서 빛조차도 입자로 이루어져 있다고 주장했다. 한편 네덜란드의 과학자인 크리스티안 호이겐스Christiaan Huygens(1629-95)는 빛에 대해 뉴턴과 상반된 결론에 도달하며, 빛이 파동으로 움직인다고 했다. 그러나 그는 자신의 책 『빛에 관한 논술*Traité de la Lumière* (Treatise on Light)』(1690)에서, 결정의 규칙적인 형태(아래 그림)는 물질이 입자로 구성되어 있다는 사실을 보여주는 결과라고 설명하며, 물질에 있어서는 그 역시 입자론자라는 사실을 분명하게 밝혔다.

일반적으로 결정이 만들어지는 과정에서 발생하는 규칙성은 결정을 구성하고 있는, 눈에 보이지 않을 정도로 작은 균일 입자들의 배열로 인해 나타나는 것으로 보인다.

그러나 그는 여전히 많은 의문이 남아 있다는 사실 또한 인정했다:

동일하거나 유사한 많은 입자들이 어떻게 생겨났는지, 그리고 이들이 어떻게 이처럼 아름답게 배열되어 있는지에 관해서는 도저히 설명할 수가 없다.

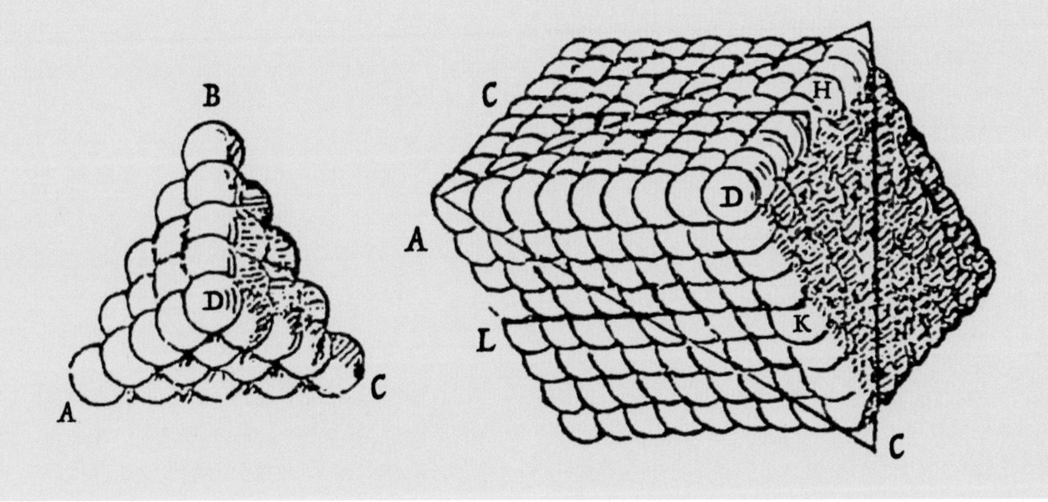

공기 중의 변화

경험적 과학에서 주목받은 분야는 기체, 즉 "공기"에 대한 연구였다. 1640년, 플랑드르의 과학자 얀 반 헬몬트 Jan van Helmont(1580-1644)는 자신이 발견한 "공기"를 지칭하는 이름으로 "기체gas"라는 용어를 만들었는데, 이는 그리스어 *khaos*("빈 공간"을 의미)에서 유래한 단어였다. 그가 발견한 기체는 이산화 탄소로 밝혀졌다.

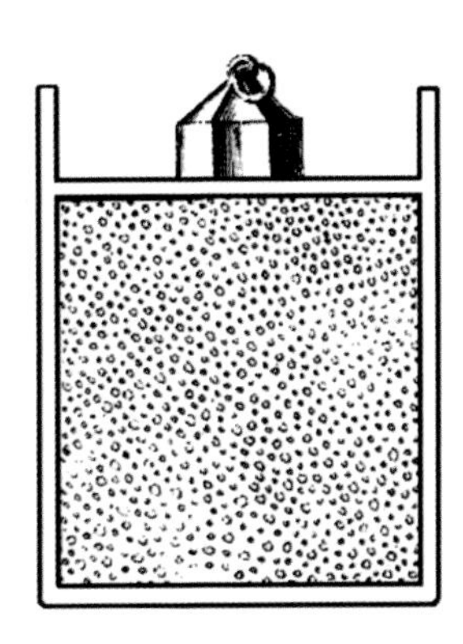

다니엘 베르누이의
유체역학을 나타낸 그림. 그는 기체가 운동 중인 매우 작은 입자들로 만들어졌다고 생각했다.

17세기 후반과 18세기 초반, 과학자들은 기체의 화학적 특성보다 물리적 특성에 집중하며 기체의 압력과 온도, 부피 사이의 관계에 대해 연구했다. 1662년, 로버트 보일은 기체의 온도가 일정하게 유지된다면 압력과 부피는 서로 반비례 관계에 있음을 밝혀냈다. 달리 말하면, 기체에 대한 압력을 2배 증가시키면 부피가 반으로 줄어들고 반대의 경우도 마찬가지이다. 이러한 관계는 보일의 법칙Boyle's Law으로 알려져 있다. 보일은 기체가 움직이지 않는 입자들로 이루어졌으며, 이들 사이에는 스프링이 존재한다고 상상했다. 다른 과학자들도 압력과 온도, 부피에 관한 유사한 법칙을 만들었다.

스위스의 수학자 다니엘 베르누이Daniel Bernoulli(1700-82)는 이와 다른 모양의 기체를 상상했다. 그는 자신의 책 『유체역학*Hydrodynamica*』(1738)에서, 기체 입자는 스프링이 달린 큰 입자가 아니라 매우 작고 단단한 공이라고 주장했다. 이 공은 빠르게 움직이고, 서로 충돌하기도 하며, 자신을 가두고 있는 용기의 벽에도 부딪힌다. 벽에 부딪히는 입자들이 가하는 충격이 곧 기체에 의한 압력인 것이다. 심지어 베르누이는 기체의 온도를 공의 평균 속력과도 연관시켰다. 그는 수학적 접근을 통해 보일의 법칙 및 다른 기체 법칙에 부합하는 방정식을 만들었다.

이처럼 훌륭한 통찰에도 불구하고, 베르누이의 동시대 과학자들 중 원자론을 뒷받침하는 이 중요한 증거에 주목한 사람은 거의 없었다. 그 주된 까닭은 작고 단단한 공이 점진적으로 에너지를 소진하고 바닥으로 가라앉지 않는 이유를 설명할 수 없다는 점이었다. 그러나 화학자들은 열의를 가지고 기체에 대한 연구를 계속했다. 1750년대에는 스코틀랜드의 화학자 조지프 블랙Joseph Black(1728-99)이 스스로 "고정 공기fixed air"라고 지칭한 이산화 탄소를 생산하는 새로운 방법을 발견했다. 기체에 대한 연구가 계속되면서 "가연성 공기flammable air"(수소) "플로지스톤 공기phlogisticated air" (질소), "탈플로지스톤 공기dephlogisticated air" (산소) 등이 계속해서 발견되었다.

프랑스의 화학자 앙투안 라부아지에Antoine Lavoisier(1743-94)는 기체가 생성물과 반응물로 관여하는 화학 반응에 주목했다. 라부아지에는 반응이 일어나기 전후 화학물질의 질량을 측정할 때 기체의 질량도 포함할 정도로 매우 세심하게 실험에 임했다. 그의 연구는 과학으로서의 화학을 견고하게 확립한 몇 가지 중요한 결론을 도출했으며, 현대 원자 이론의 토대를 마련했다. 라부아지에는 화학 반응에 참여한 물질의 총 질량은 생성물의 총 질량과 정확히 일치한다는 사실을 발견했는데, 이는 질량보존의 법칙conservation of mass으로 알려져 있다. 그는 또한 연소는 탈플로지스톤 공기(산소)가 다른 물질과 결합하는 현상이라는 사실도 알아냈다. 가연성 공기(수소)가 연소할 때는 탈플로지스톤 공기와 결합해 물을 생성했다. 라부아지에는 이것을 "물을 만드는 것"이라

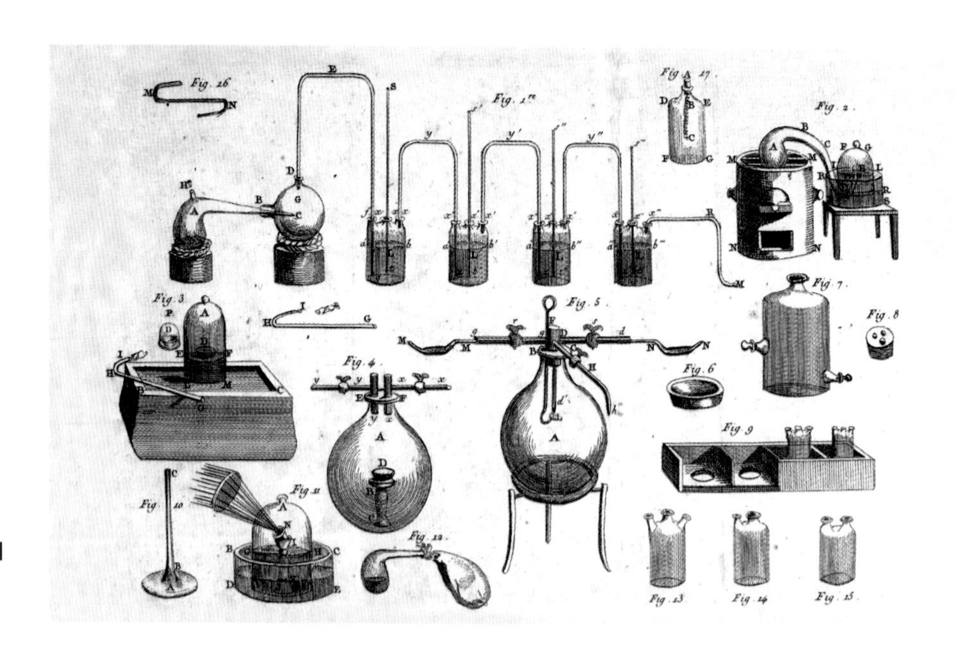

자신의 저서 『화학 원론』(1789)에
실린 앙투안 라부아지에의
실험 장비들

는 뜻의 "수소hydrogene"라 명명했다. 또한 그는 보일의 생각(수소와 산소가 결합하면 화합물인 물을 만든다)을 뒷받침하는 경험적 증거를 발견했고, 자신의 책 『화학 원론*Traité Élémentaire de Chimie* (Elementary Treatise on Chemistry)』(1789)에서 최초로 화학 원소 목록을 작성하기도 했다. 라부아지에의 원소 목록에는 수소와 산소 외에도 질소, 인, 황, 그리고 17개의 금속 원소가 열거되었지만, 원소가 아닌 화합물뿐만 아니라 심지어 빛과 열도 포함되었다.

19세기가 되자, 화학자들은 보일과 라부아지에의 정신을 계승하여 이전까지 알려져 있지 않았던 많은 원소를 발견하기 시작했다. 이는 보일이 제시한 원소의 정의에 더욱 신뢰를 주었을 뿐 아니라 아리스토텔레스의 사상에 반대하는 주장에 더욱 힘을 싣는 결과를 낳았다.

새로운 원자이론

라부아지에는 원소와 화합물의 관계에 대한 뛰어난 통찰뿐만 아니라 정확한 화학적 분석에도 남다른 열정을 보였다. 그리고 이를 바탕으로 프랑스의 화학자 조제프 프루스트Joseph Proust(1754–1826)는 당시 대부분의 화학자들이 사실이라고 믿었지만 한번도 검증된 적은 없었던 가설에 대해 연구했다. 이는 바로 원소가 화합물을 형성할 때 일정한 비율을 따른다는 것이었다. 예를 들어 어떤 화합물 100g이 A원소 60g과 B원소 40g으로 이루어져 있다면, 동일한 화합물 200g은 A원소 120g과 B원소 80g으로 이루어진다는 주장이다(반응에 참여한 원소의 총 질량과 반응 후 생성된 화합물의 질량은 동일하며, 이는 라부아지에의 질량보존의 법칙에 부합한다). 1790–1800년대, 프루스트는 다양한 화합물에 대한 수많은 실험을 통해 화학자들이 의구심을 가졌던 진실을 증명하며 "일정성분비의 법칙Law of Definite Proportions"을 이끌어냈다.

한편, 영국의 화학자 존 돌턴John Dalton(1766–1844)은 기체, 특히 기체 혼합물의 작용에 대해 연구했다. 물질이 입자로 이루어져 있음을 확신한 돌턴은 특정 원소의 모든 원자는 동일한 질량을 가지고 있으며, 이 "원자량atomic weight"은 각 원소마다 다르다는 사실을 깨달았다. 화합물을 이루는 원소들의 질량 비율은 해당 원소들의 원자량 비율과 같다. 돌턴은 화합물이 분자로 이루어져 있으며, 분자는 둘 이상의 원자가 결합한 것이라고 생각했다. 이는 프루스트의 일정성분비의 법칙과도 맞아 떨어졌다. 단일 분자에 적용되는 법칙이라면 아무리 많은 수의 분자나, 심지어 측정이 가능할 정도로 크고 무거운 분자의 경우에도 유효할 것이다.

돌턴은 여기서 멈추지 않았다. 그는 몇 개의 원소를 다르게 조합해 2-3개의 화합물을 만드는 경우, 각각에 해당하는 2-3개의 일정한 성분비가 존재할 수 있다는 사실을 깨달았다. 예를 들어 수은은 황과 결합해 2개의 화합물을 만든다. 이는 각각 황화 수은(HgS)과 황화 이수은(Hg2S)으로 불리는데, 여기서 수은 대 황의 질량비는 각각 25:4와 50:4이다. 이것은 돌턴의 배수비례의 법칙Law of Multiple Proportions으로, 화합물이 일정한 질량을 가진 원자들의 결합으로 이루어졌음을 나타낸다.

돌턴은 『화학 철학의 새로운 체계*A New System of Chemical Philosophy*』(1808)에서 최초의 현대적 원자 이론에 대해 기술했다. 그는 원자가 더 이상 쪼개질 수 없고, 생성되거나 파괴되지 않으며, 한 원소의 원자는 크기와 질량이 모두 같을 뿐 아니라 동일한 특성을 지닌다고 주장했다. 또한 서로 다른 원소의 원자가 정수로 된 일정한 비율로 결합해 화합물을 형성하며, 화학 반응이란 원자의 재배열을 의미한다고도 했다. 그는 이 책에서 당시까지 알려져 있던 원소들을 가장 가벼운 원소인 수소와 비교해 원자량(추정치)과 함께 나열했는데, 이는 어느 누구도 시도하지 않았던 최초의 작업이었다. 돌턴의 이론은 물질의 물리적 특성과 화학적 특성을 통합했고 현대 원자 이론의 확고한 기반을 마련했지만, 수십 년이 지나서야 주류 과학으로 인정받게 되었다.

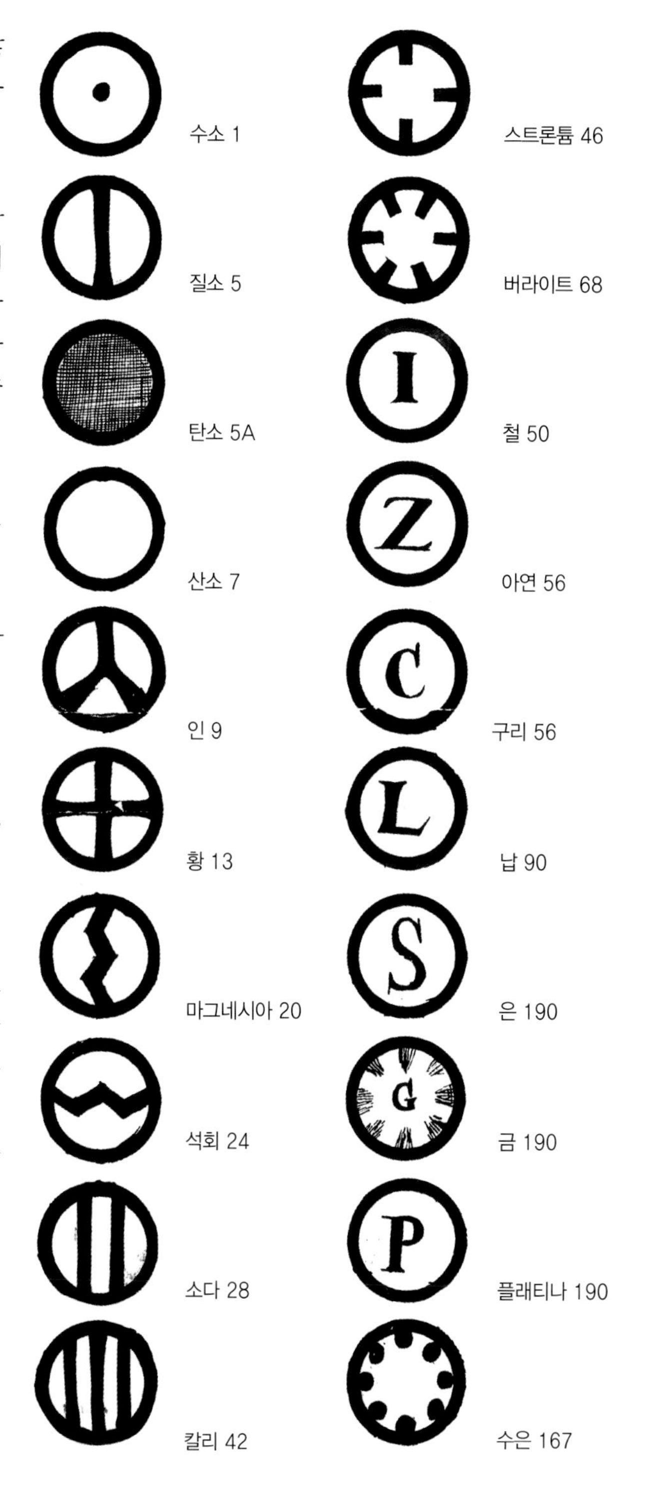

존 돌턴은 자신의 원자론을 강조하기 위해 원소를 나타내는 원형 기호를 사용했다. 그는 특정 원소의 원자들은 모두 동일한 질량을 가지고 있다고 생각했다 (수소의 질량을 1로 했을 때 각 원소의 상대적 질량을 원소 이름 옆에 표기했다). 그러나 그가 열거한 "원소" 중 일부는 사실 화합물이다.

존 돌턴의 설득력 있는 이론에도 불구하고 19세기의 많은 과학자들은 원자가 실제로 존재할 수 있다고 믿지 않았다. 그러나 경험적으로든 이론적으로든 원자론을 지지하는 증거가 늘어나면서 점점 더 많은 화학자들과 물리학자들이 이에 대한 확신을 가지게 되었으며, 20세기에 들어서자 거의 모든 과학자들이 원자가 실제로 존재한다는 사실을 받아들였다.

화학 – 여느 때와 다름 없는

돌턴의 원자 이론은 원소, 화합물, 화학 반응을 작은 입자의 관점에서 이해할 수 있는 확고한 틀을 제공했다. 그러나 화학자들은 물질에 대한 물리적 이론이 거의 필요하지 않았기 때문에, 다수의 화학자들은 원자를 가설적 대상hypothetical object으로 인식했다. 그럼에도 불구하고 화학자들은 그들이 발견한 원소의 "원자량"을 측정했고, 원자는 일상적으로 논의되었다.

1869년 2월 17일, 멘델레예프가 수기로 작성한 원소들의 주기적 체계. 1955년에 새롭게 발견된 원소는 멘델레예프(오른쪽 위 사진)를 기리기 위해 멘델레븀(Md)으로 명명되었다.

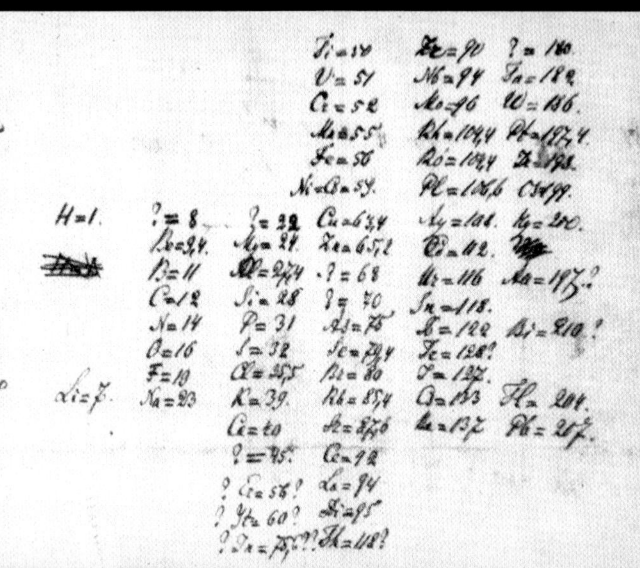

화학자들은 계속해서 새로운 원소를 발견하고 광범위한 화학 반응에 대해 연구했다. 이들이 새롭게 이용했던 중요한 도구는 전기 배터리였다. 물질을 연구하는데 전기를 이용한다는 것은 물질 자체가 전기적인 특성을 지닌다는 사실을 암시했다. 1800년, 이 장치를 발명한 지 몇 달 만에 몇몇 과학자들이 배터리를 이용해 물을 수소와 산소로 분리했다. 영국의 화학자 험프리 데이비Humphry Davy(1778-1829)는 강력한 배터리를 이용해 많은 화합물을 원소로 분해했는데 이 과정에서 소듐과 포타슘을 포함해 여러 원소를 발견했다. 데이비의 동료였던 마이클 패러데이Michael Faraday(1791-1867)는 물이나 산에 용해된 화합물에 미치는 전기의 영향에 대해 광범위한 연구를 진행했다. 1834년에 그는 "이온ion"이라는 용어를 만들었는데, 이는 용액 안에 놓인 두 전극 중 하나를 향해 이동하는, 전하를 띤 입자를 의미했다. 수십 년 후, 스웨덴의 화학자 스반테 아레니우스Svante Arrhenius(1859-1927)는 화합물이 물에서 어떻게 용해되는지에 관한 그의 이론에서 이 용어를 사용했다. 아레니우스는 원자가 전하를 띤 물체를 다수 포함하며, 이들을 잃거나 얻으면서 전체적으로 양전하 또는 음전하를 띤다고 했다. 그는 전자의 존재를 예측했던 것이다.

화학자들을 위한 또 다른 중요한 도구는 분광기(물체가 방출하는 빛의 스펙트럼을 정교하게 분석할 수 있는 도구)였다. 1820-1830년대, 몇몇 과학자들은 화합물을 가열할 때 방출되는 빛의 스펙트럼에서 밝은 선들을 발견했다. 이들이 보이는 특정한 패턴은 화합물 속 원소가 가진 고유한 특성이었다. 독일의 화학자 로베르트 분젠Robert Bunsen(1811–99)과 물리학자 구스타브 키르히호프Gustav Kirchoff(1824–87)는 알려진 모든 원소의 스펙트럼을 체계적으로 기록했으며, 그 과정에서 이전에는 볼 수 없었던 밝은 선 패턴을 통해 세슘과 루비듐을 발견했다. 다른 화학자들도 이들의 방식을 이용하여 여러 원소를 발견할 수 있었다. 그중에는 태양 스펙트럼을 연구하는 과정에서 발견된 헬륨도 포함되어 있는데, 당시는 지구에서 헬륨이 발견되기 수십 년 전이었다.

1860년대까지 50개 이상의 화학 원소가 알려지면서 과학자들은 원소의 행동에서 패턴을 발견하기 시작했다. 이들 원소는 각각의 물리적 특성뿐 아니라 만들 수 있는 화합물의 종류와 같은 화학적 특성에 따라 분류할 수 있을 것으로 여겨졌다. 영국의 화학자 존 뉴랜즈John Newlands(1837–98)와 독일의 화학자 율리우스 마이어Julius Meyer(1826–1909)는, 원자량이 증가하는 순서대로 원소를 배열하면 특정 그룹에 속하는 원소들이 일정한 간격, 즉 주기를 갖는다는 사실을 알아냈다. 마이어는 몇몇 원소를 비슷한 것끼리 묶어 표로 만들었다. 그러나 주기성은 완벽하지 않았고, 그다지 규칙적이지도 않았다. 러시아의 화학자 드미트리 멘델레예프Dmitri Mendeleev(1834–1907)는 원소의 주기적 성질에 강한 확신을 가졌고, 아직 발견되지 않은 원소를 표기할 수 있도록 빈 칸을 남겨 둔 "주기율표"를 만들어 미발견 원소들도 올바른 그룹에 속할 수 있게 했다. 그 후 수십 년에 걸쳐 그가 예측했던 모든 원소가 발견되면서 멘델레예프가 옳았음이 증명되었다.

뜨거운 불꽃에 금속 화합물로 만든 와이어를 갖다 대면, 금속 원소의 특징적인 색상을 띠는 빛이 방출된다. 위 사진의 원소는 각각 (1) 스트론튬, (2) 구리, (3) 포타슘이다. 분광기를 이용해 이 빛을 분산시키면 스펙트럼의 특정 부분에서 밝은 선이 나타난다. 19세기에 이 방사 분광학은 이전까지 알려지지 않았던 여러 개의 원소를 발견하는 데 이용되었다.

원자를 연구하는 물리학자

화학자들이 새로운 원소를 발견하고 분류하느라 분주한 동안, 19세기 물리학자들은 빛, 열, 전기, 그리고 자기와 같은 기본적인 현상을 이해하려고 노력했다. 이전 세기의 과학자들은 이러한 현상을 물체를 둘러싸거나 관통하는 "무게 없는 유체imponderable fluid"로 여겼으며, 다른 물체로 이동할 수 있는 것으로 간주했다. 예를 들어 열 유체heat fluid는 불꽃에서 냄비로 흐른다는 식이다. 그러나 새로운 이론과 증거가 점차 늘어나면서 무게 없는 유체 이론은 설 자리를 잃었다. 일례로 1820년 전자기가 발견되자, 전기와 자기는 밀접하게 관련되어 있어서 개별 "유체"로 존재할 수 없다는 사실이 입증되었다.

전자기는 빛과도 밀접하게 연관된다. 1860년대 영국의 물리학자였던 제임스 클러크 맥스웰James Clerk Maxwell(1831–79)은 빛이 전기장 및 자기장에서 요동하는 파동이라는 사실을 알아냈다. 그는 빛이 "전자기 복사electromagnetic radiation"의 일종이며, 전하가 가속될 때(전하의 속력이나 운동 방향이 바뀔 때) 생성된다는 사실을 밝혀냈다. 이제 빛도 무게 없는 유체가 아니었다.

열이 유체라는 생각 또한 뒤집혔다. 그 대신 물리학자들은 과거 다수의 학자들이 주장했던 것처럼 열과 온도는 물질을 구성하는 입자의 이동과 관련된다는 개념을 다시 도입했다. 고체 물질에 열을 가하면 고체를 구성하는 입자의 진동이 증가한다. 열을 충분히 가하면 입자가 떨어져 나와 움직일 수 있게 되고 고체는 액체로 바뀐다. 액체를 가열하면, 베르누이가 상상했던 것처럼 입자가 완전히 떨어져 나와 빠른 속력으로 날아다닐 수 있다(23페이지 참고).

1859년, 맥스웰은 많은 수의 기체 입자가 무작위로 충돌하는 경우 그 속력이 다양하다는 사실을 알아냈다. 몇몇은 움직임이 거의 없지만 대부분은 평균에 가까운 속력으로 움직이며, 일부는 그보다 훨씬 더 빨리 움직일 것이다. 그는 확률이라는 수학적인 방법을 통해 입자의 속력에 대한 통계적 분포를 알아냈다. 1870년대에 오스트리아의 물리학자 루드비히 볼츠만Ludwig Boltz-

온도에 따른 입자의 속력 분포

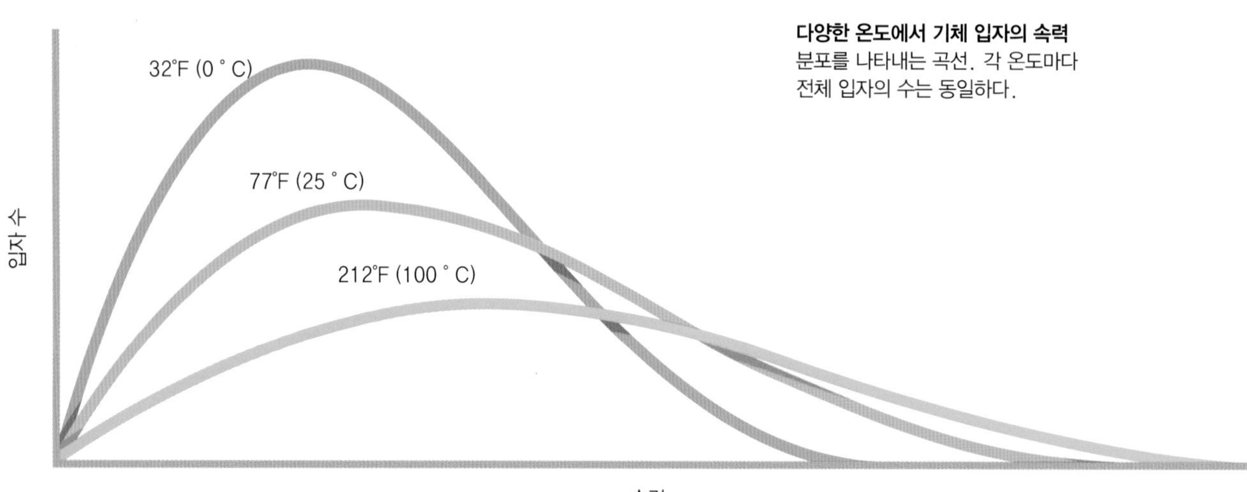

다양한 온도에서 기체 입자의 속력 분포를 나타내는 곡선. 각 온도마다 전체 입자의 수는 동일하다.

브라운 운동

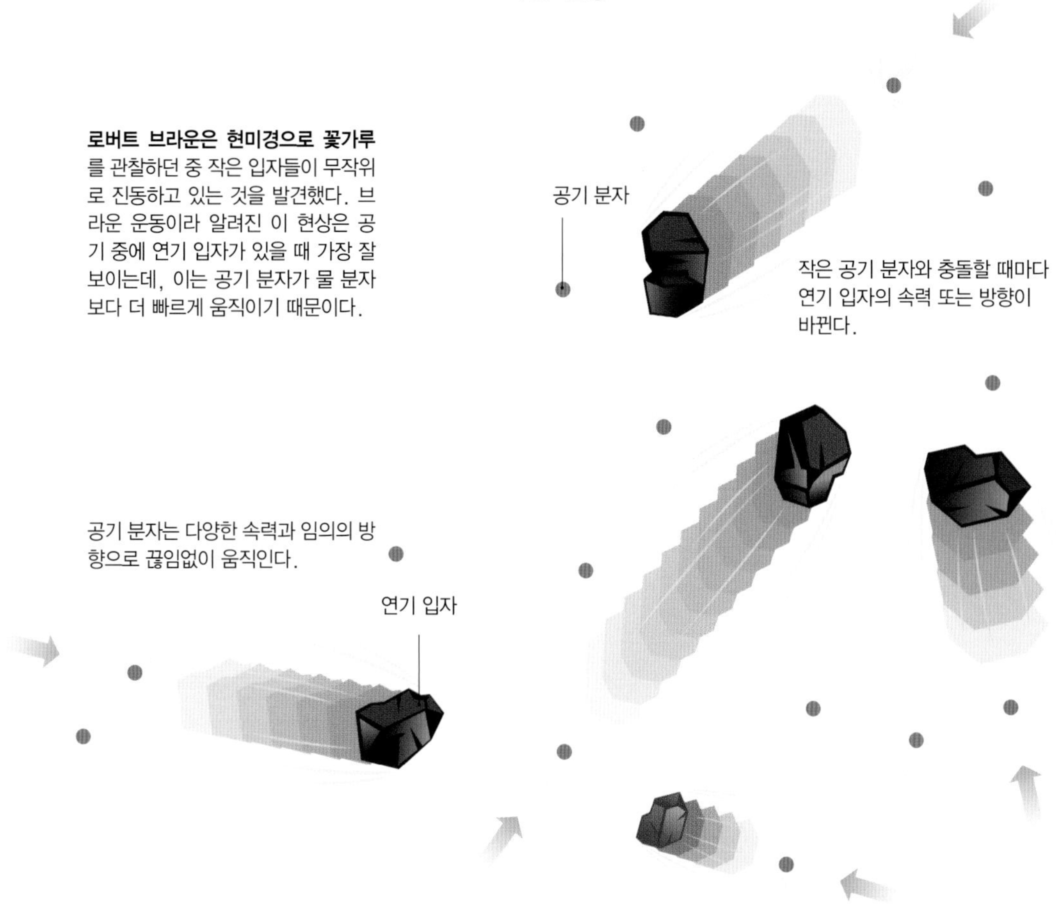

로버트 브라운은 현미경으로 꽃가루를 관찰하던 중 작은 입자들이 무작위로 진동하고 있는 것을 발견했다. 브라운 운동이라 알려진 이 현상은 공기 중에 연기 입자가 있을 때 가장 잘 보이는데, 이는 공기 분자가 물 분자보다 더 빠르게 움직이기 때문이다.

공기 분자

작은 공기 분자와 충돌할 때마다 연기 입자의 속력 또는 방향이 바뀐다.

공기 분자는 다양한 속력과 임의의 방향으로 끊임없이 움직인다.

연기 입자

mann(1844 – 1906)은 맥스웰의 이론을 더욱 발전시켰다. "맥스웰-볼츠만 분포Maxwell-Boltzmann distribution"는 과학자들로 하여금 기체에 대해 예측을 하고 새로운 통찰력을 얻도록 도움을 주었다. 더욱 중요한 점은, 볼츠만이 "통계 역학statistical mechanics" -무수히 많은 작은 원자들의 특성이 어떻게 물질의 일반적인 특성을 결정짓는지 설명하는 새로운 과학 분야- 을 확립했다는 사실이다.

회의론자들을 설득시키는 법

맥스웰-볼츠만 분포를 통해 많은 것들이 설명될 수 있었고, 원자론 또한 화학적으로 타당한 이론이었음에도 불구하고, 상당수의 물리학자들과 화학자들은 원자론을 흥미 있는 가설로만 생각하며 이를 부정했다. 1905년에 독일의 물리학자 알버트 아인슈타인Albert Einstein(1879 – 1955)이 브라운 운동Brownian motion이라 불리는 현상을 수학적으로 설명하자, 끝까지 자신의 믿음을 고수하던 이들이 결국 설득되었다. 1827년, 영국의 식물학자 로버트 브라운Robert Brown(1773 – 1858)은 현미경을 이용해 매우 작은 먼지 입자들이 더 작은 입자들에 의해 밀리듯이 미세하게 움직이는 현상을 발견했다. 아인슈타인은 브라운 운동을 수학적으로 분석해 먼지 입자의 움직임이 물 분자와의 무작위 충돌 때문이라는 사실을 증명했다. 원자와 분자는 실제로 존재하며 물질은 매우 작은 입자로 만들어진 것이다. 그러나 이는 그렇게 간단하지만은 않다. 오늘날의 물리학자들은 원자가 더 이상 쪼개지지 않는 존재가 아니라는 사실을 알고 있다.

원자의 내부

마침내 원자의 존재가 확실해지면서 20세기 전반에는 원자의 내부 구조에 대한 지식이 믿을 수 없을 정도로 빠르게 축적되었다. 새로운 도구와 혁신적인 이론에 힘입어, 물리학자들은 입자는 파동이고 파동은 입자라는 기이한 세계, 자연의 법칙이 직관에 반하는 세계를 밝혀냈다.

원자의 구조

1897년, 영국의 물리학자 조셉 존 톰슨Joseph John (J. J.) Thomson(1856–1940)은 전자, 즉 음전하를 띤 입자를 발견했다. 이것은 원자보다 훨씬 작았으며, 톰슨은 전자가 모든 원자 안에 존재한다는 사실을 깨달았다. 그는 "이러한 종류의 입자는 모든 물질에서 발견되므로 인체 내 원자의 구성 성분이라고 추론할 수 있다"고 기술했다.

물리학자들은 원자가 같은 양의 양전하와 음전하를 지니므로 전체적으로는 전하를 띠지 않는다는 사실을 알게 되었다. 1904년, 톰슨은 양전하를 띤 흐릿한 구 안에 그가 전자라 칭한 "음전하를 띤 입자"가 고리 모양으로 배열되어 있을 것이라고 제안했다. 톰슨의 원자 모형은 "건포도 푸딩 모형plum pudding model"로도 불리게 되었는데 전자는 건포도, 양전하는 푸딩에 해당했다.

톰슨이 전자를 발견하기 1년 전, 프랑스의 물리학자 앙리 베크렐Henri Becquerel(1852–1908)은 우라늄 화합물에 대한 실험을 하고 있었다. 베크렐은 폴란드 태생의 물리학자 마리 퀴리Marie Curie(1867–1934)가 2년 뒤 "방사능radioactivity"이라 부르게 될 것을 발견했다. 마리 퀴리는 남편 피에르 퀴리Pierre Curie(1859–1906)와 함께 방사선은 우라늄 원자 자체에서 나오는 것이지 화학 반응의 결과가 아니라는 사실을 밝혀냈다.

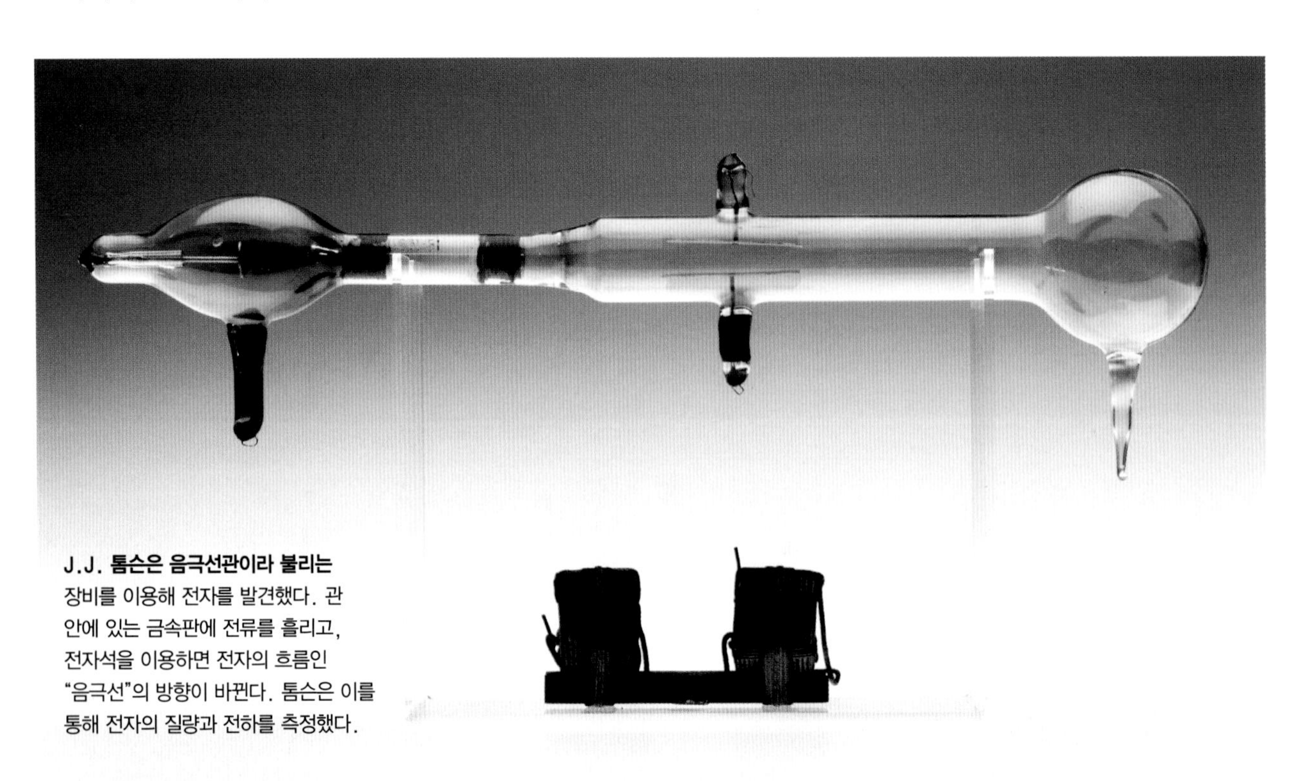

J.J. 톰슨은 음극선관이라 불리는 장비를 이용해 전자를 발견했다. 관 안에 있는 금속판에 전류를 흘리고, 전자석을 이용하면 전자의 흐름인 "음극선"의 방향이 바뀐다. 톰슨은 이를 통해 전자의 질량과 전하를 측정했다.

원자핵의 발견

톰슨의 건포도 푸딩 모형을 검증하기 위해, 러더포드는 방사능원radioactive source에서 나오는 알파 입자를 아주 얇은 금박에 충돌시킬 것을 제안했다. 입자가 금박을 통과할 때 입자의 편향을 측정함으로써 원자 내부의 양전하와 음전하의 분포를 확인하고자 했던 것이다. 러더퍼드의 동료였던 독일의 물리학자 한스 가이거Hans Geiger(1882-1945)와 영국계 뉴질랜드 물리학자 어니스트 마르스덴Ernest Marsden(1889-1970)이 1911년에 이 실험을 시행했다. 결과는 놀라웠다. 금박을 통과할 때 대부분의 알파 입자는 편향이 전혀 없거나 매우 적었던 반면, 일부는 매우 큰 각도로 튀어 올랐고 8,000개 중 하나 정도는 바로 되돌아왔다. 결론은 자명했다. 양전하는 원자 전체에 균일하게 분포되어 있는 것이 아니라, 러더포드가 원자핵이라고 이름 붙인, 원자의 중심에 있는 작고 밀도가 높은 물체에 집중되어 있는 것이다. 후에 러더포드는 이를 두고 "마치 종이 한 장에 15인치 폭탄을 발사했는데 폭탄이 다시 되돌아와 당신을 가격한 것만큼이나 믿을 수 없는 일"이라 말했다.

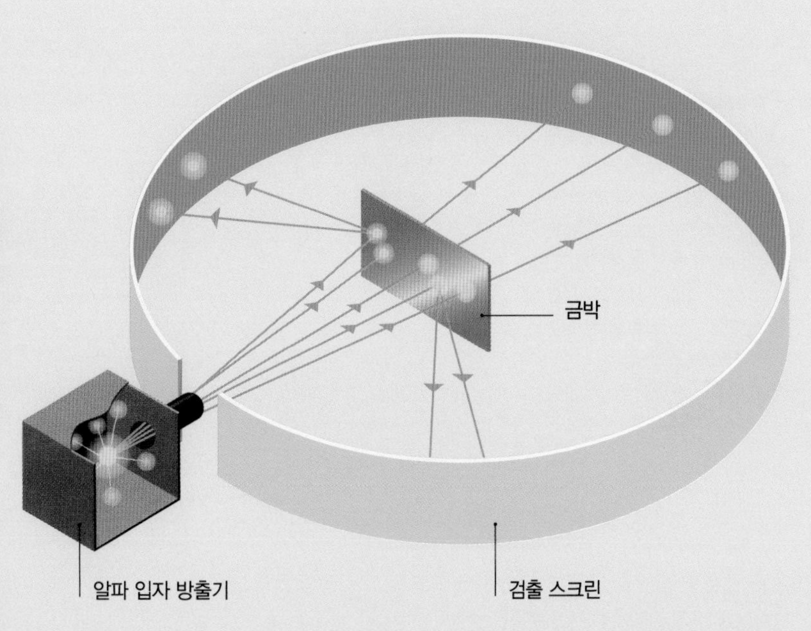

양전하가 고르게 분포되어 있는 톰슨의 원자 모형에서는 알파 입자가 원자를 그대로 통과해야 한다. 러더포드의 모형만이 실험 결과를 설명할 수 있다.

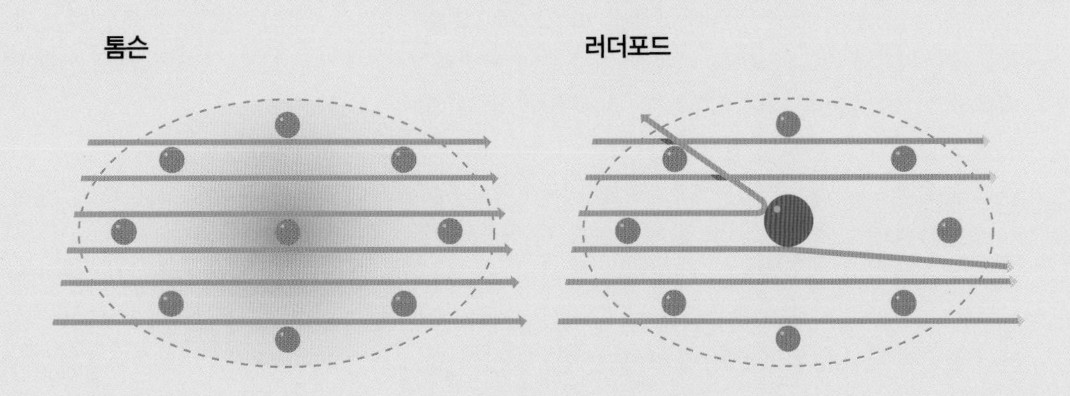

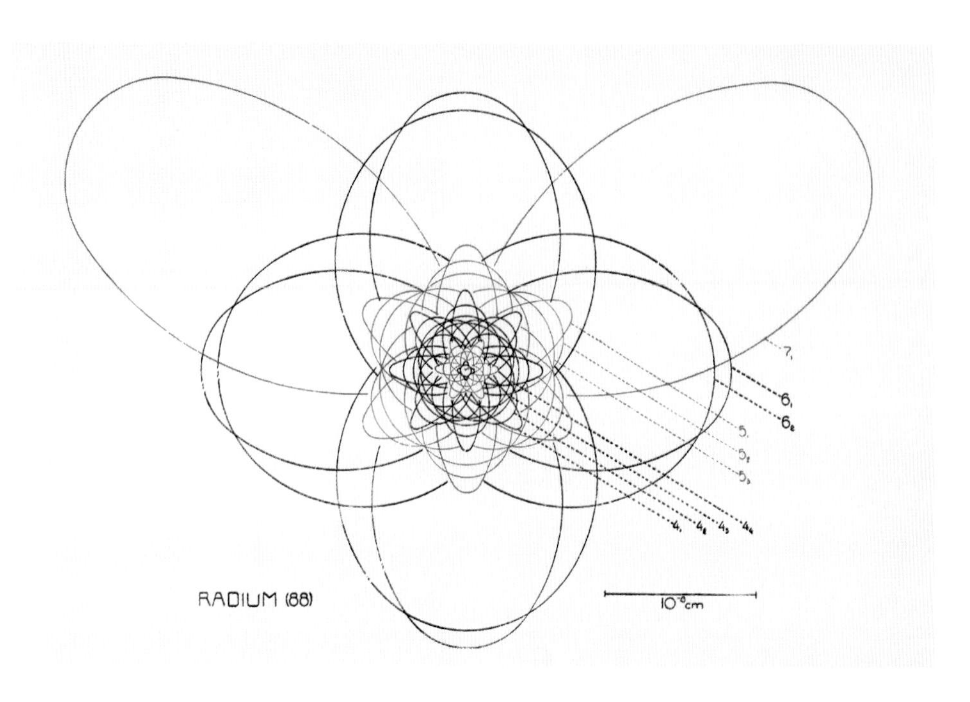

1913년 덴마크의 물리학자 닐스 보어가 제안하고 독일의 물리학자 아르놀트 조머펠트Arnold Sommerfeld가 발전시킨 원자 모형을 바탕으로 라듐(1898년 발견)의 원자 구조를 나타낸 그림. 이 그림은 헨드릭 안토니 크라메르스Hendrik Anthony Kramers와 헬게 홀스트Helge Holst가 쓴 『원자, 그리고 그 구조에 대한 보어의 이론*The Atom and the Bohr Theory of Its Structure*』(1926)에 실렸다. 덴마크어로 된 원본은 1922년에 출간되었다.

1899년, 뉴질랜드 태생의 영국 물리학자 어니스트 러더포드Ernest Rutherford(1871 – 1937)는 방사성 물질radioactive substance이 두 가지 다른 형태의 방사선을 방출한다는 사실을 발견했는데, 이를 각각 알파(α)선과 베타(β)선이라고 불렀다. 1900년에 프랑스의 화학자 폴 빌라드Paul Villard(1860 – 1934)는 세 번째 유형의 방사선, 즉 감마(γ)선을 발견했다. 알파선은 양전하를 띤 입자의 흐름으로, 원자를 연구하는 데 특히 유용한 도구가 되었다. 예를 들어 1911년에 러더포드는 이를 이용해 원자 내부에 있는 전하의 분포를 탐구했다(31페이지 참고). 그 결과 톰슨의 건포도 푸딩 모형은 사실과 다르며, 양전하는 원자의 중심에 있는 극히 작은 물체 안에 집중되어 있음이 밝혀졌다. 러더포드는 이를 원자핵이라 불렀다.

러더포드가 제안한 원자 모형에 의하면 작고 밀도가 높은 핵 주위로 전자가 궤도를 돌고 있으며, 이때 전자의 음전하와 핵의 양전하 간에 작용하는 인력에 의해 전자가 궤도를 유지한다. 이는 태양계의 행성들이 태양의 중력에 의해 자신의 궤도를 유지하고 있는 방식과 유사하다. 그러나 이 모형에는 중대한 문제가 있었다. 궤도를 도는 모든 사물은 계속해서 방향을 바꾸는데, 방향을 바꾸면 가속도가 생기기 때문에 전자는 계속해서 전자기선을 방출하는 것이다(28페이지 참고). 이렇게 되면 전자는 에너지를 잃게 되고 궤도가 점점 낮아지면서 결국에는 나선을 그리며 핵을 향해 떨어질 수 밖에 없다.

파동과 입자

러더포드의 문제를 해결하기 위해 덴마크의 물리학자 닐스 보어Niels Bohr(1885 – 1962)는 원자 스케일에서만 의미를 지니는 물리학의 새로운 분야, 즉 양자 이론에 눈을 돌렸다. 양자 이론에 의하면 주어진 시스템에서는 특정 준위의 에너지만이 "허용된다". 전자의 에너지 준위는 원자핵에서 전자가 위치한 궤도까지의 거리에 의해 결정되기 때문에(전자가 멀리 떨어져 있을수록 에너지

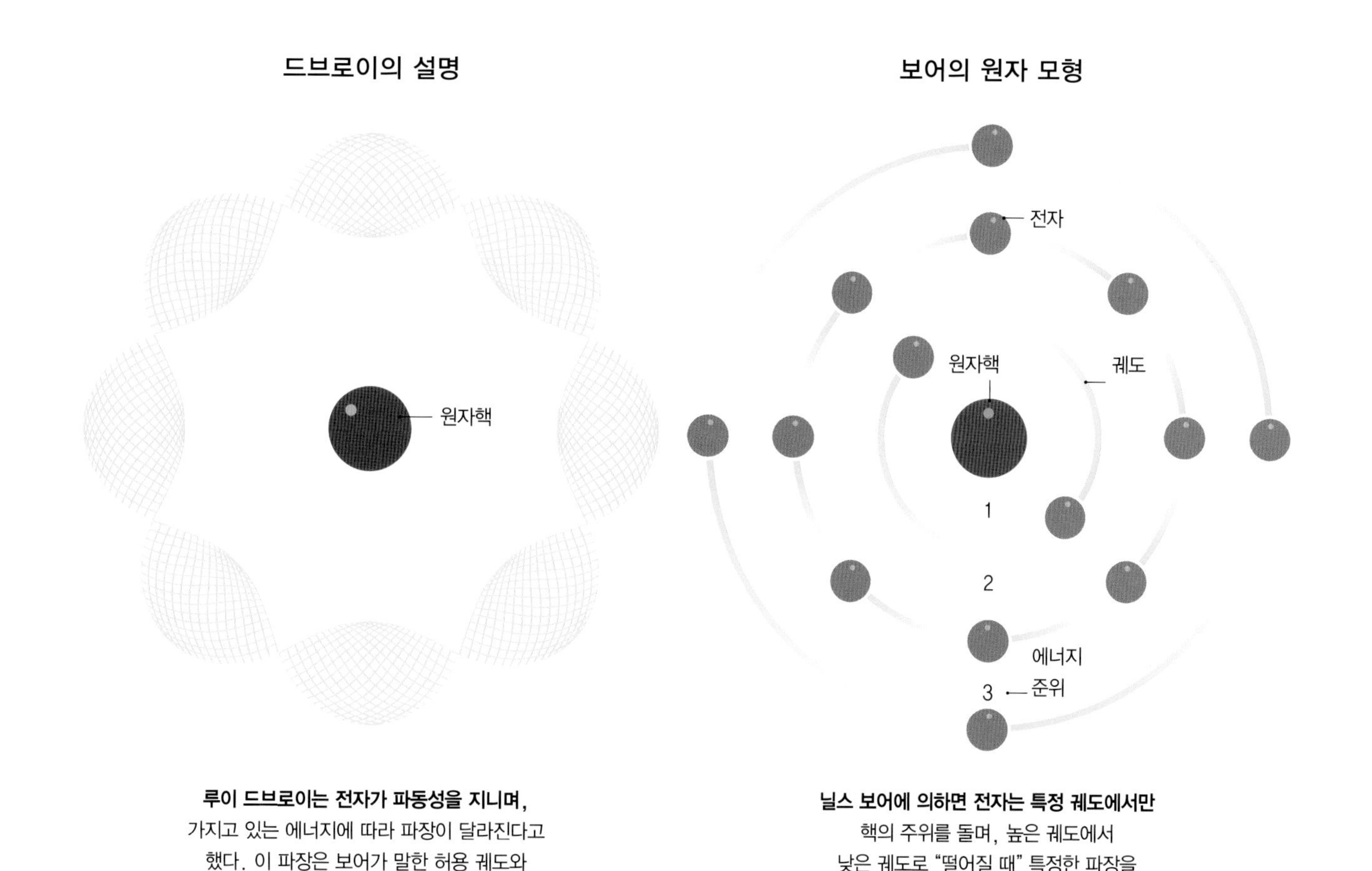

루이 드브로이는 전자가 파동성을 지니며,
가지고 있는 에너지에 따라 파장이 달라진다고
했다. 이 파장은 보어가 말한 허용 궤도와
정확히 들어맞았다.

닐스 보어에 의하면 전자는 특정 궤도에서만
핵의 주위를 돌며, 높은 궤도에서
낮은 궤도로 "떨어질 때" 특정한 파장을
가진 빛을 방출한다.

도 커진다), 허용된 에너지 수준이란 곧 "허용된 궤도"를 의미한다. 보어의 원자 모형(1913)에 의하면 전자는 핵을 향해 나선형으로 이동하거나 방사선을 지속적으로 방출할 수 없다. 그러나 전자가, 들어오는 전자기 방사로부터 에너지를 흡수(높은 에너지 준위로 이동)하거나 전자기 방사를 방출(낮은 에너지 준위로 이동)할 때는 궤도 사이를 이동할 수 있다. 방사선의 진동수는 두 준위 간의 에너지 차이에 의해 결정된다.

보어는 전자의 전하량 등의 수치를 자신의 모형에 대입해 실제로 수소 원자가 방출하는 붉은빛, 파란빛, 자외선의 진동수를 정확히 계산했다. 그가 제안한 궤도는 분광학자들이 발견한 것과 일치해 보였다(68페이지 참고).

보어가 자신의 원자 모형을 고안하기 몇 년 전, 아인슈타인은 빛을 포함한 전자기선은 제임스 클라크 맥스웰이 기술한 파동의 흐름인 동시에 입자의 흐름이라는 사실을 발견하고는, 이 입자를 "광자photon"라 불렀다(28페이지 참고). 1924년에 프랑스의 물리학자 루이 드브로이Louis-Victor de Broglie(1892 – 1987)는 이러한 "파동-입자 이중성wave-particle duality"이, 특히 전자와 같이 이제껏 항상 입자로 간주되었던 개체에도 적용될 수 있을 것이라고 했다. 드브로이는 전자를 움직이는 고체 입자가 아니라 궤도에 있는 "파동으로서의 전자"로 이해하며 보어의 궤도를 다시 그려보았다. 다시 한번 수치가 완벽하게 들어맞았다. 핵에서부터 주위의 전자 파동이 위치한 곳까지의 거리가 보어의 궤도에서와 완전히 일치한 것이다.

슈뢰딩거 파동 함수

전자가 특정 위치에 존재할 확률을 그래프로 나타낸 수소 원자의 파동 함수이다. 전자의 위치는 핵으로부터의 거리로 표현했다. 파동 함수의 값은 핵에서 0이며, 최대치까지 증가한 후에 다시 0으로 떨어진다. 3차원 공간에서 이 그래프는 속이 비어 있는, 다양한 확률 밀도 "구름" 모양이다.

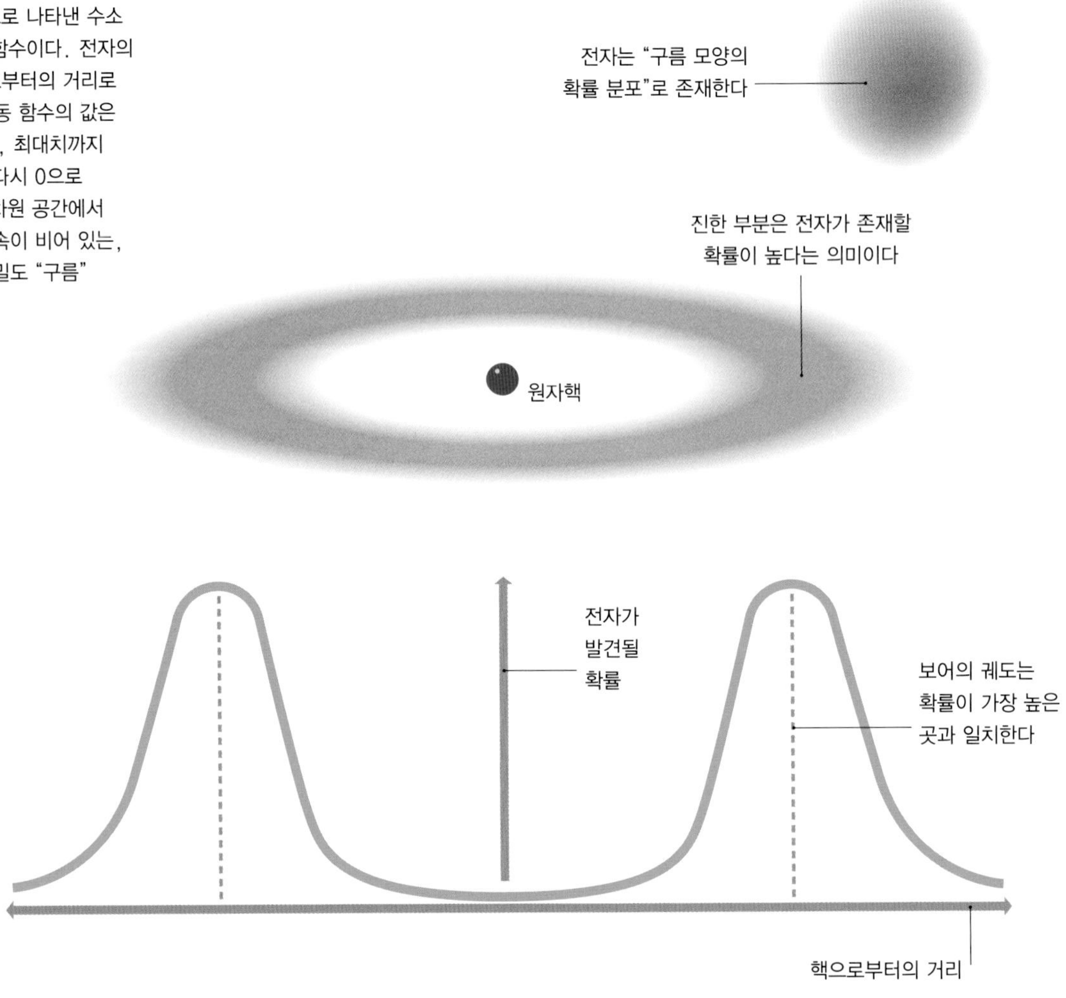

다음해에 오스트리아의 물리학자 에르빈 슈뢰딩거Erwin Schrödinger(1887–1961)는 물리학자들이 원자 내부에 있는 파동 같은 입자(혹은 입자 같은 파동)의 행동을 계산하고 예측할 수 있는 방정식을 만들었다. 슈뢰딩거 방정식은 원자 내 전자뿐만 아니라 사실상 모든 양자 시스템의 행동을 "파동 함수", 즉 입자의 위치 및 속력과 같은 변수를 결정하는 수학적 표현을 통해 예측한다.

이상하게 들리겠지만 파동 함수는 이들 변수가 특정한 시간과 공간에서 특정한 값을 가질 확률만을 알려줄 뿐이다. 따라서 전자는 파동성과 입자성을 모두 지닐 뿐 아니라 특정 공간 영역에 "다양한 확률 구름"의 형태로 퍼져 있다. 이 책의 후반부에서는 전자의 이해에 관해 발전된 내용을 포함해 양자 세계의 기이한 규칙에 대해 살펴볼 것이다.

원자핵 속으로

1911년, 네덜란드의 물리학자 반 덴 브로에크Antonius van den Broek(1870 – 1926)는 모든 원소가 고유의 "원자 번호"를 가지며, 이는 원자핵 안의 양전하 수와 동일하다고 했다. 이보다 100년 전에도 비슷한 이론이 있었다. 영국의 화학자 윌리엄 프라우트William Prout(1785 – 1850)가 원자량은 수소 원자량의 정수배로 표현될 수 있으며, 다른 원소의 원자는 수소 원자를 모아 만들 수 있다고 주장한 것이다. 그는 자신의 가설에서 제시한 원형原型 원자를 "프로틀protyle"이라고 불렀다. 1917년, 어니스트 러더포드는 1가 양전하를 지닌 수소 원자핵이 다른 원자핵에서도 발견된다는 사실을 증명했고, 이를 "양성자proton"라 불렀다.

그러나 원자 번호(핵 안에 있는 양전하의 양으로, 양성자의 수와 동일하다)를 두 배로 할 때 원자량은 두 배보다 더 커지기 때문에, 원자핵에 또 다른 종류의 입자가 존재한다는 사실은 명백했다. 예를 들어 수소는 원자 번호가 1이고, 원자량도 1이지만, 원자 번호가 2인 헬륨의 원자량은 4이다. 1920년, 러더포드는 원자핵 안에 양성자와 전자의 조합으로 이루어진 또 다른 종류의 입자가 있을 것이라고 주장했다. 양성자(+)와 전자(-)가 하나씩 있으면 입자는 전체적으로 중성을 띠기 때문에 러더포드는 이를 "중성자neutron"라 칭했다. 1932년, 영국의 물리학자 제임스 채드윅James Chadwick(1891 – 1974)이 중성자를 발견했는데, 이것은 양성자와 전자의 조합이 아니라 독립된 하나의 입자였다.

1930년대의 미스터리 중 하나는 원자핵이 어떻게 그 형태를 유지할 수 있는가였다. 양성자는 모두 양전하를 가지고 있으며, 같은 종류의 전하를 띤 물체는 서로 밀어낸다. 양성자는 핵의 내부에 매우 조밀하게 모여 있기 때문에 이들을 서로 밀어내는 힘은 매우 강력할 수 밖에 없다. 몇몇 과학자들은 원자핵 안에 양성자와 중성자를 결합시키는 인력이 존재할 것이라고 생각했다. 중성자는 인력에는 기여할 수 있지만 척력에는 영향을 미치지 않기 때문에(전하가 없어서), 결합을 위한 일종의 접착제 역할을 한다.

1935년, 일본의 이론물리학자 유카와 히데키Hideki Yukawa(1907 – 81)는 이 "강한 핵력strong nuclear force"이 작용하는 기전을 제시했다. 그는 양성자와 중성자는 "메손meson"이라 불리는 매개 입자mediating particle를 주고 받으며, 이러한 입자의 교환이 힘의 원천이라고 했다. 이는 당시로서는 매우 파격적인 이론이었지만, 유카와가 주장한 메손은 1947년에 실제로 발견되었다. 원자핵에 관한 몇 가지 실험과 이론적 발전에 관해서는 추후 좀 더 자세히 살펴볼 것이다.

보다 심오한 원자론

유카와가 제시한 메손은 급격히 늘어나고 있는 여러 종류의 작은 입자 중 하나이다. 이들은 모두 원자보다 훨씬 작으며, 우주선cosmic ray(우주에서 날아온 입자들의 흐름) 및 입자 가속기에서 발견되었다. 1964년, 미국의 물리학자 머리 겔만Murray Gell-Mann(1929년 생)은 몇몇 아원자 입자가 더 작은 입자, 즉 쿼크quark로 이루어진 "복합 입자"라고 했다. 겔만의 이론에 의하면 양성자와 중성자는 3개의 쿼크로, 메손을 포함한 다른 입자들은 2개의 쿼크로 이루어져 있다. 그리고 전자를 포함한 그 외의 입자들은 기본 입자에 해당한다. 현 시점에서 -현대 원자론의 수호자라 할 수 있는- 넘쳐나는 입자들(기본 입자 및 복합 입자)을 이해하기 위한 최선의 이론은 표준 모형Standard Model이며, 이에 관해서는 7장에서 좀 더 자세히 살펴볼 것이다.

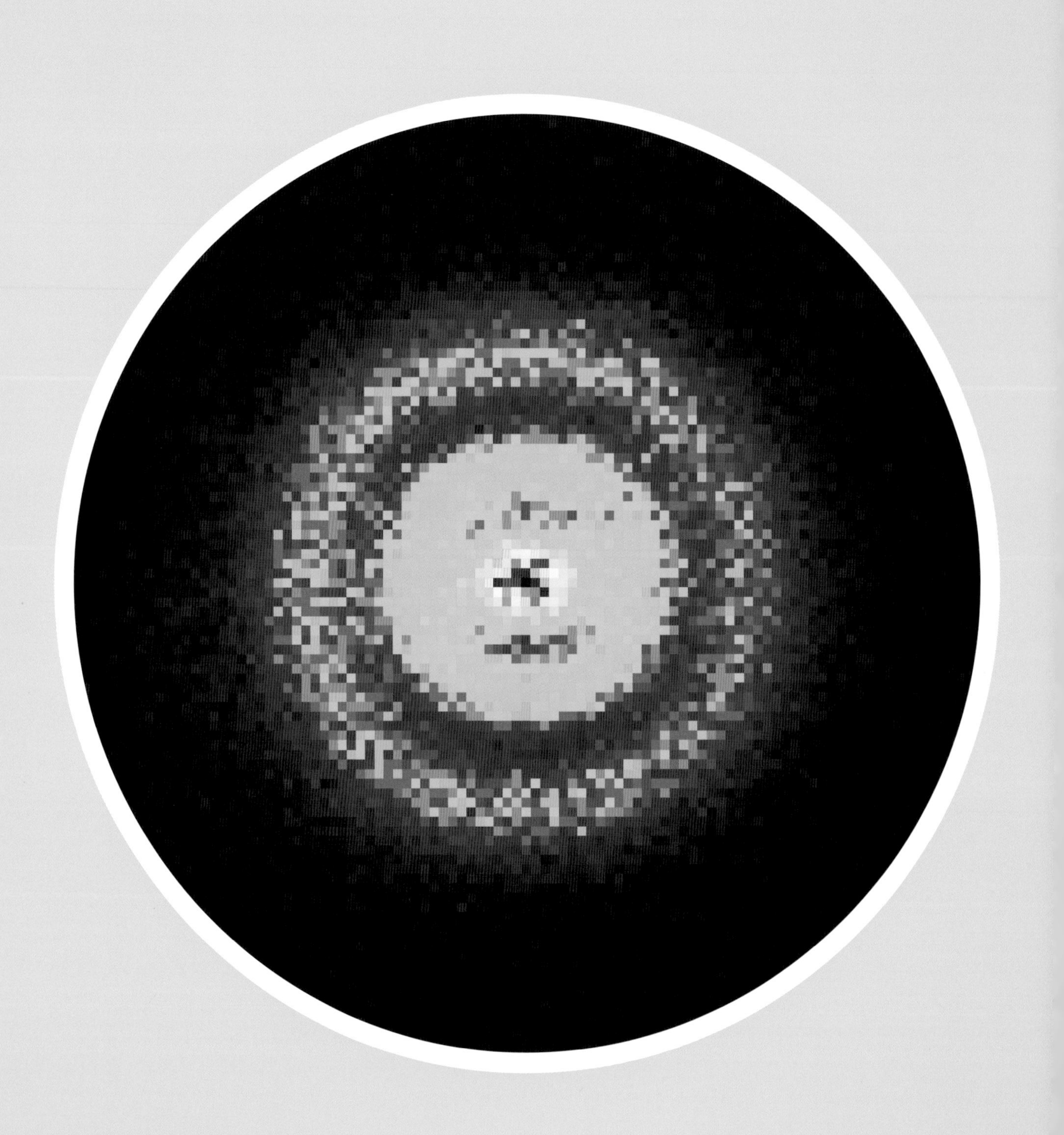

제2장

원자의 구조

원자는 세 종류의 입자, 즉 양성자, 중성자, 전자로 구성된다. 양성자와 중성자는 서로 꼭 붙어서 원자의 중심에 매우 조밀한 핵을 형성한다. 전자는 핵의 주위에서 전기적 인력에 의해 위치를 유지한다. 이들 세 종류의 입자는 원자 스케일에서 적용되는 이상한 법칙, 양자역학에서 통용되는 법칙에 따라 행동한다.

전자는 입자이지만 파동성도 지닌다. 대개의 경우 이들은 파동 함수라 불리는 “확률 구름”의 형태로 동시에 여러 장소에 존재한다. 이 이미지는 “양자 현미경”으로 촬영한 것으로 단일 수소 원자의 전자 파동 함수를 나타낸다.

스케일 가늠하기

원자는 상상할 수 없을 정도로 작다. 이들을 한 줄로 세워 1인치 길이로 만들려면 2억 5천만 개의 원자가 필요하며, 1밀리미터 길이로 만들기 위해서도 무려 1천만 개가 필요하다. 원자는 너무나도 작고 가볍기 때문에 아무리 작은 물체라 하더라도 셀 수 없을 정도로 많은 원자로 이루어져 있다.

원자의 측정

원자는 지름이 1천만 분의 1밀리미터 정도로(박스 참고) 매우 작다. 하지만 우리 일상의 차원으로 스케일을 키운다면 좀 더 흥미롭고 유용한 시각으로 바라볼 수 있다. 스케일을 1천만 배 늘린다면 원자는 고운 모래알 정도의 크기(1밀리미터)가 된다. 일상에서의 물건을 같은 스케일로 확대한다면(마치 이들이 고운 모래알 크기의 원자로 이루어진 것처럼) 축구공은 달의 $^{2}/_{3}$ 정도 크기가 된다. 그리고 집파리의 몸길이는 70킬로미터에 달하며, 이 문장 끝에 있는 마침표는 지름이 5킬로미터나 된다.

원자의 조밀한 중심부를 차지하는 원자핵의 질량은 원자 질량의 99.9%에 해당하지만 실제 점유하는 공간의 비율은 매우 작다. 원자핵의 지름은 전체 원자 지름의 10만(10^5) 분의 1이며, 부피는 원자 부피의 1,000조(10^{15}) 분의 1에 불과하다. 핵을 눈으로 보기 위해서는 스케일을 훨씬 더 키워야 한다. 핵을 확대해서 모래알 크기로 만들면 원자의 지름은 축구장 길이 정도인 100미터에 이르게 된다. 이 정도 스케일에서는 이 문장 끝의 마침표가 지구 주위를 공전하는 달의 궤도 대부분을 덮게 된다.

원자 스케일 단위

과학자들은 국제단위계International System of Units, SI를 사용한다. 길이 측정은 미터법에 기반하며 피트와 인치 대신 미터와 센티미터를 사용한다. 미터법에서 일상의 작은 물체는 대개 센티미터(cm, 100분의 1미터, 10^{-2}m) 또는 밀리미터(mm, 1,000분의 1미터, 10^{-3}m)로 측정한다. 1센티미터는 약 0.4인치이고, 1밀리미터는 약 0.04인치이다. 원자 스케일에서 가장 흔히 사용되는 단위는 나노미터(nm, 10억 분의 1미터, 10^{-9}m)와 피코미터(pm, 1조 분의 1미터, 10^{-12}m)이다. 원자의 지름은 대개 100억 분의 수 미터 정도인데, 이를 달리 말하면 "10분의 수 나노미터" 또는 "수백 피코미터"로, 깔끔하게 표현되지 않는다. 하지만 원자 크기에 꼭 맞으면서 많은 원자 물리학자의 마음 속에 특별한 위치를 차지하고 있는 단위가 있다. 바로 옹스트롬ångström이다. 1옹스트롬은 100억 분의 1미터(1Å = 10^{-10}m)로, 원자의 지름은 수 옹스트롬이다. 사실 가장 작은 원자인 수소 원자의 지름이 거의 1Å에 가깝고, 가장 큰 원자인 세슘 원자의 지름은 6Å 정도이다. 원자의 지름을 측정하거나 계산하는 방법은 여러 가지가 있으며, 곧 설명하겠지만 사실 원자의 지름은 정해진 수치가 아니라는 점에 유의할 필요가 있다.

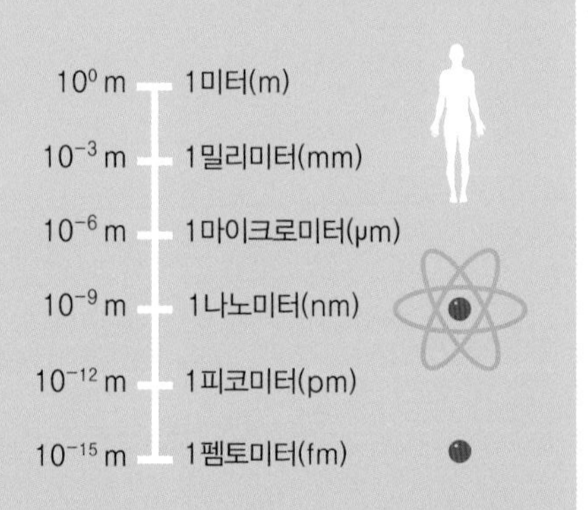

집파리는 약 100억 × 100억 개의 원자로 이루어져 있다. 이들 원자 하나하나가 모래알 정도의 크기라면 집파리의 몸집은 너무나 커져서 뉴욕주 롱아일랜드 대부분에 그림자를 드리울 정도가 된다. 마찬가지로 원자가 모래알 크기라면 축구공의 지름은 2,250km 정도로, 달의 지름인 3,476km의 $^2/_3$에 달할 것이다.

무게 재기

원자가 얼마나 작은지를 가늠하는 또 다른 방법은 질량을 측정하는 것이다. 전자의 질량은 양성자 또는 중성자 질량의 1,800분의 1보다 작기 때문에 거의 무시할 수 있는 수준이며, 때문에 원자의 질량은 양성자 및 중성자, 즉 "핵자nucleon"의 전체 개수에 의해 결정된다. 양성자와 중성자의 질량은 거의 동일하다. 원자 스케일에서 질량은 "원자 질량 단위unified atomic mass unit" (u)로 측정되며, "달톤Dalton" (Da)이라 불리기도 한다. 1달톤은 핵자 하나의 질량에 가깝지만 정확한 정의를 내리면 1Da은 탄소-12 원자(6개의 양성자와 6개의 중성자, 즉 12개의 핵자를 포함한 원자) 질량의 12분의 1에 해당한다. 양성자 또는 중성자 하나의 질량은 1Da보다 약간 크다 (맞은편 페이지 참고).

탄소 원자의 99%는 탄소-12이다. 그리고 나머지 탄소의 대부분은 탄소-13 원자로 6개의 양성자와 7개의 중성자로 이루어져 있다(전체 13개의 핵자로 된 탄소-13의 질량은 13Da 정도이다). 탄소-12가 압도적으로 흔하기 때문에 탄소 원자의 평균 질량은 12Da에 가까우며 실제 수치는 12.01Da이다.

이들 질량이 얼마나 작은지 감을 잡기 위해서는 달톤과 온스의 차이를 생각해보면 된다. 달톤을 온스로 변환하려면 17조를 곱하고 다시 1조를 곱해야 한다(17,000,000,000,000,000,000,000,000). 이렇게 많은 핵자가 있어야 전체 질량이 1온스(28그램)가 되며, 같은 수의 탄소 원자의 총 질량은 12.01온스가 된다(340그램).

과학자들은 온스 대신 그램과 킬로그램을 사용한다. 달톤을 그램으로 변환하려면 6천억을 곱하고 다시 1조를 곱해야 한다(600,000,000,000,000,000,000,000). 어떤 원소의 원자가 이만큼 있으면 그 질량은 원자량을 그램으로 나타낸 것과 동일하게 된다. 즉, 4개의 핵자를 지닌 헬륨-4 원자가 6천억 × 1조 개 있다면 전체 질량은 4그램($^1/_8$온스)이며, 238개의 핵자를 지닌 동일한 수의 우라늄-238 원자의 전체 질량은 238그램(약 $8^3/_8$온스)이다. 이 유용한 수는 이탈리아의 과학자 아메데오 아보가드로Amadeo Avogadro(1776-1856)의 이름을 따 아보가드로 상수Avogadro's constant라 불린다. 1810년대 아보가드로는 온도와 압력이 같다면 동일한 부피의 두 기체는 동일한 수의 입자(원자 또는 분자)를 지닌다고 생각했다. 비록 그 수가 얼마나 되는지는 알 수 없었지만 말이다.

20세기 초반이 되어서야 최초로 아보가드로 상수를 정확하게 계산할 수 있었다. 이 수는 화학자들이 물질의 "몰mole"이라 부르는 개념을 정의하며, 화학 반응을 추적하는 데 유용하다. 어떤 물질 1몰에는 아보가드로 상수와 동일한 수의 입자가 포함된다. 예를 들어 티스푼 하나를 채울 정도인 물 1몰(18그램 또는 $^5/_8$온스)을 만들기 위해서는 수소 2몰(2그램 또는 $^7/_{100}$온스)과 산소

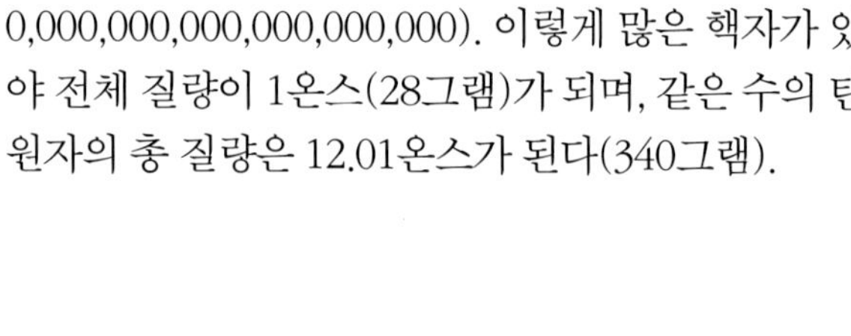

12그램($^3/_8$온스)의 순수 탄소 내에는 6천억 x 1조 개의 탄소 원자가 들어 있다.

원자 질량 단위

원자핵을 구성하는 양성자와 중성자는 강력한 힘에 의해 서로 붙어 있기 때문에 이들을 떼어내기 위해서는 에너지가 필요하다. 그러므로 핵은 양성자와 중성자가 서로 분리되어 있을 때의 에너지 총합보다 적은 에너지를 지니고 있다. 이 차이를 결합 에너지라 부른다. 아인슈타인의 가장 유명한 방정식인 $E = mc^2$에서 증명되었듯이 에너지는 질량을 지닌다. 따라서 핵의 질량은 이를 구성하는 양성자 및 중성자의 질량을 더한 것보다 작다. 이러한 차이를 질량결손mass defect이라 부르며, 그 수치는 핵마다 다르다. 핵의 질량을 표현하는 표준적인 방식을 가지기 위해 과학자들은 원자 질량 단위, 즉 달톤을 사용하며, 이는 탄소-12 핵 질량의 12분의 1로 정의된다.

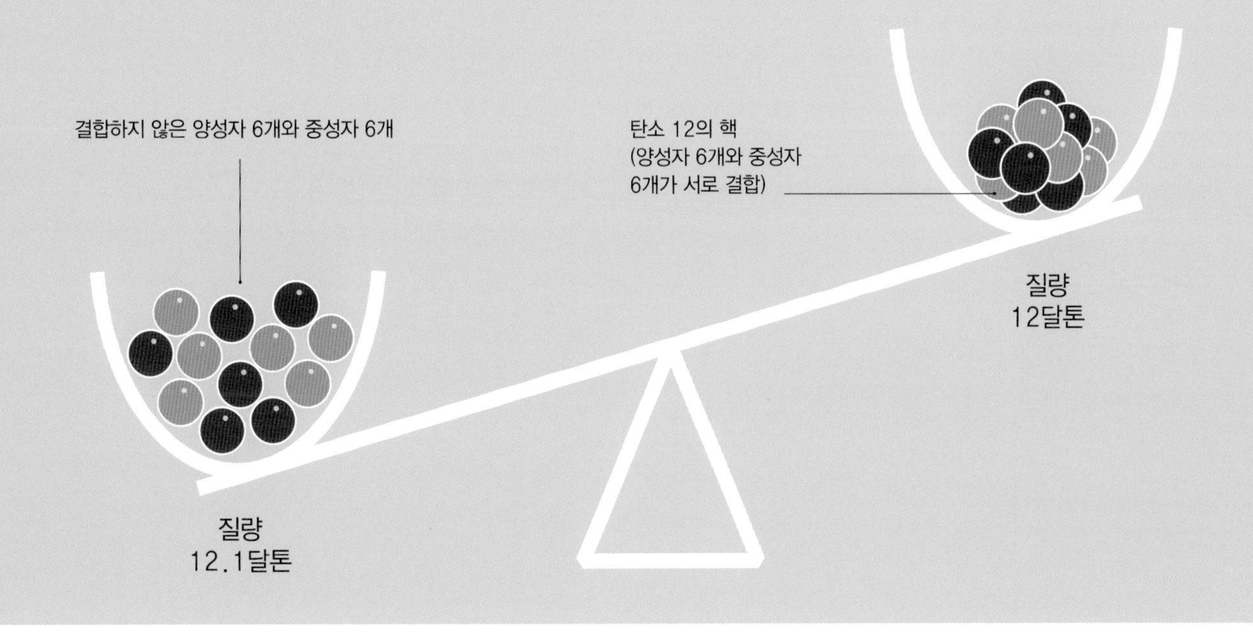

1몰(16그램 또는 약 $^1/_2$온스)이 필요하다. 물 분자의 수는 1몰 개로 아보가드로 상수와 동일하지만 그 구성 원자의 수는 3배 더 많다.

기체에 관한 아보가드로의 생각은 옳았다. 같은 온도와 압력에서 동일한 부피의 두 기체는 같은 수의 입자를 포함한다. 표준기압normal atmospheric pressure과 0℃에서 기체 1몰의 부피는 4.9갤론(22.4리터)이며, 이는 일반적인 가정용 전자레인지 내부 공간 정도에 해당한다. 이제 전자레인지 문을 열고 안을 들여다 볼 때면 수천억 × 1조 개의 작은 원자와 분자가 빠른 속력으로 움직이고 있는 모습을 상상할 수 있을 것이다.

원자는 어떤 모양일까?

원자의 크기가 엄청나게 작다는 점을 고려한다면, 내부 구조는 고사하고 원자의 존재를 인지하는 것만도 대단한 성과라 할 수 있을 것이다. 하지만 우리는 이제 많은 것을 알고 있다. 전자가 핵 주위의 정해진 경로를 따라 회전하는 기존의 원자 모형은 사실 실제의 모습과는 거리가 멀다.

전자 대기Electron Atmosphere

과학자들은 원자가 딱딱하고 통과할 수 없는 공의 형태가 아니며 내부 구조를 지닌다는 사실을 인식하게 되자, 곧바로 각각의 구성 성분이 배열된 방식에 관한 가설을 세우기 시작했다(30페이지 참고).

하나의 개별 원자를 실제로 "볼" 수 있다면 이는 흐릿한 공처럼 보일 것이다. 전자는 핵을 뿌옇게 둘러싸고 있는 구球형의 구름 모양을 형성하는데, 사실 핵은 너무나도 작아서 관찰하기가 어렵다. 행성 주위의 대기와 마찬가지로 전자 구름은 가장자리가 단단하거나 경계가 분명하지 않으며 점차 희미해지면서 사라진다. 수소와 헬륨 원자를 제외한 모든 원자에서 2개 이상의 흐릿한 구가 동심원을 그리며 배열되어 있다. 가장 바깥쪽 구에 위치한 전자가 가장 큰 에너지를 지닌다. 원자가 따로 떨어져 있지 않고 서로 결합되어 있다면, 전자 구름은 여러 모양을 지닐 수 있으며 서로 겹치기도 한다. 원자는 바로 이러한 방식으로 결합해 분자를 형성하는데, 이에 관해서는 4장에서 살펴볼 것이다.

구형 전자 구름의 흐릿함은 전자의 빠른 움직임으로 인한 잔상으로 나타나는 것이 아니다. 이는 원자 및 아원자 스케일에서는 모든 것의 본질에 초자연적인 면이 있기 때문이다. 이러한 스케일에서는 입자가 파동과 같은 성질을 지닌다. 이 "파동-입자 이중성"은 원자와 그 구성 요소의 행동을 지배하는데, 이는 물리학의 한 분야인 양자역학에서 가장 중요한 특징 중 하나이다.

고전적 원자 모형

가장 오랫동안 지속되어온 원자의 이미지는, 행성이 태양의 주위를 공전하듯이 원자라는 작은 태양계에서 전자가 핵의 주위를 도는 모습이다. 이러한 원자 모형은 너무나도 설득력 있게 보이기 때문에 오늘날까지도 원자 모형을 대표하는 상징으로 남아 있다. 하지만 이는 실제 원자의 모습과는 완전히 다르다.

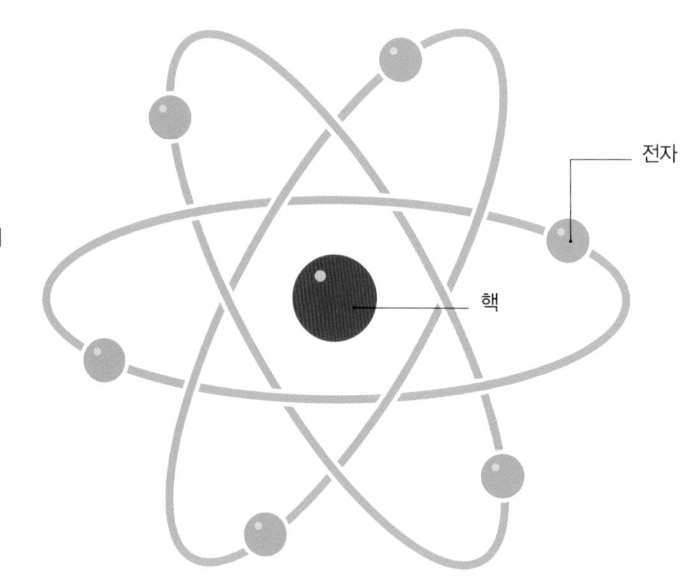

현대적 원자 모형

흐릿한 전자 구름 형태를 보여 주고 있는 탄소-12 원자. 핵은 6개의 양성자와 6개의 중성자, 총 12개의 핵자로 이루어져 있다. 핵자는 "쿼크"라 불리는 매우 작은 입자가 다양한 조합으로 구성된 복합 입자이다. 몇 가지 다양한 종류의 쿼크가 있는데, 양성자와 중성자는 물리학자들이 "위up" "아래down"라고 부르는 2종류의 쿼크로 이루어진다. 위 쿼크는 $+^2/_3$의 전하를 가지며, 아래 쿼크는 $-^1/_3$ 전하를 띤다. 위 쿼크 2개와 아래 쿼크 1개가 결합한 양성자의 경우 전체 전하는 +1이고, 아래 쿼크 2개와 위 쿼크 1개가 결합한 중성자는 전하가 없다.

6개의 전자는 각각 -1의 전하를 가지는데, 이들은 자신(전자)과 양성자 사이의 정전기적 인력에 의해 핵 주위에 자리한다. 그러나 전자는 원자핵 주위의 정해진 자리에 존재하는 것이 아니라 동시에 여러 곳에 존재할 확률을 갖는다. 그러므로 원자 주위의 전자는 "확률 구름"으로 간주하는 것이 가장 바람직하다. 고립된 탄소 원자의 전자는 2개의 동심 구름 속에 존재하며, 이들은 구球대칭을 이룬다. 가장 바깥쪽 구름 안에 있는 전자는 안쪽 구름의 전자보다 큰 에너지를 갖는다.

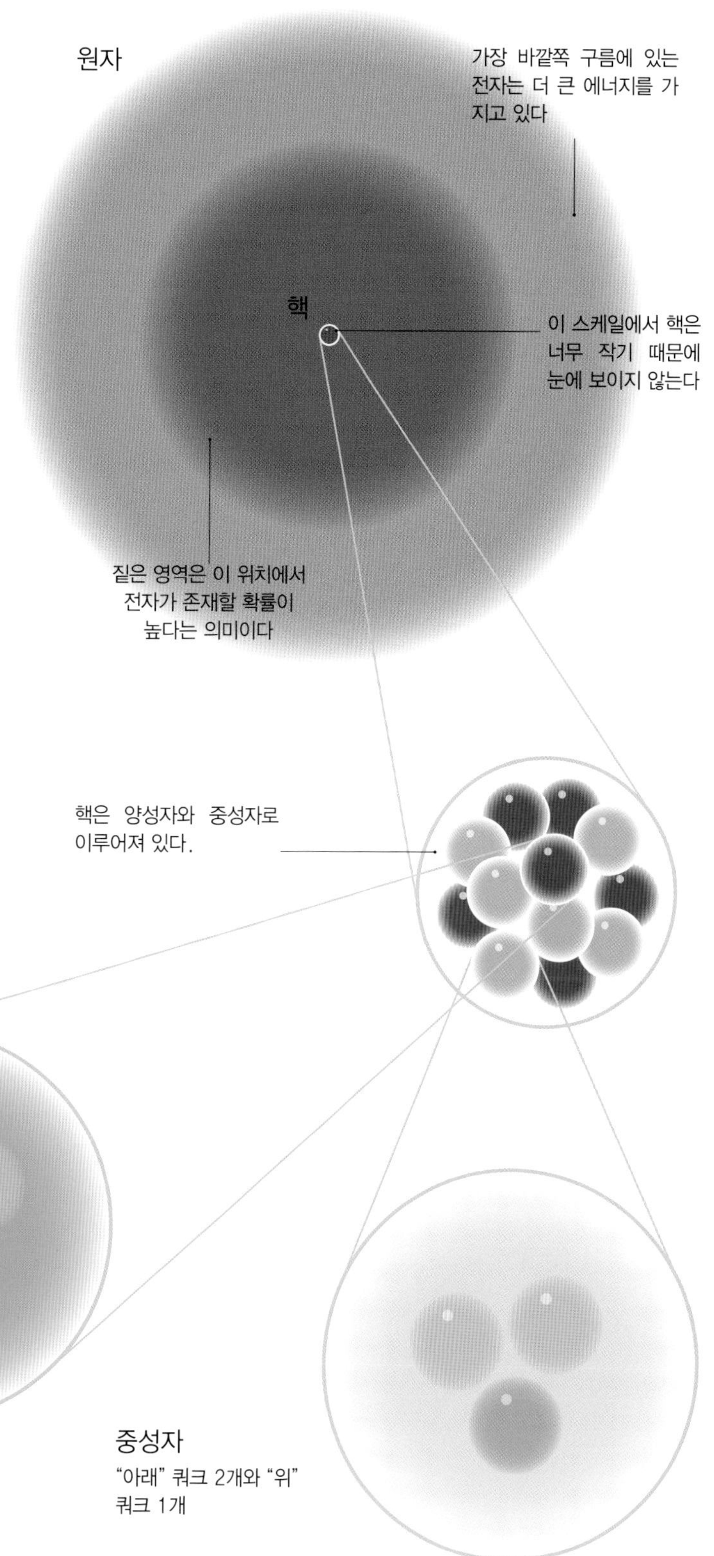

양자역학

전자가 입자성과 파동성을 지닐 수 있어서 동시에 여러 곳에 존재할 수 있고, 이들의 행동이 확률의 지배를 받는다는 사실은 매우 낯설게 느껴진다. 이렇게 원자 스케일에서 일어나는 이상한 현상은 매우 강력하면서도 잘 검증된 현대 과학의 한 분야, 즉 양자역학에 의해 예측 가능하다.

역학이란 무엇인가?

역학은 물리학의 한 분야로, 힘이 가해진 물체의 행동을 예측할 수 있다. 예를 들어 공중으로 던진 공의 질량과 방향 및 속력, 그리고 중력과 공기 저항을 포함해 이 공에 작용하는 모든 힘을 안다면, 공이 얼마 후에 어디에 떨어질지를 파악할 수 있다. 역학의 선구자 아이작 뉴턴Issac Newton은 1687년 유명한 세 가지 운동 법칙을 발표했다(박스 참고). 수학적으로 표현된 이 법칙에는 인류가 달에 착륙하는 데 필요한 모든 것이 담겨 있었다. 건축가들과 공학자들도 다리나 엔진 등을 설계할 때 이를 일상적으로 사용한다.

뉴턴의 법칙은 엄청난 호응과 더불어 널리 이용되었지만 20세기 후반의 물리학자들은 이 법칙이 현실을 정확히 기술하지 못한다는 사실을 발견했다. 우주에 관한 뉴턴의 "기계적" 관점에 대한 도전은 21세기 초반 현대 물리학의 탄생으로 이어졌다. 첫 번째 도전은 제임스 클러크 맥스웰이 제창한 전자기학electromagnetism이라는 우아한 이론이었다(28페이지 참고). 이 이론 덕분에 우리는 빛이 전자기파의 일종이라는 사실을 깨닫게 되었다. 맥스웰의 이론은 빛의 속력이 "절대적"이라는 전제가 필요했다. 달리 말하면 당신이 광원을 향해 접근하건 광원으로부터 멀어지건 간에 빛은 언제나 같은 속력으로 접근한다는 것이다. 만약 두 사람이 서로에게 상대적으로 움직이고 있다면, 빛은 이들 각각에 대해 동일한 속력을 지닌다.

뉴턴의 법칙

뉴턴은 그의 저서 『자연철학의 수학적 원리*Philosophiæ Naturalis Principia Mathematica (Mathematical Principles of Natural Philosophy)*』(1687)에서 세 가지 운동 법칙을 기술했는데, 수식을 빼고 간단하게 말하면 다음과 같다. 첫째, 힘이 작용하지 않으면 물체의 움직임도 변하지 않는다. 둘째, 힘이 주어진다면 물체는 가속하게 되어 속력을 바꾸고, 경우에 따라서는 방향도 바꾸게 되는데, 그 정도는 힘의 세기와 물체의 질량에 의해 결정된다. 셋째, 한 물체가 다른 물체에 힘을 가하면, 힘을 받은 물체는 동일한 힘을 반대 방향으로 원래 물체에 가한다. 뉴턴은 같은 책에서 운동 법칙과 중력에 대한 이해를 바탕으로 포탄을 산꼭대기에서 수평으로 발사하면 어떻게 될지에 관해 기술했다(아래 그림 참고). 포탄은 땅으로 떨어지게 되는데 포에서 발사 속력이 빠를수록 지면에 닿기 전까지 더 많은 거리를 비행한다. 만약 충분히 빠른 속력으로 발사하면 포탄의 낙하는 지구의 곡률curvature과 일치하게 되어 위성 궤도에 진입하게 될 것이다.

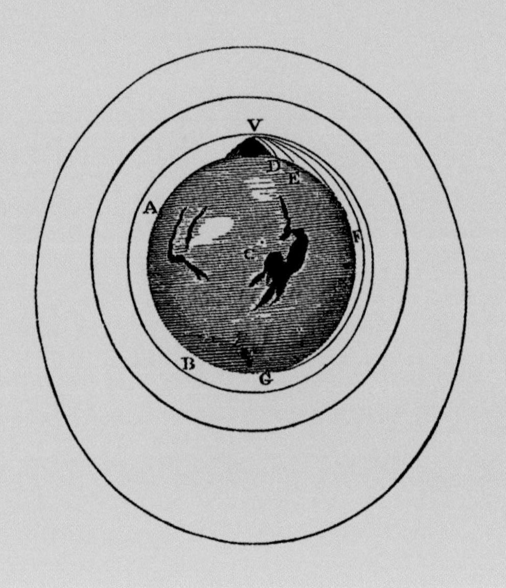

뉴턴의 운동법칙에는 오류가 있을 수 있지만, 이 법칙 덕분에 인류가 안전하게 달에 착륙할 수 있었다.

이러한 사실은 시간과 공간이 절대적이라는 뉴턴의(그리고 다른 모든 사람들의) 가정에 대한 도전이었으며, 물리학의 근간을 뿌리째 흔들었다. 알베르트 아인슈타인은 이를 발전시켜 빛의 속력은 절대적이며 (그로 인해) 거리와 시간 간격은 "상대적"이라는 필연적인 결론에 이르렀다. 서로 상대적으로 움직이고 있는 사람들은 동일한 시간 및 공간 간격interval을 다르게 측정할 수 있다.

아인슈타인의 특수상대성 이론(1905)과 일반상대성 이론(1915)은 맥스웰의 전자기를 고려해서 역학을 새롭게 해석한 것이다. 상대성에 의해 예측되는 이상한 현상, 즉 시간이 다른 속력으로 흘러가고 거리가 짧아지거나 길어지는 등의 모습은 매우 빠른 속력 또는 매우 강력한 중력장gravitational field 내에서만 의미를 지닌다. 이러한 상황에서 물리학자들은 뉴턴의 법칙에 기반한 역학인 "고전 역학"이 아닌 "상대론적 역학relativistic mechanics"을 적용한다. 아인슈타인의 가장 유명한 방정식인 $E=mc^2$는 자신의 특수상대성 이론의 직접적인 결과였다.

원자 스케일에서 물체의 행동을 예측하는 데 사용될 수 있는 역학인 양자역학은 비고전 역학nonclassical mechanics 중 하나이다. 이 또한 뉴턴 역학에 대한 도전의 결과로 탄생했으며, 양자역학이 발전하는 데에는 아인슈타인이 다시 한번 중요한 역할을 담당했다.

양자란 무엇인가?

양자역학의 근원은 1900년 독일의 물리학자 막스 플랑크Max Planck(1858 – 1947)가 발표한 논문에 기반한다. 플랑크는 뜨거운 석탄의 주황색 불빛이나 태양 표면에서 나오는 백색광과 같이 뜨거운 물체에서 방사되는 빛(그리고 다른 전자기파)과 상온의 모든 물체에서 방사되지만 육안으로는 보이지 않는 적외선의 실체를 파악하고자 했다. 제임스 클러크 맥스웰은 빛이 전자기장에서의 진동인 전자기파라는 사실을 입증했다. 모든 전자기파는 진동수(1초당 진동의 완전한 주기가 반복되는 횟수)와 파장(연속되는 마루peak 간의 거리)을 제외하고는 동일하다.

과학자들은 물체가 뜨거울수록 더 큰 에너지를 전자기파의 형태로 방출하며, 고주파(파장이 짧은 파)의 비율 또한 증가한다는 사실을 알았다. 만약 쇠막대기를 약 600℃로 가열하면 적외선과 더불어 붉은색을 띤 저주파 빛이 방출되지만 파란색의 고주파 빛은 나오지 않는다. 좀 더 열을 가하면 이들 고주파가 생성되기 시작하며, 온도를 충분히 올리면 전체 스펙트럼을 포함하는 흰색 빛으로 타오를 것이다. 플랑크는 특정 온도에서 특정 진동수를 지닌 빛의 세기를 예측할 수 있는 방정식을 찾으려 했다.

맥스웰의 이론에 의하면 전자기파는 전하를 지닌 물체의 진동에 의해 생성된다. 플랑크는 진동하는 물체가 무엇인지를 언급하지는 않았지만 고전 역학의 관점에서 보더라도 이들 "진동자oscillator"의 에너지가 진동수와 직접적으로 연관된다는 주장은 타당했다. 하지만 플랑크의 방정식은 현실을 잘 반영하지 못했다. 그는 자신의 주장을 포기하는 소위 "절망적인 행위act of desperation"을 통해 진동자가 임의의 양의 에너지를 내도록 "허용"되지는 않는다고 제안했다. 진동자는 그가 "에너지 요소energy element"라 부른 매우 작은 양의 불연속적인 에너지만을 낼 수 있다는 것이다.

플랑크는 추후 플랑크 상수Planck's constant, h라 불리게 되는 수를 도입하기도 했다. 특정 진동자가 방출할 수 있는 가장 작은 에너지 양은 h에 진동자의 진동수 f를 곱한 것으로, $E = hf$로 표기된다. 진동자는 온전한 하나의 에너지 요소는 몇 개라도 방출할 수 있지만 에너지 요소의 일부분만을 방출할 수는 없다. 이는 몇 달러든지 쓸 수 있지만 센트나 센트의 일부분은 쓸 수 없는 상황과 마찬가지이다. 수백만 달러짜리 상품을 산다면 이러한 제한 규정은 의미가 없을 것이다. 마찬가지로 플랑크의 에너지 요소는 h가 매우 작은 수이기 때문에 일상의 스케일에서는 그 의미가 사라진다. 플랑크의 생각은 에너지 원자론의 일종이라고 할 수 있을 것이다.

가시 스펙트럼의 한쪽 끝에 위치하는 보라색 빛의 파장은
반대쪽 끝에 있는 붉은색 빛 파장의 반 정도이다.

뜨거운 물체가 발산하는 빛

뜨거운 편자에서 방출되는 빛의 파장 범위는 그래프의 주황색 곡선으로 나타난다. 곡선은 비교적 짧은 파장(붉은색 빛)에서 최고점에 이르며 조금 더 긴 파장의 적외선 부분이 꼬리처럼 길게 이어진다. 편자를 좀 더 가열하면 더 많은 빛이 생성되며(녹색 곡선), 좀 더 짧은 파장(노란색 빛)에서 최고점에 이르게 된다. 이제 편자는 노란색 불꽃으로 타오를 것이다. 더욱 뜨겁게 하면 편자는 더 많은 복사를 생성하며 짧은 파장의 파란색 빛도 낼 것이다(파란색 곡선). 이제 가시광선 스펙트럼의 모든 파장이 생성되면서 편자는 흰색 불꽃을 내며 타오르게 된다.

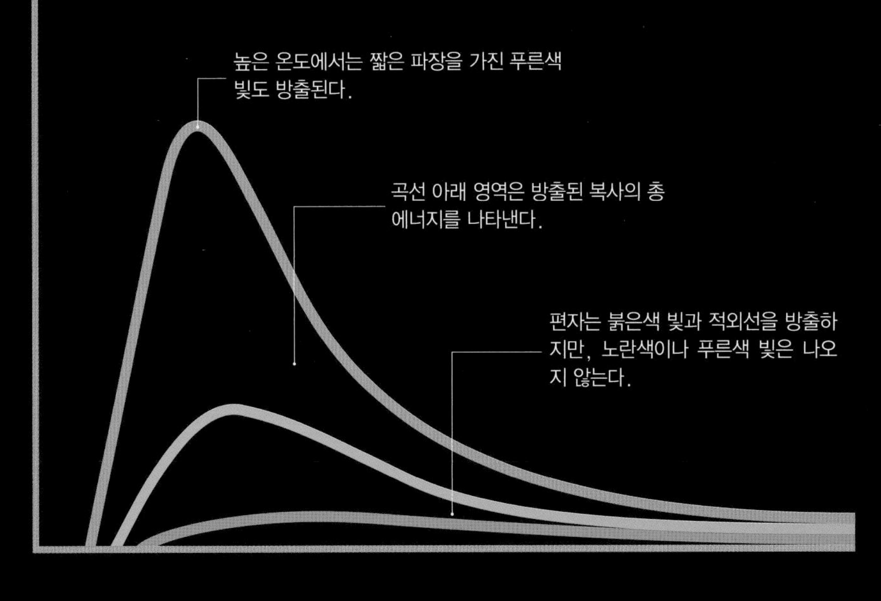

플랑크에게는 단지 수학적 편의에 불과했던 이 가설은 아인슈타인의 손에 들어오자 물리학 혁명의 시발점이 되었다. 1905년, 아인슈타인은 플랑크의 생각을 차용해 광전 효과라 알려진 현상을 설명했는데, 이는 빛이 원자로부터 전자를 이탈시킨다는 것이다. 그는 빛의 에너지가 불연속적인 양인 에너지 덩어리, 즉 입자로 전달된다는 사실을 깨달았으며, 이를 "광자photon"라 불렀다. 아인슈타인은 플랑크의 방정식 $E = hf$ 를 사용해 광자의 에너지를 계산했다. 각각의 광자는 하나의 에너지 요소, 즉 양자quantum와 동일하다. 보랏빛의 진동수는 붉은빛 진동수의 2배 정도이므로 때문에 각각의 보랏빛 광자는 붉은빛 광자보다 2배 큰 에너지를 지닌다. 빛 에너지는 광자로 전달될 수 있지만 광자의 절반으로는 전달되지 못한다. 다시 말하지만 이러한 제한 규정은 일상 생활에서는 아무런 의미가 없다. 손전등을 비추거나 촛불을 켜면 각자의 에너지를 지닌 무수히 많은 광자가 나온다.

1913년 닐스 보어는 양자화quantization를 고려한 최초의 원자 모형을 발표했다. 원자에 열을 가하거나 자외선을 쪼여 "들뜨게" 하면, 원자가 특정 진동수를 지닌 전자기파를 방출한다는 사실은 이미 오래 전에 알려졌다. 이는 형광 염료나 도료가 선명하고 일관된 색을 낼 수 있는 이유이다. 전자기파의 특정 진동수는 포함된 원소 고유의 특징이기 때문에 화학자들은 분광학에서 형광성을 이용해 원소를 확인할 수 있었다 (68페이지 참고).

광전 효과

광전 효과photoelectric effect로 알려진 현상은 금속 표면에 빛을 비출 때 발생한다. 빛의 에너지는 금속 원자로부터 전자 일부를 이탈시켜 자유롭게 움직이도록 하며, 실험에서는 유리된 전자가 전류로 감지된다. 빛이 강할수록 전자가 많아지고, 전류는 커진다. 흥미롭게도 특정 진동수보다 낮은 경우에는 빛이 아무리 강하더라도 전자가 전혀 방출되지 않는다. 아인슈타인은 이 현상을 (올바르게) 설명하면서 에너지가 "덩어리"로 전달된다고 했고, 이 입자를 광자라 불렀다. 각각의 광자는 빛의 진동수에 따라 정해진 양의 에너지를 지닌다. 빛의 세기는 매 초마다 특정 지점에 도달하는 광자의 수와 연관된다. 전자를 움직이게 하기에 충분한 정도의 에너지를 지닌 광자가 없다면, 즉 진동수가 충분히 높지 않다면, 매 초 도달하는 광자의 수가 아무리 많더라도(빛이 아무리 세더라도) 소용이 없다. 전자는 방출되지 않으며 전류도 흐르지 않게 된다. 좀 더 높은 진동수의(작은 파장의) 빛을 사용하는 것은 각각의 광자가 더 큰 에너지를 지니며, 방출된 전자 하나하나의 에너지도 더 크다는 사실을 의미한다.

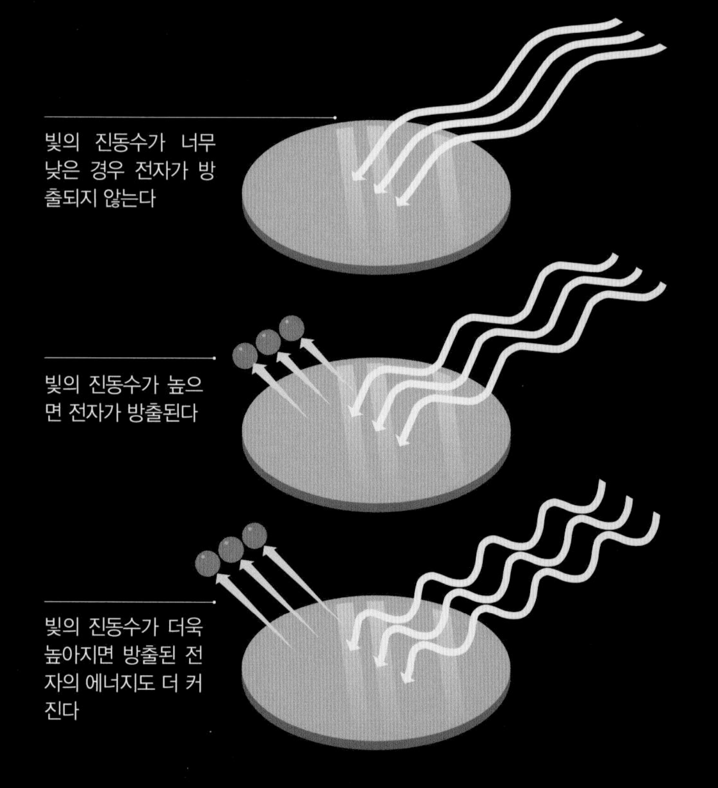

원자가 광자를 방출하는 방법

보어의 원자 모형에서 전자는 "허용된" 에너지만 가질 수 있다. 전자가 가진 에너지가 많을수록 전자는 원자핵에서 멀리 떨어져 있다. 전자가 정상 에너지 준위보다 높은 곳에 있으면 다시 아래로 떨어질 수 있고, 이때 광자를 방출한다. 전자가 잃는 에너지가 빛의 파장을 결정한다.

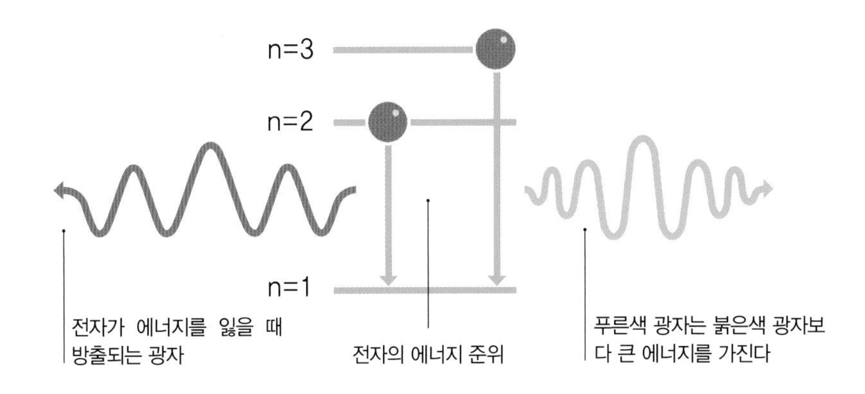

보어는 빛이 특정한 진동수를 지니기 때문에, 방출되는 광자는 불연속적인 에너지를 지녀야 한다는 사실을 깨달았다. 그리고 광자를 생성하는 것은 전자이기 때문에 전자는 원자 내에서 정해진 에너지 준위 사이를 도약jump해야 한다고 결론 내렸다. 그렇지 않다면 광자의 에너지는 연속적이며, 빛의 진동수도 연속적일 것이다. 보어는 전자의 에너지를 포함한 원자 내부의 전체 시스템이 양자화되어야 한다고 생각했다. 그의 의견은 옳았고, 오늘날 물리학자들은 각각의 에너지 준위에 수를 부여해 "주양자수principal quantum number", n이라 부른다. 가장 낮은 에너지($n = 1$)를 지닌 전자는 바닥 상태ground state에 있다고 한다.

보어는 자신의 이론을 사용해 가장 단순한 원자인 수소에서 전자의 에너지 준위를 계산했다. 그런 다음, 전자가 높은 에너지 준위에서 낮은 쪽으로 도약할 때마다 방출되는 빛의 진동수를 계산했다. 결과는 실제로 수소에 의해 방출되는 빛의 진동수와 정확히 일치했다. 원자 내의 전자는 어떤 값의 에너지든지 가질 수 있는 것은 아니며, 연속적으로 에너지를 얻거나 잃을 수도 없다. 대신 이들은 특정 값에서 다른 값으로 갑작스럽게 작은 "양자 도약quantum jump"을 한다. 양자화는 매우 작은 스케일에서만 의미를 지니지만 명백히 존재하는 현실이다.

이 야광 산호 종의 전자는 비非가시광선인 자외선 광자에 의해 높은 에너지 준위를 갖도록 들뜬 상태가 되었다가 가시광선 광자를 방출하며 에너지를 잃는다.

파동-입자 이중성

에너지의 양자화는 양자역학을 지탱하는 기둥 중 하나이다. 또 다른 기둥은 파동-입자 이중성인데, 이는 양자역학의 지배를 받는 개체가 입자와 파동의 성격을 모두 지닌다는 개념이다. 아인슈타인은 빛이 입자의 흐름(광자)처럼 행동한다는 사실을 깨달았다. 하지만 맥스웰의 전자기(그리고 여러 실용적인 실험)에 관한 연구 결과에 의하면 빛이 파동처럼 행동하기도 한다는 사실 또한 명확하다. 이러한 이중성은 일상에서의 경험과 상식에 대한 심각한 도전이었다. 파동은 퍼지며 연속적이지만, 입자는 국소화되어 있고 불연속적이다. 오늘날까지 이러한 이중성을 온전히 이해하는 사람은 없다.

파동-입자 이중성이 실생활에서의 경험에 어떤 도전을 제기하는지를 이해하기 위해 다음의 시나리오를 생각해보자. 광원이 스크린을 비추고 있으며 여러 대의 탐지기가 스크린 전체에 배열되어 있다. 먼저 빛을 파동으로 간주해보자. 파동은 전자기장에서의 교란disturbance이며, 광원으로부터 퍼져 나가는 교란이다. 파동이 광원에서 멀어질수록 에너지는 더 많이 퍼지게 되므로 각각의 탐지기는 빛 에너지의 일부만을 수신한다. 이때 모든 탐지기는 동시에 같은 양의 에너지를 수신한다.

이제 빛을 불연속적인 묶음으로 전달되는 광자로 간주해보자. 각각의 광자는 입자이며 광원으로부터 탐지기 중 하나까지 직선으로 주행한다. 한 번에 하나의 광자를 보내면("단일광자 광원"은 실제로 존재한다), 오직 하나의 탐지기만이 활성화된다. 이 탐지기는 광자의 전체 에너지를 수신하며, 앞의 경우와는 달리 에너지는 퍼지지 않는다. 각각의 탐지기가 광자를 수신할 확률은 동일하므로 시간이 지나면서 많은 수의 광자가 방출되면 모든 탐지기가 광원으로부터 나온 전체 에너지를 고르게 수신할 것이다. 달리 말하면, 이 과정은 동전 던지기와 마찬가지로 확률에 의해 결정된다. 동전을 여러 번 던질 때 각각의 던지기는 서로 독립적이며, 매우 많은 횟수를 거듭할 경우 절반은 앞면, 나머지 절반은 뒷면이 나올 것이다. 동전 던지기가 이렇게 공정한 결과를 초래한다는 점도 이상하리만큼 놀랍지만, 광자 각각이 확률에 의해 이러한 방식으로 "유도"될 수 있다는 사실은 정말 놀라운 미스터리가 아닐 수 없다.

이 시나리오는 "이중 슬릿 실험double slit experiment"이라는 고전적인 양자역학의 수수께끼를 생각한다면 더욱 이상하게 느껴질 것이다. 이 실험의 기이한 결과는 양자역학의 핵심이자, 원자 이해의 중심이다. 이름에서 알 수 있듯이 이중 슬릿 실험은 빛을 2개의 좁은 슬릿에 투과하는 것이다. 앞에서와 마찬가지로 빛을 탐지기로 뒤덮인 스크린에 비추면, 빛은 슬릿을 통과하면서 파동이 작은 구멍을 통과할 때와 마찬가지로 퍼진다(회절이라 불리는 현상의 결과). 그러므로 슬릿은 광원의 역할을 한다. 2개의 슬릿을 사용하면 2개의 광원을 서로 나란히 놓은 것처럼 각각 스크린을 향해 복사한다. 이때 두 광원은 서로 동일하며 파동의 위상 또한 일치한다.

빛이 스크린에 닿을 때 광파light wave의 마루peak와 골trough이 함께 도달하는 곳이 존재하게 되며, 이곳에서 두 광파의 "위상은 일치한다." 이 지점에서 파동은 서로 보강하며, 슬릿이 없을 때에 비해 더 밝은 빛을 낸다. 마찬가지로 마루가 항상 골과 함께 도달하는 곳도 존재할 텐데, 여기에서는 두 파동의 "위상이 반대이다." 이 경우, 두 광원은 문자 그대로 서로 상쇄한다. 그 결과 밝은 무늬와 어두운 무늬가 스크린에서 엇갈리며 나타난다. 이때 두 광원은 서로 "간섭"하고 있으므로 이를 간섭 패턴이라 부른다. 어떤 탐지기에는 빛이 전혀 감지되지 않지만 다른 탐지기에는 항상 밝은 빛이 감지되는 것이다.

파동-입자 이중성

빛은 전자기파로 행동하기도 하고 광자의 흐름으로 행동하기도 한다. 이 실험에서 스크린은 전구에서 나오는 빛을 고르게 받고 있다. 스크린의 각 지점은 동일한 세기의 빛을 수신한다. 즉, 광자를 수신할 기회가 동일하다.

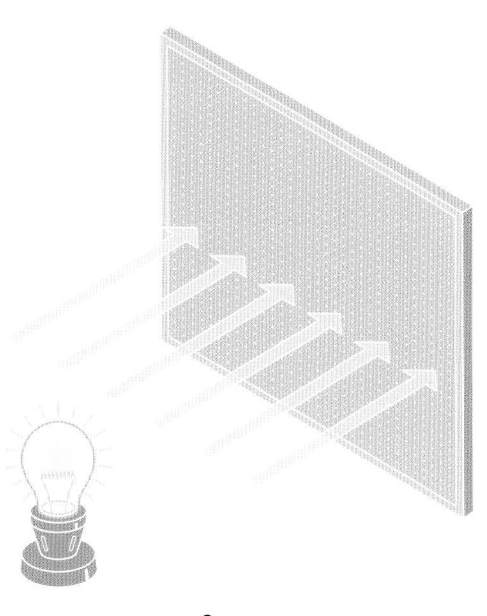

1

(1) 파동으로서의 빛 에너지는 스크린 전체에 고르게 전달된다

2

(2) 각각의 광자는 스크린의 한 지점에 자신의 에너지를 모두 전달하지만, 스크린의 각 지점에 도달할 확률은 동일하다

3

(3) 스크린에서 2개의 파동은 간섭을 일으키며, 서로 상쇄될 경우 어두운 무늬를, 서로 강화될 경우 밝은 무늬를 생성한다

4

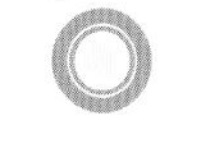

(4) 스스로와 간섭을 일으킨 많은 개별 광자들이 형성한 간섭 패턴이 여전히 나타난다

이 실험은 1800년대부터 알려졌으며(물론 그 당시에는 탐지기가 없었다), 빛이 파동의 움직임이라는 주장에 대한 주된 근거 중 하나였다. 만약 앞에서처럼 단일광자 광원을 사용해 한 번에 광자 하나씩 실험을 반복한다면 이 시나리오는 좀 더 어려워진다. 이 경우, 슬릿이 없었을 때와 마찬가지로 오직 하나의 탐지기만이 광자를 하나씩 수신할 것이다. 하지만 이제 광자가 슬릿을 통해 광원에서 스크린으로 하나씩 지나가므로, 일부 탐지기는 광자를 전혀 수신할 수 없게 된다. 기이하게도 시간이 경과함에 따라 탐지기의 누적 반응은 밝은 빛을 비출 때 보이는 것과 전체적으로 동일한 간섭 패턴을 생성한다. 결국 각각의 광자가 2개의 슬릿을 모두 통과하면서 "스스로와 간섭"하며, 광자는 실제로 파동인 동시에 입자로 행동한다는 피할 수 없는 결론에 도달하게 된다.

파동-입자 이중성은 두 경우 모두 잘 들어 맞는다. 기존에 파동으로 간주되었던 빛이 입자의 흐름처럼 행동할 뿐만 아니라, 기존에 입자로 간주되었던 전자 역시 원자 스케일에서는 모든 입자들이 그러하듯 파동처럼 행동한다. 이중 슬릿 실험을 빛이 아닌 전자로 시행하더라도 동일한 결과를 얻을 것이다. 다시 말하지만 광자 또는 전자의 경우, 이들 입자의 파동성은 이들이 특정 위치에 존재할 확률로 나타난다. 그리고 이 확률은 실험을 어떻게 설정하느냐에 따라 결정된다(이 경우에는 두 슬릿의 배열).

파동 함수

양자 물리학자들은 위에서 언급한 실험에서의 파동을 실제 광파가 아니라 확률을 수학적으로 표기한 "파동 함수wave function"로 간주한다. 이들은 각각의 시공간 지점에서 값을 지니며, 이 값은 특정 시각, 특정 지점에서 입자가 발견될 확률을 결정한다. 파동 함수는 양자역학에서 가장 중요한 방정식인 슈뢰딩거 방정식의 해解이다

$$i\hbar\frac{\partial}{\partial t}\Psi(\mathrm{r}, t) = \hat{H}\Psi(\mathrm{r}, t)$$

(34페이지 참고). 슈뢰딩거 방정식은 원자 스케일에서 뉴턴의 운동 법칙에 해당하는 것으로 간주할 수 있다.

파동 함수는 다른 여느 파동과 동일한 방식으로 행동한다. 이들은 시공간에서 움직일 수 있고, 반사되거나 퍼질 수도 있으며, 이들 중 일부 또는 다수의 요동undulation은 누적될 수 있다. 마치 여러 물결파water wave가 동시에 연못을 지나갈 수 있고, 이들의 교란이 누적되어 일렁이는 파도를 초래하는 것처럼 말이다. 양자역학에는 매우 중요한 파동이 하나 있다. 바로 정상파standing wave다.

파동 함수 Ψ (그리스어 발음으로 프시, 영어로는 사이 또는 프사이)를 포함하는 슈뢰딩거 방정식은 그다지 복잡해 보이지 않는다. 하지만 해밀토니안 연산자Hamiltonian operator라 불리는 $\hat{H}$는 상황에 따라 달라지며, 매우 복잡해질 수 있다. 현재 가장 널리 통용되는 양자역학에 대한 해석은, 개체는 관찰되거나 다른 방식으로 상호 작용하기 전까지는 파동 함수의 모든 가능한 해의 중첩(혼합)으로 존재한다는 것이다. 관찰되는 시점에서 파동 함수는 "붕괴" 하고 가능성 중의 하나인 상태 입자state particle가 "결정"된다. 이중 슬릿 실험에서 빛은 스크린에 부딪힐 때까지 파동으로 이동한다. 빛은 파동이 스크린과 상호 작용하는 바로 그 시공간에 에너지를 모두 전달하며, 불연속적인 물체인 입자처럼 행동한다.

우리가 파동이라고 할 때 흔히 떠올리는 개념은 연못 위에 퍼져나가는 물결파나 공기를 통과하는 음파처럼 자유롭게 움직이는 요동이다. 하지만 많은 경우에 파동

은 "제한"되며, 어떤 면에서는 구속된다. 예를 들어 기타 줄의 끝부분은 고정되는데, 줄을 퉁기면 파동이 줄의 위아래로 이동하며 양끝에서 반사된다(박스 참고). 파동은 간섭하며(이들의 진동은 중첩된다), 그 결과 뚜렷하면서 지속되는 패턴인 정상파를 생성한다. 정상파에는 진동이 발생하지 않는(매여 있는 기타 줄처럼) "마디node"와 진동이 최대로 발생하는 "배antinode"가 있다. 이러한 규제로 인해 제한 조건(기타 줄의 경우, 끝이 매인 상태)을 만족시키는 특정 패턴만 "허용"된다.

정상파 패턴은 어떠한 상황에서든지 여러 개씩 존재할 수 있으며, 보통 몇 개 또는 모든 패턴이 동시에 나타난다. 대개 가장 단순한 패턴이 지배적으로 나타나고 다른 모드는 덜 두드러진다. 기타의 경우, 줄뿐만 아니라 기타 몸통에서 다양한 모드의 정상파들이 특정 방식으로 섞이면서 기타 고유의 소리를 낸다. 정상파는 일상에서도 흔히 관찰되며 특히 악기에서 흔한데, 관악기 내의 공기 및 드럼의 타면과 같은 곳에서 형성된다. 또한 전자가 전기적 인력에 의해 핵에 묶인 것처럼 입자의 파동 함수도 어떤 면에서는 제한되어 있기 때문에 정상파는 양자 세계에서도 흔하다.

에르빈 슈뢰딩거는 그의 방정식을 단 하나의 전자만 지닌 수소 원자에 적용했다. 그 결과인 전자의 파동 함수는 전자가 핵 주위에 형성할 수 있는 일련의 3차원 정상파로 구성된다. 기타 줄에서와 마찬가지로 특정 패턴만이 허용되는데, 이는 전자 에너지가 양자화되어 있는 사실과 궤를 같이한다. 슈뢰딩거는 마치 전자가 물리적으로 파동에 퍼져 있는 것처럼 파동이 전하의 밀도를 나타낸다고 주장했다. 1926년, 파동 함수가 "확률 밀도"의 함수라고 처음 주장한 사람은 독일의 물리학자 막스 보른Max Born(1882-1970)이었다.

기타 줄에서의 정상파

기타 줄에서는 여러 가지 정상파 패턴이 나타날 수 있다. 이들은 줄의 위아래로 이동하고 양끝에서 반사되는 파동에 의해 생성된다. 줄의 양끝은 고정되어 있기 때문에 모든 정상파의 끝에는 마디가 있다. 가장 단순한 패턴은 줄의 중심에 배를 하나 지니는데 이러한 모드를 기본 진동fundamental이라 부르며, 다른 모드는 배진동harmonic이라고 한다. 다음으로 단순한 정상파는 2배 진동으로, 줄의 중심에 하나의 마디를 지니고 배는 2개이다. 그다음 배진동 패턴에는 양끝의 마디 외에 2개의 마디가 더 있고, 배도 3개가 있다.

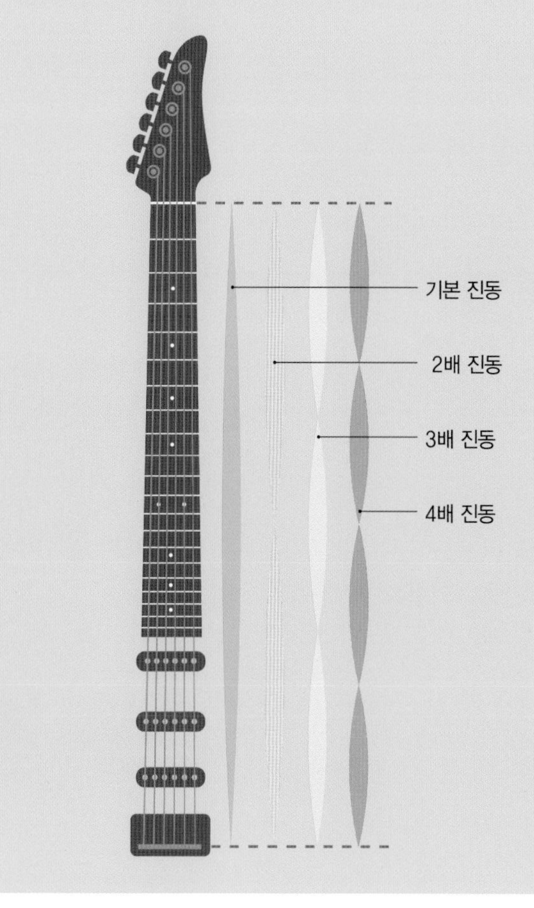

전자 오비탈

슈뢰딩거 방정식의 정상파 해는 파동 함수로 간주될 경우, 어떤 지점에서 전자를 발견할 수 있는 확률을 결정한다. 이들은 전자가 발견될 수 있는 공간 영역을 정의하는데 이 영역은 "오비탈"이라 불린다. 가장 낮은 전자 에너지 ($n = 1$, 바닥 상태)에 해당하는 해는 구의 형태를 지닌다. 전자를 발견할 수 있는 확률은 핵으로부터의 거리에 따라 달라지는데, 핵에서는 0이며 특정 거리에서 최대치에 이른 후 다시 감소한다. 유념할 점은 확률이 갑작스럽게 0이 되지는 않는다는 사실이며, 이로 인해 원자의 반지름은 고정된 값을 가지지 않는다.

위에서 언급한 구의 형태는 s-오비탈이라 불린다. 다음으로 낮은 에너지 상태($n = 2$)에 좀 더 큰, 또 다른 s-오비탈이 존재한다. 여기에서도 확률은 연속적으로 변화하는데, 최대 확률은 첫 번째 s-오비탈의 최대치보다 먼 거리에 위치한다. 이 두 번째 에너지 준위에는 아령 모양을 한 3개의 "p-오비탈"도 존재하며, 각각은 다른 둘과 직각을 이룬다. 보다 높은 에너지 준위에서는 다른 모양의 오비탈인 d-오비탈과 f-오비탈이 나타난다(박스 참고).

수소는 핵 내의 하나의 양성자와 짝을 이루는 하나의 전자만 지닌다. 여기에 전자를(그리고 핵 내부에 또 다른 양성자도) 하나 더 추가하면 헬륨 원자가 생성된다.

원자 오비탈

가장 낮은 에너지를 가진 s-오비탈(바닥 상태에 해당)은 1s-오비탈이라 불린다. 슈뢰딩거 방정식에 대한 두 번째 해는 2s-오비탈이다. 이 두 번째 에너지 준위인 $n=2$에서 다른 종류의 오비탈이 등장한다. p-오비탈은 아령 모양으로 $n=2$ 이상의 에너지 준위마다 3개씩 존재한다. 세 번째 준위인 $n=3$에서는 d-오비탈이라는 또 다른 오비탈이 나타나며, $n=3$ 이상의 에너지 준위마다 5개의 d-오비탈이 존재한다. $n=4$에서도 f-오비탈이라는 새로운 오비탈이 존재하며, $n=4$ 이상의 에너지 준위마다 7개의 f-오비탈이 존재한다.

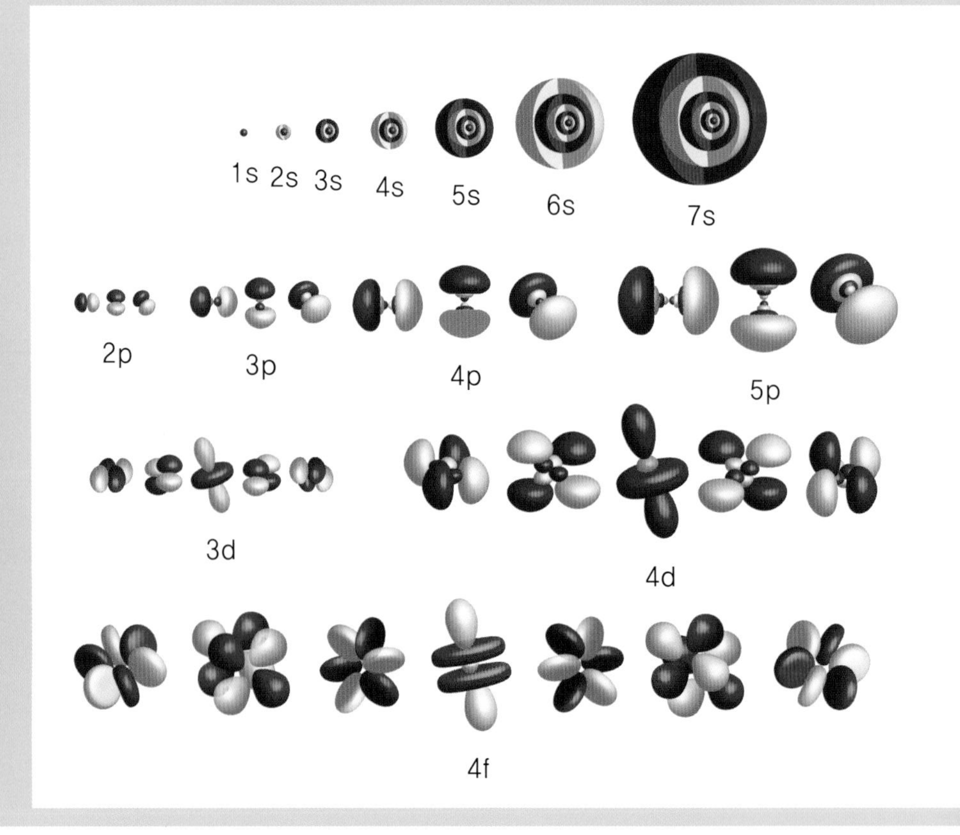

분리된 에너지 준위

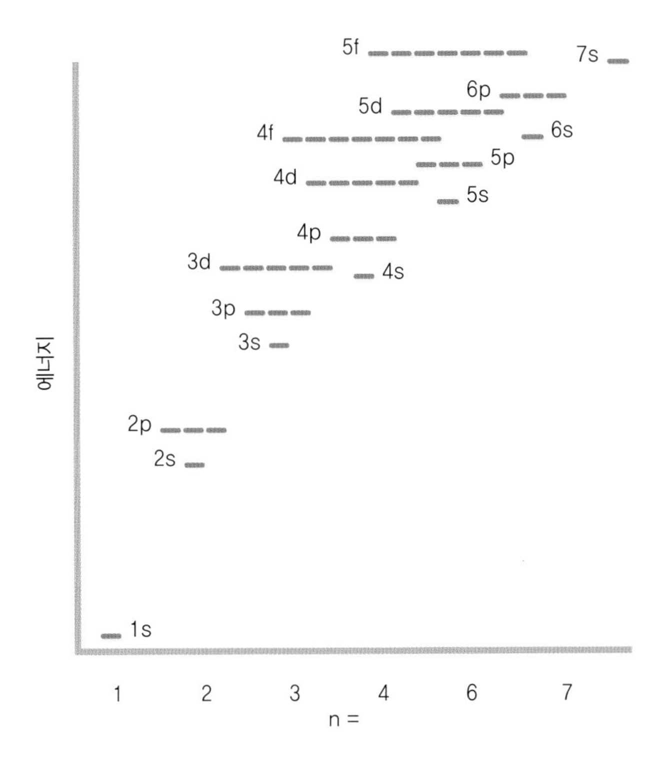

수소 원자가 지닐 수 있는 에너지 준위를 나타낸 그래프. 수는 껍질, 알파벳은 부껍질(오비탈)을 의미한다. 오비탈은 동일한 껍질 내에서도 다양한 에너지를 가지고 있으며, 네 번째 이후의 껍질에서는 일부 오비탈이 아래 껍질의 오비탈보다 낮은 에너지를 갖는다는 사실에 주목할 필요가 있다.

각각의 오비탈에는 최대 2개의 전자만 허용되기 때문에(149페이지 박스 참고) 헬륨 원자의 1s 오비탈은 꽉 채워진 상태이며, "전자 배치electron configuration"는 $1s^2$로 표기된다. 여기에 전자와 양성자를 하나씩 추가하면 다음 원소인 리튬을 얻는다. 1s-오비탈에는 최대 수량인 2개의 전자가 있으므로 나머지 전자는 2s-오비탈을 차지하며 전자 배치는 $1s^2\ 2s^1$이다. 핵에 양성자를 추가하고 주변에 같은 수의 전자를 더 넣으면 오비탈이 채워지면서 에너지 준위가 상승한다. 예를 들어 붕소는 5개의 전자를 지니는데 1s-오비탈에 2개, 2s-오비탈에 2개, 2p-오비탈에 1개가 있다. 2p-오비탈에 있는 전자는 2s-오비탈에 있는 2개의 전자와 동일한 에너지 준위(n = 2)에 있지만 이들에 비해 약간 더 큰 에너지를 지닌다. 이는 전자 간의 상호 작용으로 인해 에너지 준위가 "갈라지기" 때문이다. 그러므로 각각의 에너지 준위에서 s-오비탈이 먼저 채워지고, 다음으로 p-오비탈, 그리고 (만약 존재한다면) d-오비탈과 f-오비탈의 순서로 채워진다.

각각의 에너지 준위는 "껍질shell", 오비탈은 "부껍질sub-shell"이라고도 한다. 최외각 껍질에서의 전자의 수와 배열은 원자 간의 상호 작용 방식을 결정하며, 원소의 화학적 성질을 규정한다. 예를 들어 최외각 껍질에 전자가 꽉 채워진 원자는 안정적이며, 다른 원자와 쉽게 상호 작용을 하지 않는다. 헬륨 원자는 1s-오비탈에 최대치인 2개의 전자를 지니므로($1s^2$), 최외각 껍질이 꽉 채워져 있다. 이러한 이유로 인해 헬륨은 반응성이 낮은 원소이다. 이와 유사하게 네온 원자도 두 번째 에너지 준위에서 가득 채워진 최외각 껍질을 지니고 있기 때문에(2s와 2p-오비탈에 각각 2개의 전자가 위치) 역시 반응성이 매우 낮다. 원소의 화학적 성질이 그 원자 최외각 껍질의 전자 배치에 따라 결정되는 방식은 3장에서 좀 더 자세히 다룰 것이다.

오비탈의 기이하면서도 놀라운 형태에도 불구하고, 고립된 원자는 언제나 구의 형태일 것이다. 예를 들어 3개의 p-오비탈은 동일하면서 서로 직각을 이루기 때문에 전체적으로 "구대칭spherically symmetrical"이다. 이 3개의 오비탈에 오직 하나의 전자만 존재하더라도 각각에 속할 확률은 동일하므로 전체 "확률 구름probability cloud"은 여전히 구이다. d-오비탈과 f-오비탈의 경우도 마찬가지로 이들 역시 전체적으로 구대칭이다. 하지만 오비탈의 형태가 좀 더 분명해지는 경우도 종종 있다. 원자가 서로 결합된 분자를 이룰 때, 이들은 "분자 오비탈"의 전자를 공유한다. 이 결합된 오비탈은 분자의 형태를 결정한다. 분자 오비탈에 관해서는 4장에서 다룰 것이다.

원자핵

원자핵을 구성하는 두 종류의 입자 모두 전자에 비해 훨씬 크다. 대부분의 핵에서 이들 양성자와 중성자는 단단히 결합해 핵을 안정적으로 만든다. 하지만 일부 핵은 불안정하여 방사능이라는 현상을 유발하는데, 이는 핵이 변화, 즉 "붕괴"하는 것이다. 핵은 양자역학에서 통용되는 확률 법칙의 지배를 받기 때문에, 특정 핵이 언제 붕괴할 지를 예측하는 것은 불가능하다.

핵을 구성하는 양성자와 중성자의 전체 수를 원자의 질량수mass number 또는 간단히 핵자수nucleon number라 부른다. 양성자와 중성자의 고유한 조합은 핵종nuclide이라고 한다. 핵의 양성자 수는 원자 번호라고 하는데, 이는 원자가 속한 화학 원소를 규정한다. 각 원소는 고유의 원자 번호를 갖는데, 예를 들어 모든 산소 원자는 8개의 양성자를 지니므로 산소의 원자 번호는 8이다.

양성자 수는 같은 원소의 모든 원자에서 동일하지만, 중성자 수는 다를 수 있다. 양성자 수는 같지만 중성자 수는 다른 핵종을 동위원소isotope라 부른다. 이들은 동일한 수의 양성자를 지니기 때문에 산소의 예에서처럼 모두 같은 원소에 속한다(57페이지 참고).

모든 원소는 여러 개의 동위원소를 지니므로 원소의 수보다 훨씬 더 많은 수의 핵종이 존재한다. 사실 자연에 존재하는 원소는 90여 종에 불과하지만 자연에 존재하는 핵종은 330개가 넘는다. 이 중 약 250개의 핵종은 안정적이지만 나머지 80여 개는 그렇지 않다.

핵 불안정성

핵 내에는 2개의 강력한 힘이 작용한다. 여러 핵종(250개 정도의 안정적인 것들)에서 이 두 힘은 균형을 이룬다. 하지만 나머지 핵종에서는 균형이 깨진 상태로 핵의 안정성이 위태로울 수 있다. 이는 핵의 변화를 초래해 저에너지의, 그리고 대체로 보다 안정적인 상태가 되도록 한다. 핵에 작용하는 두 힘 중 하나는 정전기력electrostatic force인데, 이는 전하를 지닌 입자들 간의 힘이다. 정전기력의 영향하에서 같은 종류의 전하를 운반하는 두 입자("+"와 "+", 또는 "-"와 "-")는 서로 반발하며, 다른 종류의 전하를 운반하는 두 입자("+"와 "-", 또는 "-"와 "+")는 서로 끌어당긴다. 전하를 지닌 두 입자 간의 거리가 가까울수록 이들 간의 척력repulsion 또는 인력attraction이 커진다. 핵 내에서 양성자는 모두 양전하를 지니며 서로 매우 조밀하게 붙어 있기 때문에 강하게 반발한다.

또 다른 힘은 모든 핵자 사이에 작용하는 강력한 인력인데, 이는 1장에서 언급된 바 있다. 이 힘은 양성자와 양성자, 중성자와 중성자, 그리고 양성자와 중성자를 서로 끌어당기며, 정전기적 반발력electrostatic repulsion보다 강하기 때문에 핵을 꼭 붙들어 맨다. 하지만 핵력은 매우 제한적인 범위 내에서만 작용한다. 따라서 핵의 지름이 특정 수치를 넘게 되면 끝부분에 있는 양성자에는 서로 당기는 힘보다 밀어내는 힘이 더욱 강하게 작용한다. 그 결과, 대개 크고 무거운 핵은 작은 핵에 비해 안정성이 떨어진다. 중성자는 핵의 안정성에 중추적인 역할을 하며, 특히 핵의 크기가 커질수록 그 비중이 커진다. 이들은 끌어당기는 핵력에 기여하지만 반발하는 전기력에는 기여하지 않는다(중성이라 전하가 없기 때문이다). 중성자는 접착제와 같은 역할을 하며 핵이 결합된 상태를 유지하도록 돕는다. 핵에 양성자를 추가하면서 중성자는 충분히 넣지 않는다면, 힘의 균형이 깨지면서 핵을 불안정한 상태에 빠뜨릴 수 있다.

핵이 저에너지의, 좀 더 안정적인 상태로 변환하는 방법은 여러 가지이다. 모든 경우에서 핵은 항상 에너지를 방출하며 때로는 입자를 방출하기도 한다. 이러한 과정을 통틀어 방사능이라 부른다.

핵종과 동위원소

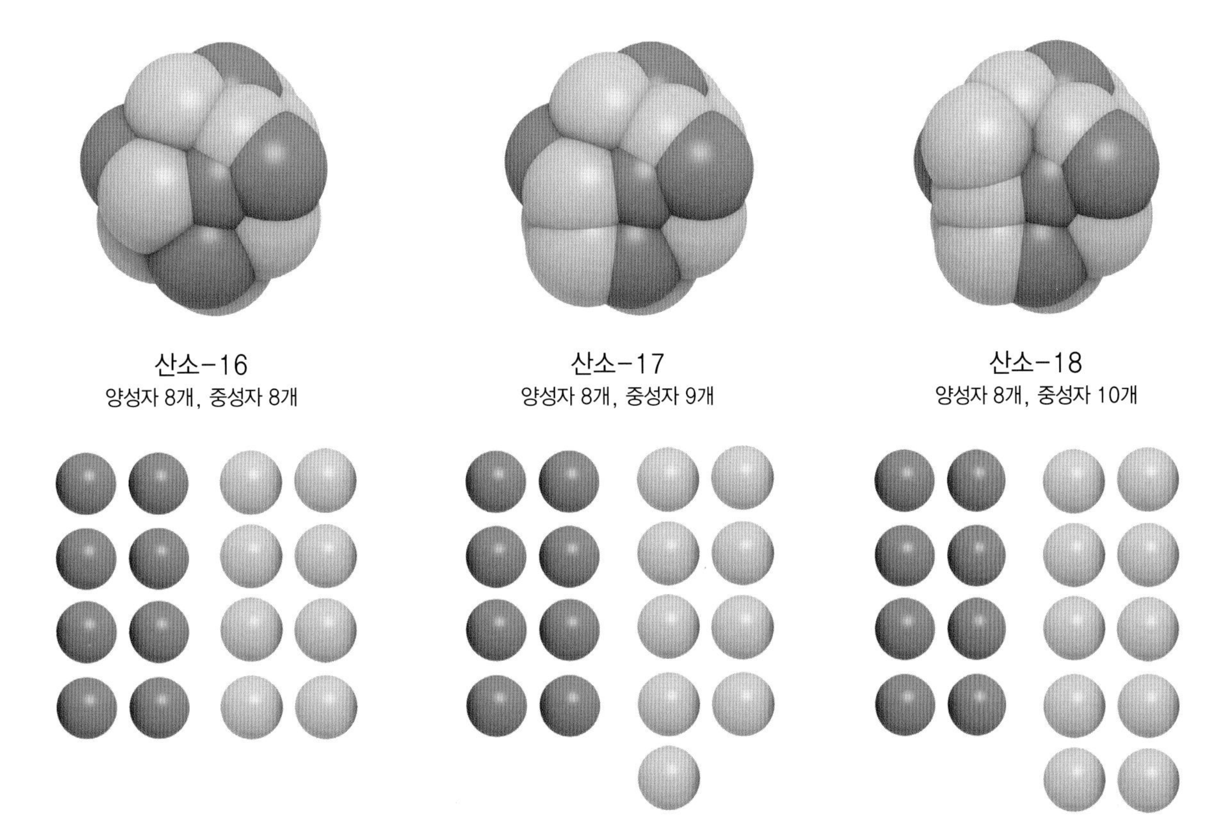

산소의 동위원소는 3가지가 있는데, 이 중 가장 흔한 것은 산소-16이다. 산소-16 원자는 8개의 중성자와 8개의 양성자를 가지고 있어서 질량수는 16이다. 산소 원자 500개 중 1개의 비율로 존재하는 산소-18은 10개의 중성자를 가지고 있으며, 2,500개 중 약 1개의 비율로 존재하는 산소-17은 9개의 중성자를 가지고 있다.

모든 핵종

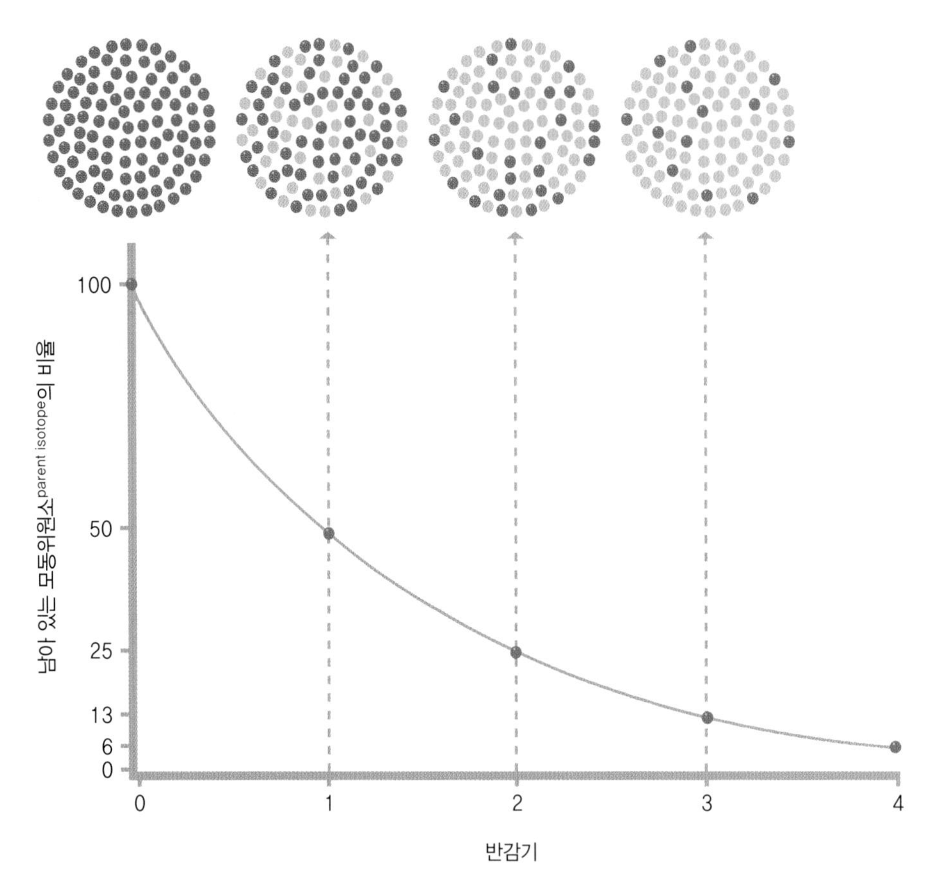

방사성 원소 안에 있는 모든 원자핵이 붕괴할 확률은 언제나 서로 동일하다. 그 결과 처음에 얼마나 많은 양이 있었건 간에, 핵의 절반이 붕괴하는 데 걸리는 시간(반감기)은 항상 동일하다. 우라늄 동위원소인 우라늄-238의 경우, 반감기는 대략 45억 년이다. 따라서 두 번의 반감기에 해당하는 90억 년이 지나면 최초에 있던 핵의 $^{1}/_{4}$ 만이 온전하게 남는다.

방사능

우라늄 원자는 지구에서 흔히 발견되는 원소 중에서 가장 무거운 핵을 가지며, 여기에는 92개의 양성자가 포함된다. 가장 안정적인 우라늄 동위원소는 우라늄-238인데, 여기에는 146개의 중성자가 포함된다(238 = 92 + 146). 이는 가장 안정적이긴 하지만 전적으로 안정적인 것은 아니다. 당신이 만약 100개의 우라늄-238 원자를 가지고 45억 년을 기다린다면, 이 중 50개는 붕괴할 것이다. 45억 년을 더 기다린다면 원래 100개 중 25개만이 붕괴하지 않은 채 남아 있을 것이다. 그러므로 45억 년은 우라늄-238의 반감기라 할 수 있다.

우라늄-238 핵은 2개의 양성자와 2개의 중성자가 단단히 결합한 알파 입자alpha particle를 방출하면서 붕괴한다. 이 "알파 붕괴alpha decay"로 인해 핵은 2개의 양성자를 잃으며, 원자는 이제 우라늄 원자가 아니라 원자 번호 90인 토륨 원자가 된다. 이제 새로운 핵종은 토륨-234이다(원자 번호는 90으로 2가 줄었고, 질량수는 234로 4가 줄었다). 우라늄 핵에서 방출된 알파 입자는 빠른 속력으로 진행하다가 아마도 다른 핵에 의해 흡수될 것이다. 하지만 완전히 다른 운명을 맞이할 수도 있다. 즉, 다른 원자로부터 2개의 전자(양성자 수와 맞추기 위해 2개임)를 붙잡아 새로운 존재가 되기도 한다. 이렇게 될 경우 훨씬 더 작은 독립적인 원자, 즉 헬륨 원자를 형성한다. 사실 파티용 풍선이나 MRI 기기 등에서 사용되는 전 세계 헬륨의 거의 대부분은 지하에서 방사능 붕괴에 의해 생성되는 알파 입자에서 비롯된다. 이들이 전자를 붙잡으면서 헬륨 원자가 되는 것이다.

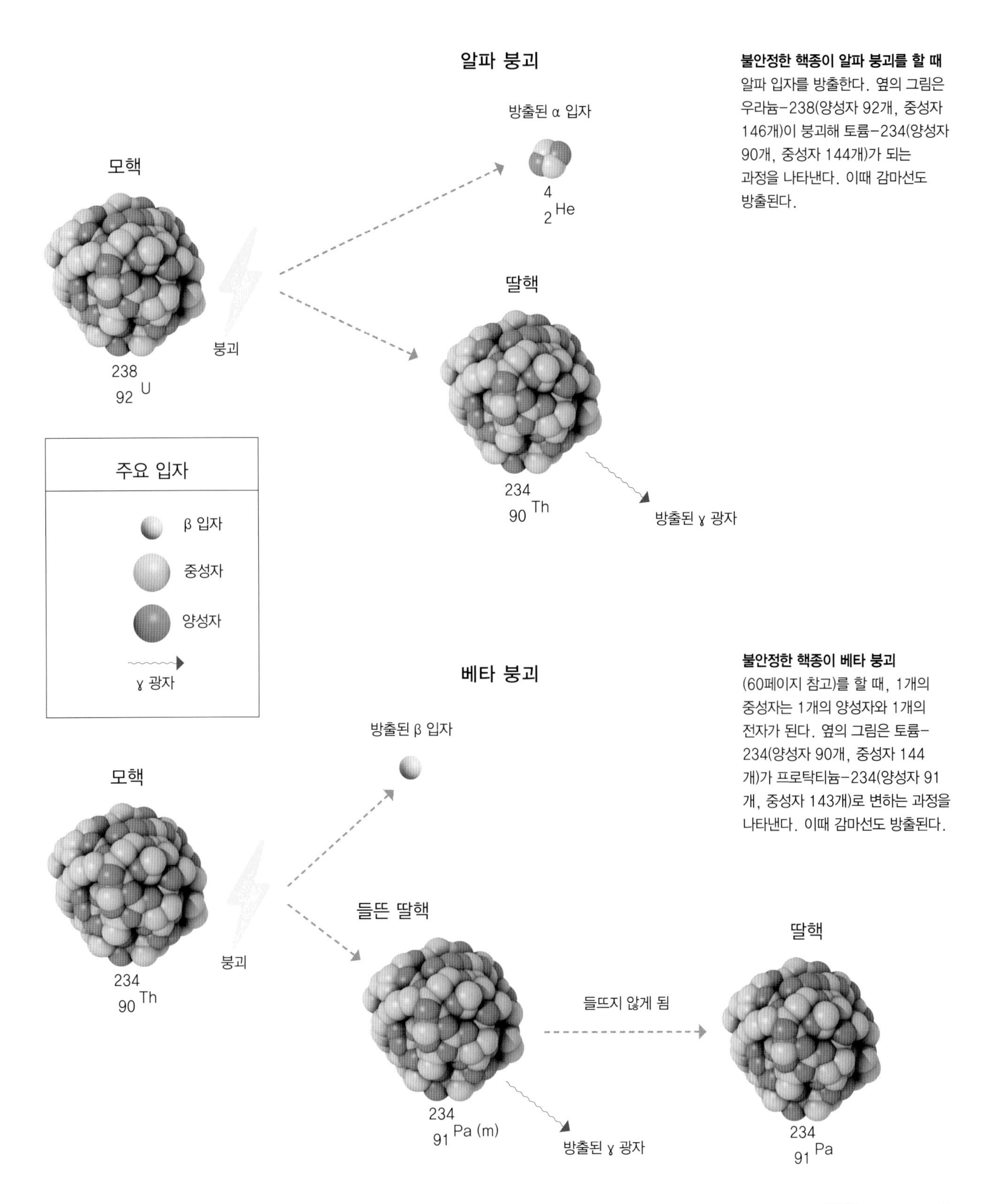

불안정한 핵종이 알파 붕괴를 할 때 알파 입자를 방출한다. 옆의 그림은 우라늄-238(양성자 92개, 중성자 146개)이 붕괴해 토륨-234(양성자 90개, 중성자 144개)가 되는 과정을 나타낸다. 이때 감마선도 방출된다.

불안정한 핵종이 베타 붕괴 (60페이지 참고)를 할 때, 1개의 중성자는 1개의 양성자와 1개의 전자가 된다. 옆의 그림은 토륨-234(양성자 90개, 중성자 144개)가 프로탁티늄-234(양성자 91개, 중성자 143개)로 변하는 과정을 나타낸다. 이때 감마선도 방출된다.

가이거-뮐러 계수관 Geiger-Müller tube**은 가장** 흔히 사용되는 방사능 검출기이다. 방사능 붕괴로 발생하는 알파 입자(알파 입자 하나는 2개의 양성자와 2개의 중성자로 이루어짐), 베타 입자(핵에서 생성된 고속 전자) 및 감마선은 근처의 원자에서 전자와 부딪혀 이를 떼어 내면서 전하를 띤 원자, 즉 이온을 생성한다. 공기가 이온화되면 전기를 전도하고, 방사능 검출기는 이온화된 공기 안에 있는 전류를 감지하여 작동된다. 현존하는 우라늄 원자는 45억 년이 지나야 반으로 줄어들겠지만, 이 시료 안에는 수없이 많은 우라늄 원자가 있기 때문에 매 초마다 많은 수가 붕괴한다.

우라늄-238 핵의 붕괴에 의해 생성된 "딸핵종daughter nuclide"인 토륨-234는 모핵종에 비해 에너지는 적지만 훨씬 덜 안정적이어서, 수 주 정도면 붕괴할 가능성이 높다. 새롭게 만들어진, 작아졌지만 불안정한 토륨-234 핵은 앞에서와는 다른 붕괴를 하는데, 이를 베타 붕괴beta decay라 부른다. 이 경우에 핵 안의 중성자는 그 실체가 바뀌면서 양성자가 되며, 그 과정에서 전자를 생성한다. 베타 입자beta particle라 불리는 이 새로운 전자는 빠른 속력으로 핵으로부터 벗어나며 오비탈에 차분하게 위치하고 있는 전자를 지나친다.

베타 붕괴 과정에서 전체적인 전하의 양에는 변화가 없다는 점에 주목하자. 중성자는 전하를 지니지 않으며 새롭게 생성된 양성자는 양전하를, 새롭게 생성된 전자는 음전하를 지닌다.

"전하량 보존" 법칙은 아원자 입자 간의 상호 작용에서도 항상 관찰된다. 이 새로운 딸핵종은 양성자가 하나 추가되었기 때문에 원자 번호는 91이 되며, 더 이상 토륨 원자가 아니다. 새로운 핵종은 프로탁티늄-234이다. 다시 한번 말하지만, 새로운 양성자는 이전의 중성자와 질량이 거의 같기 때문에 비록 원자 번호는 91로 1이 증가했지만 질량수는 여전히 234로 동일하다.

알파 붕괴 및 베타 붕괴 모두에서 핵은 더 낮은 에너지 상태가 되며, 그렇지 않다면 붕괴가 일어나지 않았을 것이다. 에너지의 일부는 알파 입자를 방출하거나 전자(베타 입자)를 생성하는 데 필요하지만, 나머지 에너지는 전자기파의 형태로 방출된다. 이는 전자가 높은 에너지 준위에서 낮은 에너지 준위로 떨어지면서 빛을 생성하는 것과 유사한 방식이다(68페이지 참고). 하지만 핵이 훨씬 더 치열한 환경이기 때문에 핵에서 관여하는 에너지의 양이 전자 오비탈의 경우에 비해 훨씬 많다. 결과적으로 전자기파는 매우 높은 진동수를 지니며 각각의 광자는 전자에 의해 생성된 가시광선 광자visible light photon에 비해 훨씬 더 큰 에너지를 운반한다. 이러한 고주파, 고에너지 방사선을 감마선이라 부른다. 어떤 경우에는 핵이 단지 "들뜬" 높은 에너지 상태에서 좀 더 안정적인, 더 낮은 에너지 상태로 이동하며, 알파 입자나 베타 입자가 아닌 감마선을 생성하기도 한다. 실제로 토륨-234가 베타 붕괴를 한 후에 남게 되는 딸 핵종인 프로탁티늄-234는 들뜬, 즉 "준안정metastable" 상태에 있다(프로탁티늄-234m). 대부분의 프로탁티늄-234m 핵은 베타 붕괴를 통해 우라늄-234가 되지만, 감마선을 방출하며 더 낮은 에너지 상태로 붕괴하기도 한다.

방사능 방출

불안정한 핵의 붕괴는 알파, 베타, 감마 세 종류의 방사선을 생성한다. 무거운 알파 입자일수록 다른 핵에 의해 흡수될 가능성이 높으며, "투과성"이 가장 낮다. 이들을 차단하기 위해서는 종이 한 장이면 충분하다. 베타 입자는 좀 더 빠르고 가벼워서 종이는 통과하지만, 알루미늄과 같은 금속으로 된 얇은 판으로 이들을 차단할 수 있다. 감마선은 강력한 형태의 전자기파로, 이를 차단하기 위해서는 납과 같이 밀도가 높은 물질로 된 두꺼운 차폐막이 필요하다. 방사능의 위험 및 유용성은 6장에서 자세히 다룰 것이다.

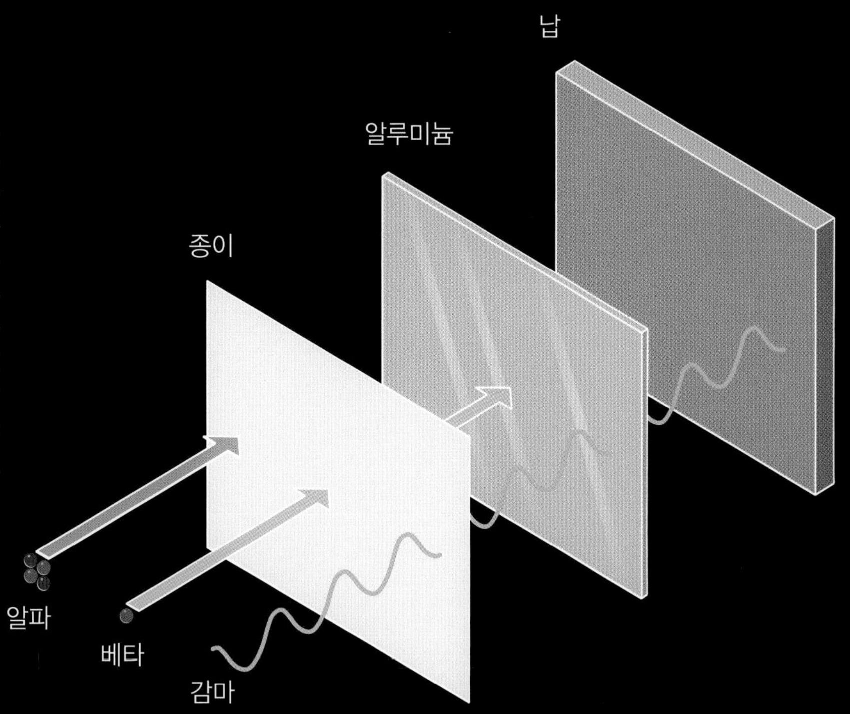

양자 핵

만약 우라늄-238이 불안정하다면, 왜 45억 년이 지났을 때 변하지 않고 붕괴하지 않은 채 그대로 유지될 가능성이 50%인지 의문이 들 수 있다. 마찬가지로 왜 불안정한 토륨-234 핵은 대개 수 주 정도 지나야 붕괴할까? 왜 이 불안정한 핵은 즉시 붕괴하지 않는 걸까? 이에 대한 해답은 양자역학에 있다. 원자 내 전자가 양자 물리의 이상한 법칙을 따르는 것처럼, 원자핵을 구성하는 양성자와 중성자 역시 이들 법칙을 따른다. 핵은 파동 함수와, 경계가 분명한 에너지 준위를 지니며 그 행동은 확률의 지배를 받는다. 그 결과 어떤 시료에서든 우라늄-238 원자는 서로에게 영향을 미치지 않으며, 45억 년 후에 정확히 절반만 붕괴하는 것이다. 어떤 핵이 붕괴할지는 순전히 운에 달려 있다.

유명한 슈뢰딩거의 고양이 역설. 방사성 핵이 붕괴하면 치명적인 독극물이 담긴 병이 열리게 되어 있다. 양자 상태는 "관찰되기" 전까지는 동시에 존재하므로, 원자핵은 붕괴했을 수도 있고 그렇지 않을 수도 있다. 마찬가지로 고양이 역시 상자를 열어 확인할 때까지 죽어 있거나 살아 있을 가능성 모두를 지닌다.

반감기

자연에 존재하는 330개 정도의 핵종이 도표에 표시되어 있다. 세로축은 원자 번호, 즉 양성자 수를, 가로축은 중성자 수를 나타낸다. 검은색으로 표시된 핵종은 안정적이다. 다른 색은 핵종의 반감기를 나타내는데, 파란색은 가장 안정적이며 긴 반감기를, 노란색은 가장 불안정하며 짧은 반감기를 의미한다. 핵의 크기가 커질수록 핵을 "붙이고" 안정적으로 만들기 위해 더욱 더 많은 중성자가 필요하다는 사실을 알 수 있다.

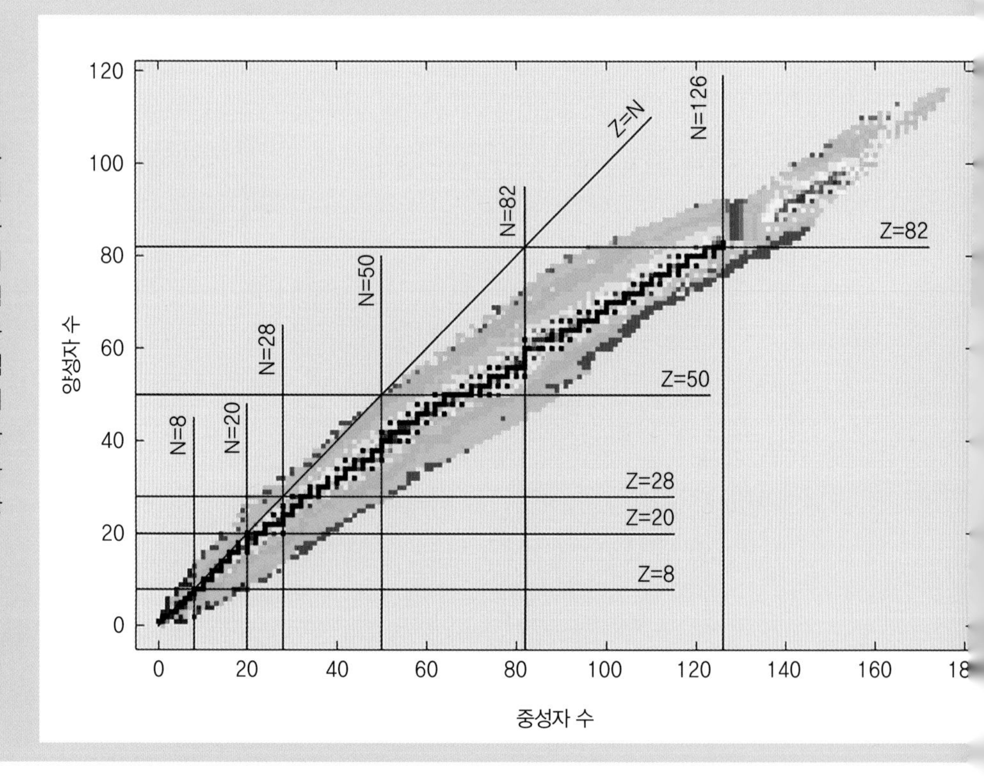

양자 터널링

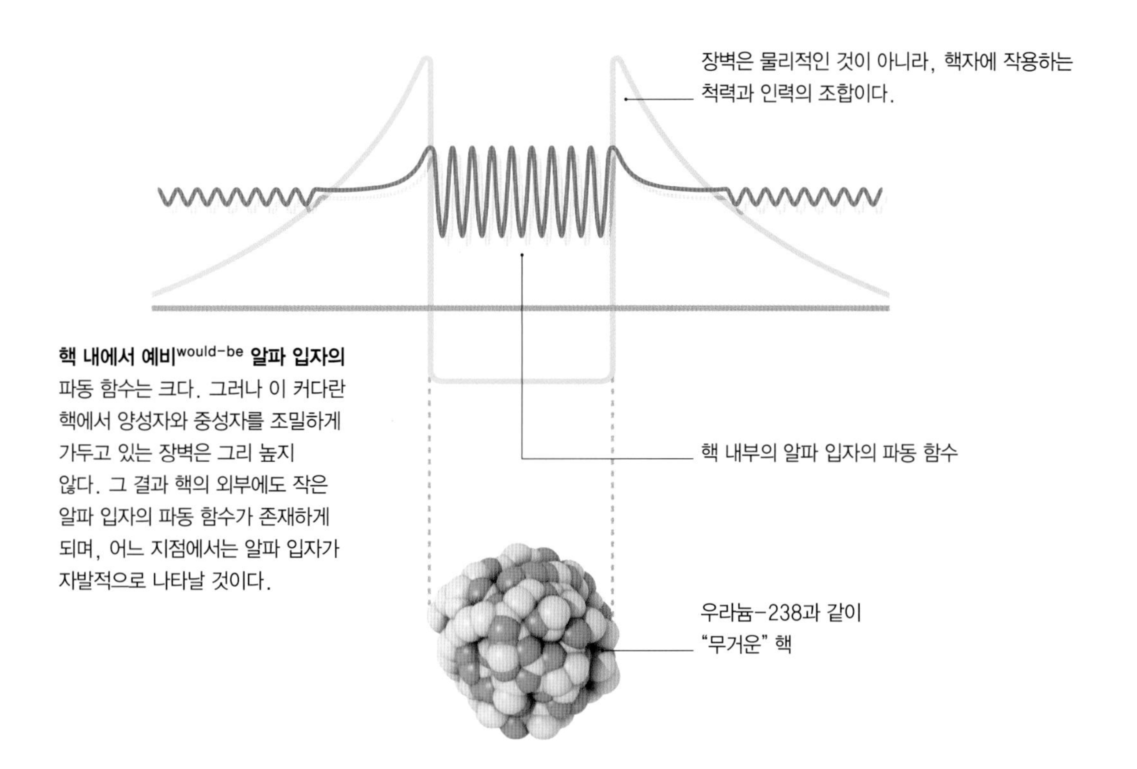

알파 붕괴는 터널링tunneling이라는 양자역학 현상의 결과로 발생한다(123페이지 참고). 핵 내에서 양성자와 중성자를 붙잡는 두 힘의 조합은 "장벽barrier"을 형성해 입자가 핵에서 벗어나지 못하도록 한다. 장벽의 높이와 폭은 핵자의 수와 양성자 및 중성자의 조합 양상에 의해 결정된다. 핵에 존재하는 모든 입자의 파동 함수는 장벽과 상호 작용하며, 전자가 정상파를 형성하는 것과 유사한 방식으로, 핵의 경계 안에서 이리저리 튕기는 정상파가 된다. 핵의 전체 파동 함수는 모든 양성자/중성자의 파동 함수 및 이들 입자 간의 가능한 모든 조합의 중첩(조합)이다. 비록 아직 존재하지 않는 입자일 수 있지만 핵 내에는 알파 입자(또는 여러 알파 입자들)에 대한 파동 함수가 있다.

이 파동 함수는 장벽에 반사되면서 정상파를 형성한다. 장벽이 무한한 높이와 폭으로 이루어졌다면, 파동 함수는 묶여진 기타 줄이 더 이상의 진동을 차단하듯이 장벽에서 갑작스럽게 소실될 것이다. 하지만 유한한 장벽의 경우에는 파동 함수가 장벽의 내부뿐만 아니라, 비록 매우 약해진 상태이긴 하지만 장벽의 외부에도 존재하게 된다. 달리 말하면 입자가 핵의 외부에서 발견될 가능성이 작지만 존재한다는 것이다. 장벽이 낮고 좁을수록(핵이 불안정할수록), 알파 입자가 자발적으로 장벽을 통과해 반대편에서 나타날 가능성이 높아진다.

원자 번호, 동위원소, 그리고 전자가 핵 주위에서 배열하는 방식을 이해하게 되면서 모든 핵종을 깔끔한 도표, 즉 주기율표로 정리할 수 있게 되었다. 이것이 바로 다음 장의 주제이다.

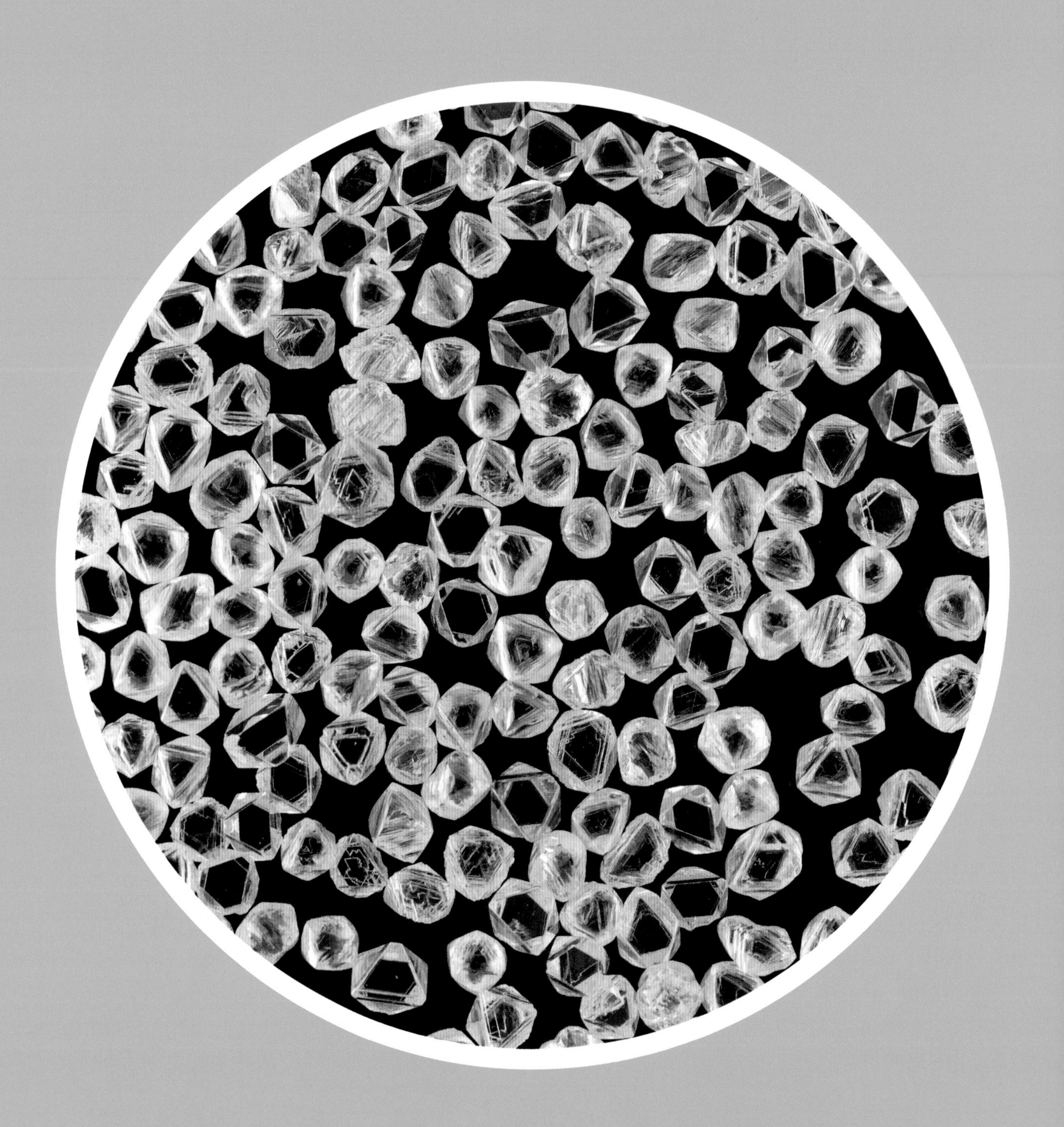

제3장

원자의 정체성

당신의 주위에 있는 모든 것들은 90개 정도의 화학 원소로 이루어져 있다. 특정 원소의 원자는 모두 핵 안에 같은 수의 양성자(그리고 핵을 둘러 싼 동일한 수의 전자)를 지닌다. 즉, 양성자 수가 원자의 정체성을 규정하는 것이다. 각 원소의 화학적 성질은 다른 원소와 상호 작용하는 방식을 의미하는데, 이는 오비탈에서 최외각 전자의 배열에 의해 결정된다.

세공 전의 다이아몬드.
순수한 다이아몬드는 탄소 원자만의 결합으로 견고한 결정 구조를 이루는 물질이다. 채굴한 다이아몬드의 대부분은 불순물(결정 구조 안에 존재하는 다른 종류의 원자)을 포함하며, 이로 인해 미세하게 변색된다.

원소의 확인

지구상에는 약 90개의 원소, 즉 90종류의 원자가 자연적으로 존재한다. 우라늄(92번 원소)은 가장 무거운 원소로 하나의 안정 동위원소를 지닌다. 그리고 자연에서 발견되지는 않지만 우라늄보다 가벼우면서 불안정한 원소가 2개 있다. 하지만 우라늄보다 무거운 원소도 극한 환경에서 아주 소량으로 발견되기 때문에, 자연에 존재하는 원소의 수는 명확하지 않다. 그 수가 얼마이건 간에 큰 수임은 틀림없다. 그렇다면 이들 원소를 대체 어떻게 구분할 수 있을까?

순수 원소의 특성은 매우 다양하다. 예를 들어 상온에서 어떤 원소는 눈에 보이지 않는 기체이지만 다른 원소는 반짝이는 금속 고체 또는 밝은 색 액체이다. 반응성이 매우 높은 원소도 있지만 비활성인 원소도 있다. 또 끓는점이 매우 높은 것도 있고, 매우 낮은 것도 있다. 이러한 물리적 특성과 화학적 특성은 핵 주위 전자의 배열과 핵 내의 양성자 수 및 중성자 수에 의해 결정되는데, 이들 특성의 조합을 통해 순수 원소를 확인할 수 있다. 예를 들어 어떤 원소가 화학적 반응성이 높고 무색이며 −183°C의 끓는점을 지닌 기체라면 이는 바로 산소일 것이다.

대부분의 원소는 순수한 상태로 발견되지 않고 대개 화합물로 존재한다. 즉, 한 원소의 원자가 다른 원소의 원

원소 광물은 거의 순수한 형태로 자연에 존재하는 광물을 말한다. 여기 보여진 작은 시료들은 각각 수 조 개의 원자로 구성되어 있는데, 이들은 거의 대부분 동일한 원소의 원자이다. 각각의 시료에는 다른 원소의 원자 수백만 혹은 수십억 개도 포함되어 있다.

황

은

자와 강력하게 결합되어 있는 것이다. 자연에서 순수한 형태로 존재하기도 하는 원소가 약 30개 정도 되는데, 이 중에서 금, 구리, 탄소, 황, 은은 겉모습으로 비교적 쉽게 확인할 수 있다. 자연에서 다른 원소와 결합된 형태로만 존재하는 나머지 대부분의 원소를 확인하기 위해서는 먼저 이들을 순수한 상태로 분리해야 한다. 예를 들어 대부분의 금속은 광석ores으로 존재하며, 이들의 원자는 대개 산소 원자와 결합되어 있다. 제련smelting은 금속을 탄소로 가열하는 과정으로, 탄소 원자가 산소 원자를 빼앗아가(이산화 탄소 분자를 형성) 순수 금속만 남게 된다.

탄소 원자를 포함하고 있는 숯에 구리 광석을 넣고 열을 가하면 구리 원자와 산소 원자의 결합이 깨지면서 구리 금속이 드러난다.

흑연(탄소)

자연 금

구리

분광학

많은 경우에 화합물은 열이 가해지면 구성 원소로 분해되며, 원자가 빠져나와 증기를 생성한다. 화합물에 존재하는 금속 원소를 확인할 수 있는 방법 중 하나인 불꽃 시험flame test은 이러한 사실에 기반한다. 미지의 화합물을 불꽃으로 가열하면 금속 원자가 빠져나오면서 증기를 생성한다. 뜨거운 원자 내의 전자는 보다 높은 에너지 준위로 올라간 다음, 다시 떨어지면서 고유의 진동수와 색을 지닌 빛을 방출한다. 방출되는 빛의 정확한 진동수는 두 준위 간의 에너지 차이에 의해 결정되며, 이 또한 각 원소마다 고유한 수치를 지닌다.

특정 원소가 존재하는지 확인하기 위해서 과학자들은 대개 분광기spectroscope를 사용해 빛의 색을 연구하는데, 이 기기는 빛에 존재하는 모든 진동수(각각은 특정 에너지 준위 쌍에 해당함)를 하나하나 구별해 낸다. 이 특징적인 진동수는 불꽃놀이의 색과 일부 가로등에 사용되는 나트륨 램프의 주황색을 비롯해 일상에서 관찰되는 여러 현상에 숨겨져 있다. 1860년대 이후 발견된 원소 중 다수는 바로 이 분광학spectroscopy이라 불리는 기술을 바탕으로 새로운 원소로 확인되거나 "새롭게 발견"되었다는 사실이 입증되었다.

분광기로 관측한 것을 토대로 (대부분의) 원소가 생성하는 다양한 색을 나타낸 모형. 각각의 "복사 스펙트럼"은 고유하며, 색의 연속체가 아닌 개별적인 컬러 선으로 이루어진다.

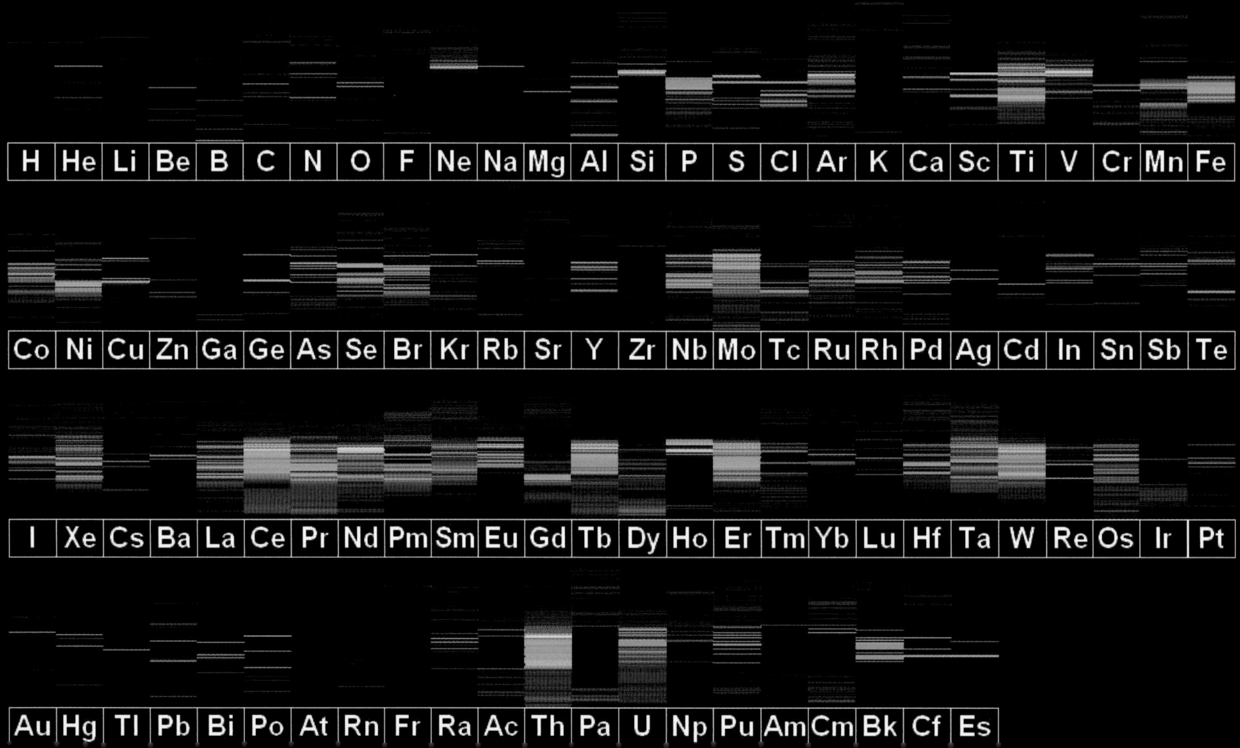

질량에 따른 정렬

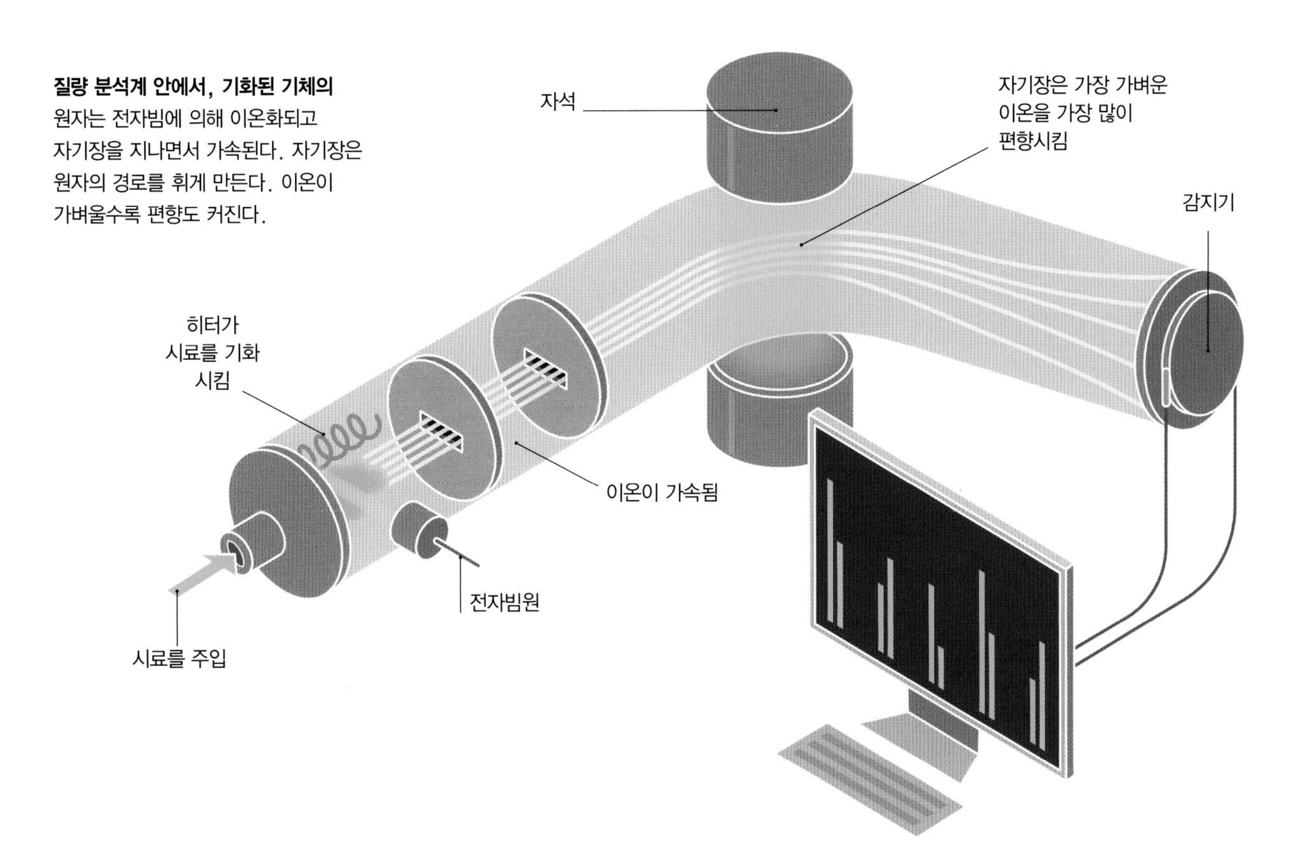

질량 분석계

화합물에 포함된 원소를 확인할 수 있는 또 다른 방법으로 질량 분석학mass spectrometry이 있다. 진공 상태, 즉 공기가 제거된 챔버chamber의 내부에서 검사할 시료를 먼저 증발시켜 개별 원소로 분해한다. 고성능 전자빔이 원자와 충돌하며 전자를 떼어 내어 원자를 양이온으로 만든다. 이들 이온은 이제 강력한 전기장에 의해 가속되며 초당 수 km의 속력으로 챔버를 지나간다. 상자 내의 강력한 전기장 및 자기장으로 인해 이온은 곡선 경로를 따라 이동한다. 중요한 점은 이온이 무거울수록 편향 정도가 작아진다는 사실로, 이는 날아가는 탁구공보다는 테니스공에 바람이 불 때 공의 궤적 변화가 적은 것과 마찬가지이다. 휘어진 챔버의 끝에서 도착하는 이온을 감지하는데, 이 지점에서 챔버를 지나가는 이온의 질량을 측정할 수 있기 때문에 시료 내에 어떤 원소가 존재하는지 파악할 수 있다. 이온은 질량에 따라 구별되기 때문에 이 기술은 여러 동위원소(즉, 같은 원소로 양성자 수는 동일하지만 중성자 수가 다른 경우)도 구분할 수 있다. 질량 분석계mass spectrometer는 여러 용도로 활용되는데 법의학에서도 사용되고 우라늄 시료를 2개의 주요 동위원소로 정제하는 데에도 쓰이는데, 이 두 동위원소 중 하나만 원자력발전소에서 유용하게 사용된다.

과학자들은 위에서 기술한 것과 같은 방법을 사용해 원소의 확인이라는 도전을 극복했다. 그리고 원소의 존재 이유를 밝혀내는 일은 좀 더 어려운 과제였지만 이 또한 성공적으로 수행했다. 이에 대한 해답을 얻기 위해서는 먼저 원소가 어디서 생성되었는지를 알아야 한다.

원소의 기원

당신 주위의 모든 물질은 원자핵과 전자로 이루어져 있으며, 이들은 대개 서로 결합하여 원자(또는 이온이나 분자)를 형성한다. 핵 내의 양성자 수는 이 원자가 어떤 원소에 해당하는지를 결정한다. 어떤 핵, 즉 어떤 원소는 우주의 탄생으로부터 수 초에서 수 분 이내에 만들어졌다. 또 일부는 항성의 내부에서 생성되었고, 매우 높은 에너지를 지닌 초신성supernova에서 생성된 것도 있으며, 나머지는 방사능 붕괴의 산물로 만들어졌다.

태초의 핵종

원자핵은 양성자 및 중성자로 구성되며, 이들의 고유한 조합을 핵종이라 부른다. 전자가 결합하기 이전의 핵은 양성자와 중성자로만 이루어진 덩어리로 "예비 핵would-be nuclei"이라고 부를 수 있을 것이다. 최초의 예비 핵은 우주 탄생 초기에 생성되었다. 현재 여러 가지 근거와 우주론에 의하면 우주는 138억 년 전 무無로부터 갑작스럽게 탄생했다. 그 직후에 매우 많은 수의 쿼크가 에너지로부터 "응축"되었다. 100만 분의 1초 정도가 경과하자, 이들 쿼크의 대부분은 3개씩 짝을 지어 복합 입자composite particle를 생성했다. 이것이 바로 양성자와 중성자이다. 각각의 양성자는 수소-1 원자의 예비 핵이며, 수소-1은 최초로 생성된 핵종이다.

처음에는 양성자 수와 중성자 수가 동일했다. 하지만 자유(비결합) 중성자는 붕괴하면서 양성자와 전자를 생성하므로, 곧 중성자보다 양성자가 훨씬 많아지게 되었다. 실제로 수 초 만에 양성자 수는 중성자 수의 7배 정도가 되었다. 이후 수 분에 걸쳐 -우주 탄생 후 수 분 이내에- 여러 개의 중성자와 양성자가 결합해 수소-1보다 무거운 핵종을 생성했다.

하나의 양성자는 하나의 중성자와 결합해 수소-2(1p,

중성자 붕괴

자유(비결합) 중성자는 불안정하다.
자유 중성자의 붕괴는 초기 우주에서 양성자 수와 중성자 수의 극심한 불균형을 초래했다. 중성자 붕괴 이후에도 전체적으로 전하를 띠지 않는 점에 주목하자. 반중성미자에 대한 자세한 내용은 7장에 기술되어 있다.

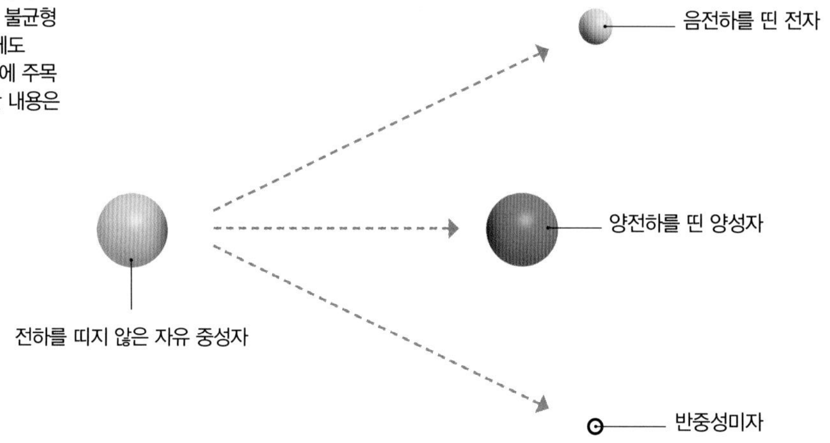

음전하를 띤 전자
양전하를 띤 양성자
전하를 띠지 않은 자유 중성자
반중성미자

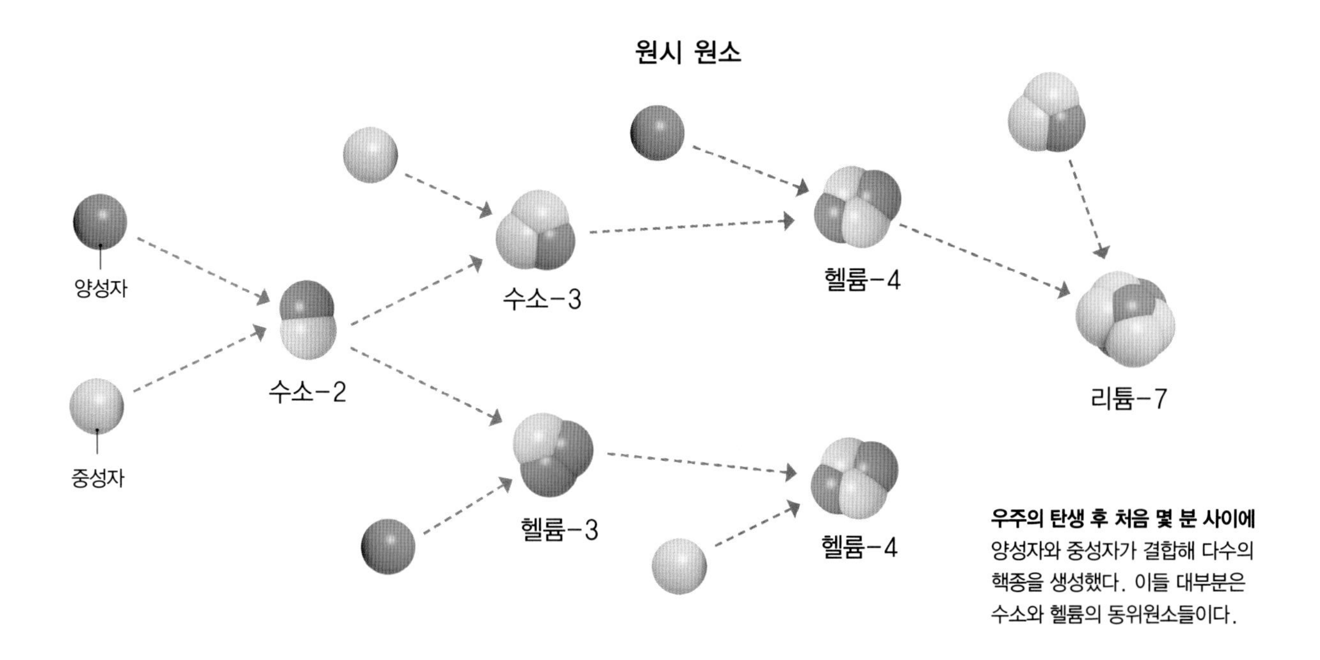

우주의 탄생 후 처음 몇 분 사이에 양성자와 중성자가 결합해 다수의 핵종을 생성했다. 이들 대부분은 수소와 헬륨의 동위원소들이다.

1n)를 만들며, 이는 중수소deuterium라 불린다. 여기에 중성자를 추가하면 수소-3(1p, 2n)이 되며, 이는 삼중수소tritium라 불린다. 중수소에 중성자 대신 양성자를 추가하면 헬륨-3(2p, 1n)이 된다. 이는 훨씬 더 안정적인 핵종인 헬륨-4(2p, 2n)가 되기 전 중간체에 불과하다.

만약 우주가 좀 더 천천히 팽창했다면 모든 중성자는 헬륨-4 예비 핵에 속하게 되었을 것이고, 남은 양성자는 수소-1로 남겨졌을 것이다. 그리고 이들은 현재 존재하는 단 2개의 핵종이었을 것이다. 하지만 우주는 매우 빠른 속도로 팽창했기 때문에 소량의 중수소와 헬륨-3도 남겨졌다(삼중수소는 불안정하기 때문에 빠르게 붕괴해 헬륨-3을 생성했다). 게다가 첫 예비 핵의 극소수는 리튬-7(3p, 4n)이었다. 하지만 수소-1과 헬륨-4가 우주 탄생 후 수 분이 지난 시점에서 전체 예비 핵의 99.9%를 차지했다. 그리고 현재까지도 이들 두 핵종은 우주에서 가장 풍부하다.

100만 분의 1초 이내에 엄청나게 많은 수의 전자도 생성되었다. 하지만 초기 우주는 뜨겁고, 우주 공간으로 퍼져 나가는 방사선으로 가득 찬 매우 격렬한 환경이었기 때문에 전자는 예비 핵을 둘러 싼 오비탈에 안정적으로 머무를 수가 없었으며, 때문에 원자도 존재할 수 없었다. 대신 우주의 물질은 음전하를 지닌 전자와 양전하를 지닌 이온이 혼합된 "플라스마plasma" 상태로 존재했다. 양전하를 지닌 이온은 양성자 수보다 전자의 수가 적은 원자를 말하는데, 초기 우주의 양전하 이온은 전자를 전혀 가지고 있지 않았다. 플라스마는 전자와 완전히 "벌거숭이 상태의naked(전자가 없는)" 예비 핵의 혼합이었다. 38만 년이라는 시간이 지나고 나서야 이러한 상태가 안정화되어 첫 번째 원자가 등장하게 되었다. 예비 핵이 마침내 원자핵이 된 것이다. 전자가 원자에 결합하자 우주는 투명해졌다. 그전까지만 해도 모든 방사선은 흡수된 다음에 자유 전자에 의해 다시 방사되면서 우주 공간은 탁하고 뿌연 상태였다. 초기의 뜨거웠던 우주가 식으면서 빛을 내는 것이 전혀 없었기 때문에 우주는 투명할 뿐만 아니라 어두웠다. 그리고 이 모든 것들은 2억 년이 지나고 나서야 바뀌었다.

항성의 탄생

1세대 항성들은 후대의 별들보다 평균적으로 훨씬 더 컸을 것이다. 하지만 우주에서 이제 막 새로 태어나는 별들은 모두 같은 방식으로 형성된다. (1) 중력이, 광대한 기체 구름에서 밀도가 가장 높은 지역을 뭉쳐서 끌어당긴다. (2) 중력 붕괴가 진행되면서 기체가 가열되고 중심부의 압력이 매우 커지면 핵융합이 시작된다. 열은 기체를 팽창시켜 어린 "원시별protostar"이 더 이상 붕괴되지 않도록 보호한다. 핵융합에 의해 방출된 에너지가 기체를 고온으로 가열한다. 어린 항성은 빛을 포함한 강력한 전자기파를 방출하고, 전하를 띤 입자 바람을 주변의 공간으로 퍼뜨린다. (3) 이러한 발산물들이 항성 주위에 잔존하는 기체를 날려 버린다.

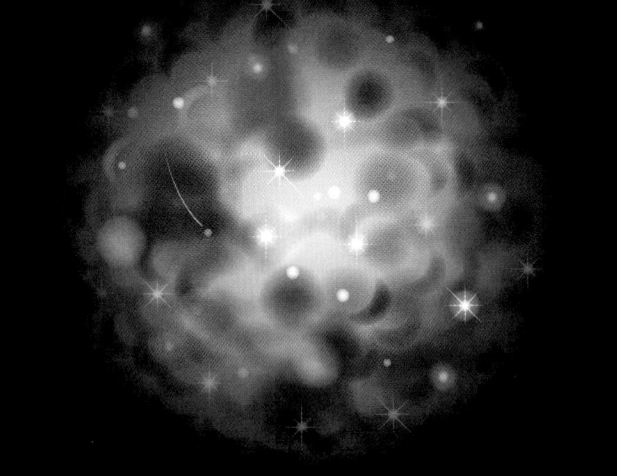

최초의 빛

길고 어두웠던 암흑기 동안, 우주의 일부는 대부분 수소와 헬륨 기체로 이루어진 거대한 구름으로 가득 찼지만, 그 외 지역은 텅 빈 공간이었다. 수소는 대개 2개의 원자가 결합된 분자 상태로 존재했으며(4장 참고), 헬륨은 개별 원자 상태로 존재했다. 이들 기체의 밀도는 매우 낮았다. 평방 센티미터당 수천 개의 원자 또는 분자가 존재했는데, 이는 현재 지구상에서 과학자들이 만들어 낼 수 있는 가장 뛰어난 진공 상태와 유사하다. 기체 구름의 일부는 평균보다 아주 약간 더 밀도가 높았고, 수백만 년에 걸쳐 이 상대적으로 밀도가 높은 지역의 원자 및 분자 간의 상호 중력이 수소와 헬륨 혼합물을 서로 끌어당기기 시작했다.

이러한 중력 붕괴로 인해 기체는 구형 방울spherical blob을 형성하게 되었고, 이는 점차 밀도가 높아졌으며, 붕괴에 의해 방출된 에너지는 방울 중심부의 기체를 가열했다. 기체 방울의 온도 상승으로 이들 원자에서 전자가 이탈하게 되면서, 기체는 다시 플라스마 상태가 되었다. 결국 이들 기체 방울 내의 온도 및 압력이 상승해 작은 원시핵primordial nuclei 일부가 서로 결합하며 새로운 예비 핵을 생성했다. 이러한 "핵융합nuclear fusion"은 엄청난 양의 에너지를 방출하면서 기체를 더욱 가열했다. 이러한 과정은 두 가지 결과를 초래했다. 첫째, 뜨거운 기체가 더 이상 중력에 의해 붕괴하지 않고 팽창했다. 둘째, 고온으로 인해 거대한 방울이 눈부시게 빛나며 온전한 항성으로 성장했다. 어두운 우주를 밝히는 불빛이 된 것이다.

이 1세대 항성은 초창기에 수소-1(벌거숭이 양성자)이 대부분을 차지했으며 약간의 헬륨-4도 포함되었다. 이들 항성은 존재하는 동안 양성자-양성자 연쇄반응proton-proton chain reaction을 통해 수소-1로부터 더 많은 헬륨-4를 만들었다. 이러한 "수소 연소hydrogen burning"는 오늘날 태양을 비롯한 대부분의 항성에서 일어나는 주된 반응이다. 지구상의 모든 생명체를 지탱하는 에너지는 태양의 깊숙한 곳에서, 수소 핵이 융합해 헬륨을 형성하는 과정에서 나온 것이다.

2

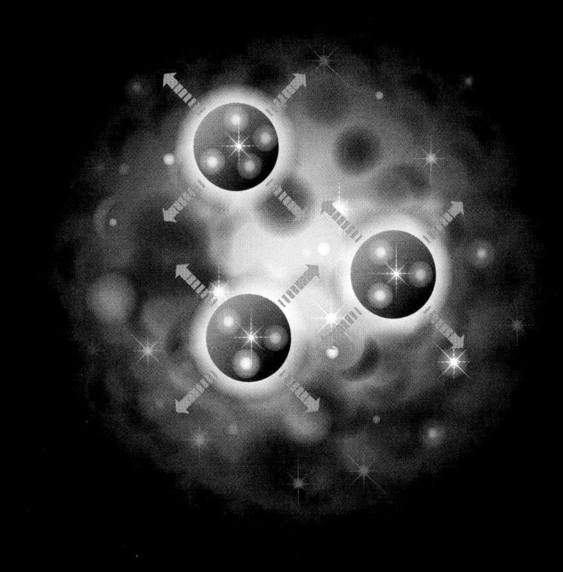

3

수소 연소

대부분의 별 안에서 일어나는 주된 융합 반응은 수소 연소라 불리지만 사실 이는 정확한 표현은 아니다. 엄밀히 말하자면 연소는 예비 핵이 아닌 원자가 관여하는 화학적 반응이다. 별의 내부에서 일어나는 반응은 핵반응이며, 이는 양성자-양성자 연쇄 반응이라 부르는 것이 더욱 적합하다. 이 반응의 결과로 헬륨-4의 예비 핵이 생성된다.

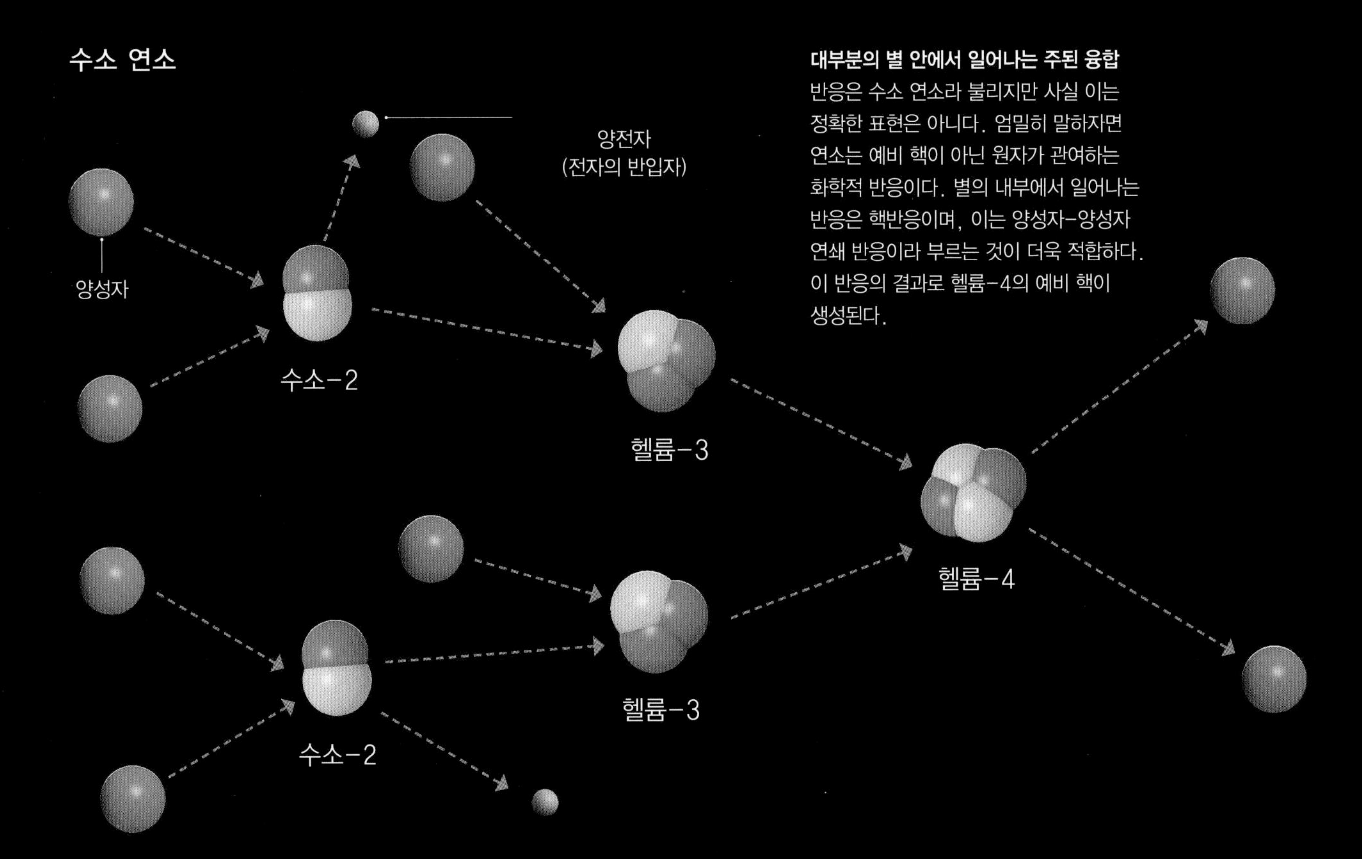

삼중 알파 과정

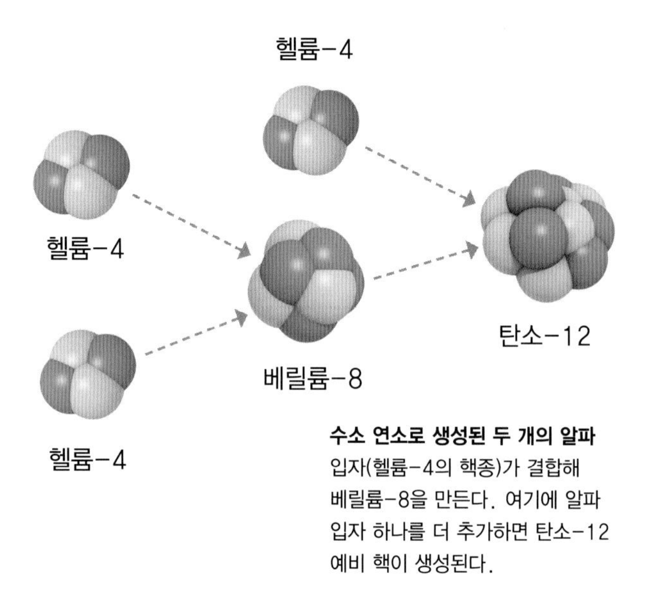

수소 연소로 생성된 두 개의 알파 입자(헬륨-4의 핵종)가 결합해 베릴륨-8을 만든다. 여기에 알파 입자 하나를 더 추가하면 탄소-12 예비 핵이 생성된다.

항성 중심에 있는 수소가 거의 소진되면 -이는 수십억 년 후 태양의 내부에서도 일어날 것이다- 새로운 반응이 시작될 수 있다. 삼중 알파 과정triple alpha process이라 불리는 이 새로운 반응에서는 3개의 헬륨-4 핵이 결합해 탄소-12(6p, 6n)를 형성한다. 이 과정은 벌거숭이 헬륨-4 핵(2p, 2n)이 알파 입자("α", 58페이지 참고)와 동일하기 때문에 이러한 이름으로 불리게 되었으며, 탄소-12를 만들기 위해서는 3개의 알파 입자가 필요하다. 알파 입자를 다르게 조합하면 탄소-12보다 무거운 핵종을 만들 수도 있다. 이들 모두는 원자 번호가 2의 배수, 핵자 수는 4의 배수이며 산소-16(8p, 8n; 4α), 네온-20(10p, 10n; 5α) 및 마그네슘-24(12p, 12n; 6α) 등이 그 예이다. 이들은 중심부에서 이러한 반응을 유발할 정도의 온도와 압력을 지닌 거대한 항성에서만 생성된다.

이 알파 과정은 연속적으로 일어나면서 더욱 더 무거운 핵종을 생성한다. 그리고 알파 과정이 지속되는 동안 또 다른 과정이 발생해 새로운 핵종이 더 많이 생성된다. 이는 항성 내부에서 돌아다니는 자유 중성자에 의한 것이다. 자유 중성자는 핵과 충돌하면 핵에 붙으면서, 같은 원소이지만(양성자 수에는 변화가 없으므로) 질량수는 1이 증가한 새로운 핵종을 생성할 가능성이 높다. 예를 들면 산소-16(8p, 8n)이 산소-17(8p, 9n)로 바뀌는 것이다. 새롭게 생성된 핵종은 불안정할 수도 있다. 이는 베타 붕괴(59페이지 참고)를 할 수 있는데, 이 경우 핵 안의 중성자가 붕괴해 양성자를 생성하며 전자를 방출한다. 베타 붕괴가 일어나면 양성자가 하나 늘기 때문에 핵의 양성자 수가 증가한다. 앞의 예에서 산소-17(8p, 9n)은 플루오린-17(9p, 8n)이 될 것이다. 항성 내부에는 자유 중성자가 많지 않기 때문에 이러한 과정은 느리게 일어난다. 이는 s-과정이라 불리는데, "s"는 "slow"를 의미하며, 이 과정은 항성의 수명 중에서 마지막 수천 년 동안 일어난다.

s-과정

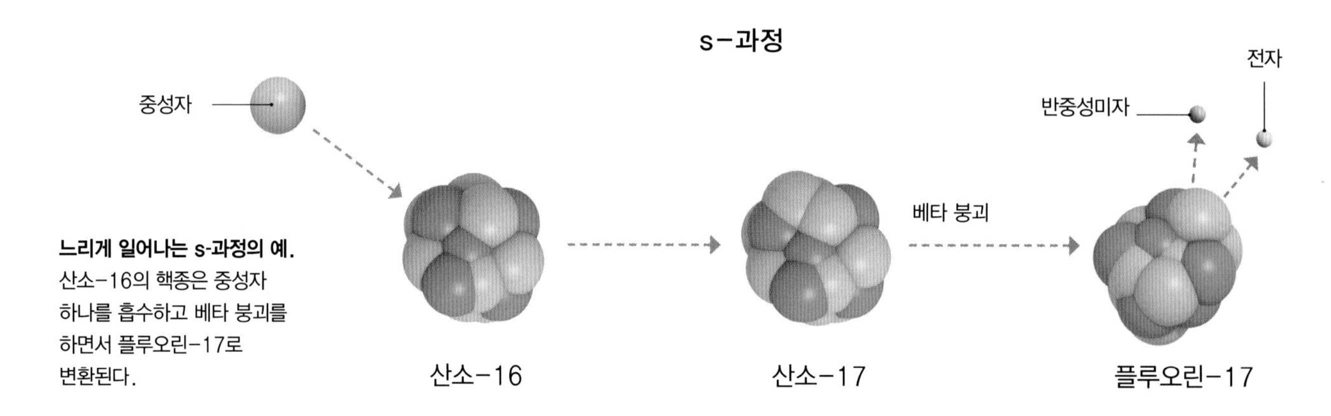

느리게 일어나는 s-과정의 예. 산소-16의 핵종은 중성자 하나를 흡수하고 베타 붕괴를 하면서 플루오린-17로 변환된다.

알파 과정

항성의 내부에는 알파 입자가 매우 풍부하다. 알파 과정에서 생성된 핵종은 원래의 핵종보다 에너지가 작기 때문에, 작은 핵종은 알파 입자를 쉽게 흡수한다. 이 과정을 거치면서 점점 더 큰 핵이 생성되는데, 각각의 핵은 니켈-56이 될 때까지 양성자 2개와 중성자 2개를 반복적으로 흡수한다. 니켈-56 핵종에 알파 입자를 추가하는 과정은 에너지를 방출하는 대신 많은 양의 에너지를 필요로 한다.

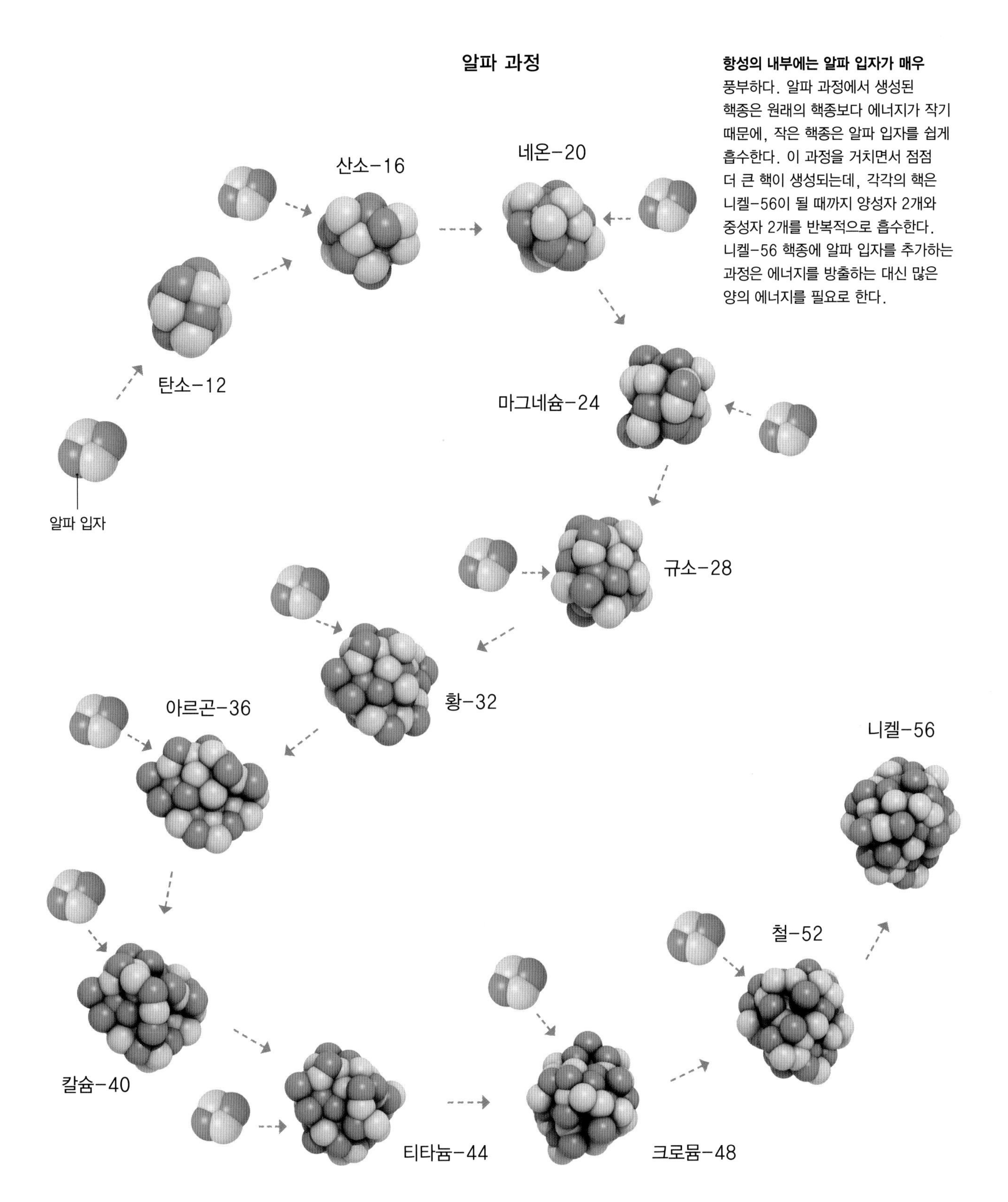

초신성 폭발

s-과정과 더불어 알파 과정도 지속되면서 니켈-56이 생성된다. 이 핵종은 이전의 보다 가벼운 원소와는 달리, 방출하는 것보다 더 많은 에너지를 필요로 한다. 이 단계에 이르면 항성은 연료 고갈로 붕괴하며 초신성이라 불리는 엄청난 폭발과 함께 산산이 분해되어 날아간다. 초신성 동안에는 빠른 s-과정에 의해 더 많은 원소가 생성되는데, 이 과정은 너무나 급격하게rapid 일어나기 때문에 r-과정이라 불린다. 초신성 폭발 시에는 자유 중성자가 훨씬 많아지며, 다수의 중성자가 하나의 핵에 동시에 포획될 수 있다. 이로 인해 중성자가 많은 핵이 만들어지는데, 이는 즉시 붕괴하거나 연속적인 베타 붕괴를 거쳐 다수의 완전히 새로운 핵종을 형성한다.

베릴륨과 붕소는 위에서 기술한 과정에 의해 생성되지 않으며 특별히 희귀한 원소도 아니다. 베릴륨-8(4p, 4n)은 핵이 두 알파 입자가 들러붙은 것과 동일하기 때문에, 알파 과정에 의해 생성될 수 있을 것으로 보인다. 베릴륨-8은 매우 불안정하며 반감기가 찰나에 불과한 반면, 베릴륨-9는 안정적이다. 안정적인 핵종인 붕소-11, 붕소-10과 더불어 이것은 "우주선 핵파쇄cosmic ray spallation"라는 거창한 이름의 과정에 의해 생성된다. 우주선은 매우 빠르게 움직이는 입자로 대개 양성자, 알파 입자 및 전자로 구성된다. 이들 입자는 초신성 폭발 도중 또는 이후, 아니면 심지어 항성이 존재하는 동안에 보다 무거운 핵과 부딪히면서 핵을 불안정하게 만들고 쪼개거나 분열시켜 작고 가벼운 핵을 생성한다. 리튬-7의 일부는 이러한 방식으로 만들어진다.

초신성 폭발은 원소의 기원에 있어 또 다른 중요한 역할을 담당한다. 이들은 오래된 핵종과 새로운 핵종 모두를 우주 깊숙이 흩뿌린다. 그러면 그곳에서부터 새로운 세대의 항성이 형성될 수 있다. 새로운 항성은 사멸한 항성이 존재하던 동안 생성된 원소로 이루어진 먼지와 가스의 회전 원반spinning disk을 동반하기도 한다. 대부분의 경우 원반은 덩어리로 합쳐지면서 행성이 된다. 이 행성 원반은 충분히 차갑기 때문에 원자가 다시 형성될 수 있다. 전자가 오비탈에 자리를 잡으면서 오래되거나 새로운 예비 핵이 원자핵이 된다. 전자는 바닥에서부터 오비탈을 채우는데, 이러한 오비탈 채움 패턴을 가장 잘 나타내면서 이해를 돕는 방법은 원소를 표, 즉 주기율표에 배열하는 것이다. 이러한 배열을 통해 왜 특정 족에 속한 원소의 화학적 성질과 물리적 성질이 유사한지도 알 수 있다.

r-과정

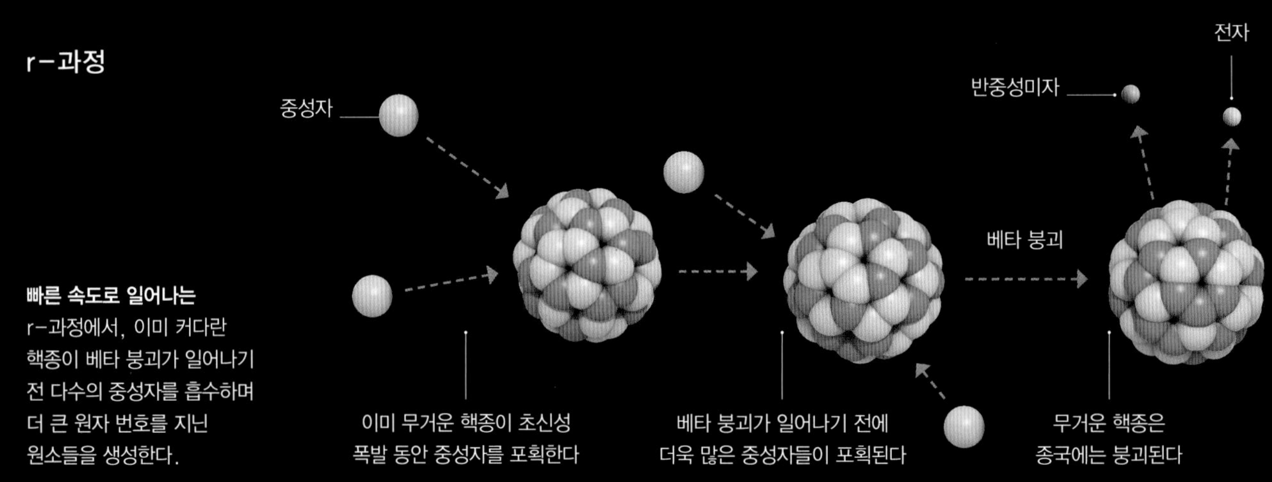

빠른 속도로 일어나는 r-과정에서, 이미 커다란 핵종이 베타 붕괴가 일어나기 전 다수의 중성자를 흡수하며 더 큰 원자 번호를 지닌 원소들을 생성한다.

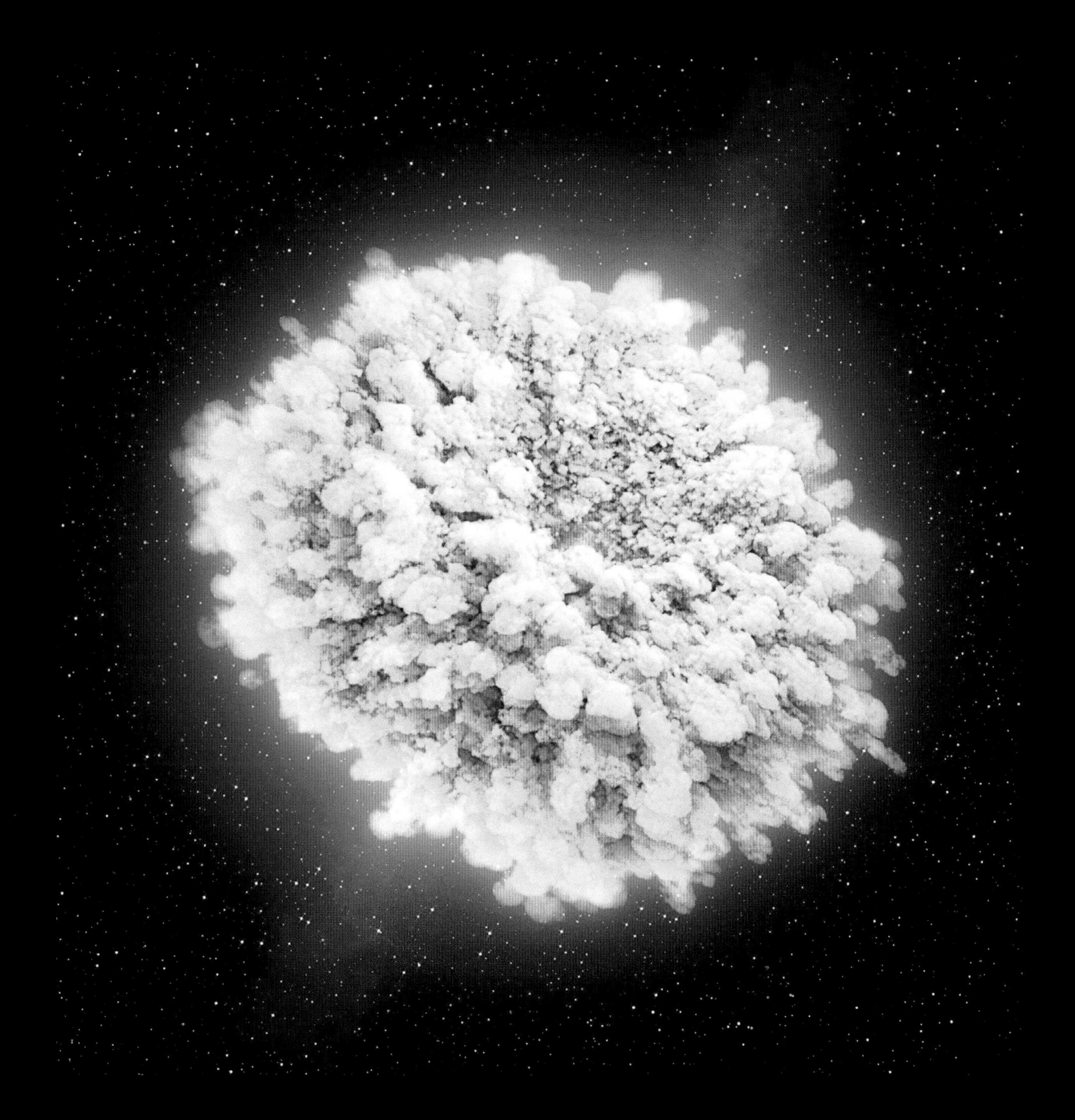

두 개의 중성자별이 충돌할 때 발생하는 폭발인 "킬로노바kilonova"에 대한 상상도. 천체물리학자들은 금과 백금을 포함해 많은 무거운 원소들이 이러한 폭발에서 생성된다는 사실을 밝혀냈다. 중성자별은 거대한 별이 초신성 폭발 후 새롭게 생성된 원소들을 우주로 날려보낸 뒤 남은 잔여물을 말한다.

주기율표

화학수업이 이루어지는 교실이라면 어디에나 붙어 있는 주기율표는 글로벌 브랜드 로고만큼이나 상징적이다. 그러나 아직까지는 소수의 사람들만이 주기율표에 담겨 있는 의미와 내용, 그리고 그 안에 내재된 고유의 아름다움을 이해할 수 있을 뿐이다. 주기율표는 오비탈에 위치한 전자 속에 숨겨져 있는 양자물리학과, 우리의 일상에 존재하는 원소가 가진 화학적 특성 간의 관계를 깔끔하게 설명한다.

전자를 추가하기

주기율표의 가로줄, 즉 주기는 그 줄에 위치한 원소의 원자 내부에 있는 특정 전자 껍질에 전자가 채워져 있음을 의미한다. 전자 껍질은 특정한 에너지 준위(s-, p-, d-, f-오비탈)를 가진 오비탈 전체를 일컫는 말이다. 따라서 주기율표의 제일 윗줄인 1주기 원소는 첫 번째 전자 껍질에만 전자가 있다. 즉, 1주기 원소는 첫 번째 에너지 준위에만 전자를 가진 원소인 것이다. 가장 적은 양의 에너지를 가지고 있는 첫 번째 에너지 준위에는 단 1개의 오비탈(1s)이 존재한다. 각각의 오비탈은 최대 2개의 전자를 가질 수 있기 때문에 1주기 원소는 수소와 헬륨, 두 가지에 불과하다. 수소는 1개의 전자, 헬륨은 2개의 전자를 가지고 있다. 그렇다면 전자의 개수는 원소의 화학적 특성과 어떤 관계가 있을까?

화학 반응은 원자핵과는 아무런 관계가 없다. 오직 전자와 관계될 뿐이다. 화학 반응은 반응에 참여하는 원자끼

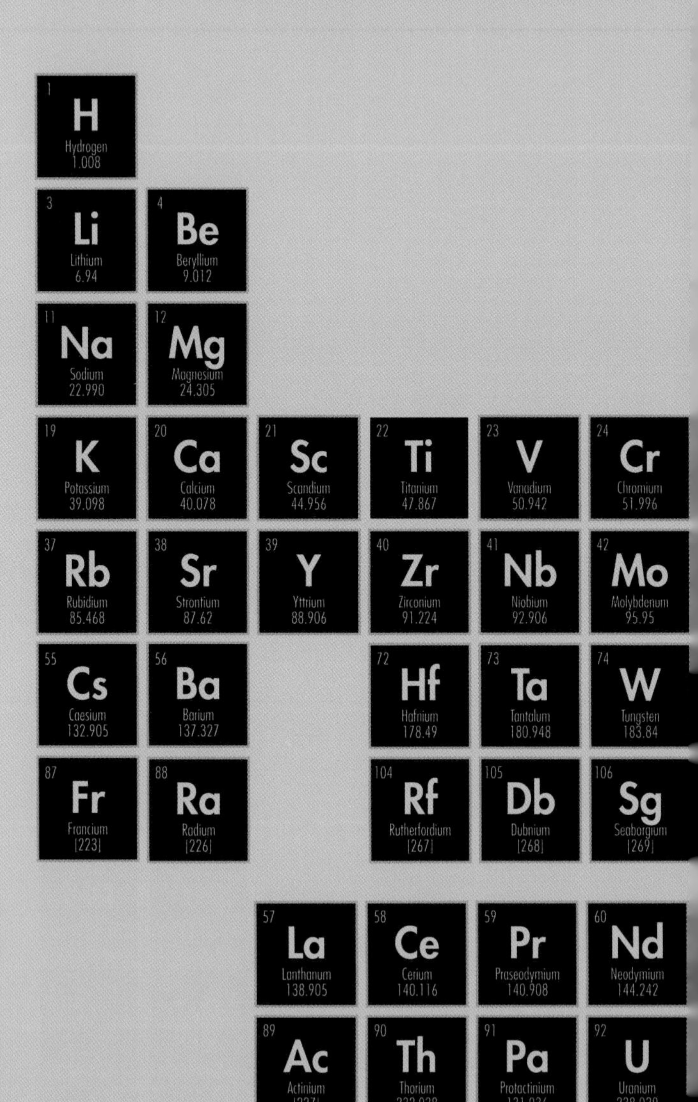

주기율표의 표준 형태. 가로줄은 주기, 세로줄은 족이라 부른다. 특정 족에 속한 원소는 유사한 특성을 보이는데, 이는 이들 원소가 최외각 껍질에 동일한 수의 전자를 가지기 때문이다.

일반적으로 주기율표의 각 칸에는 해당 원소의 이름, 원소 기호, 원자 번호(각 원자의 핵에 있는 양성자의 수) 및 상대 원자 질량이 표시되어 있다. 원자량이라고도 불리는 상대 원자 질량은 해당 원소의 단일 원자 질량을 원자 질량 단위(달톤, 40페이지 참고)로 나타낸 것이다. 한 원소에 존재하는 다양한 동위원소들은 각각 다른 수의 중성자를 가지는데, 이로 인해 질량도 달라지기 때문에 상대 원자 질량은 그 원소에 속하는 모든 원자의 평균 질량이다.

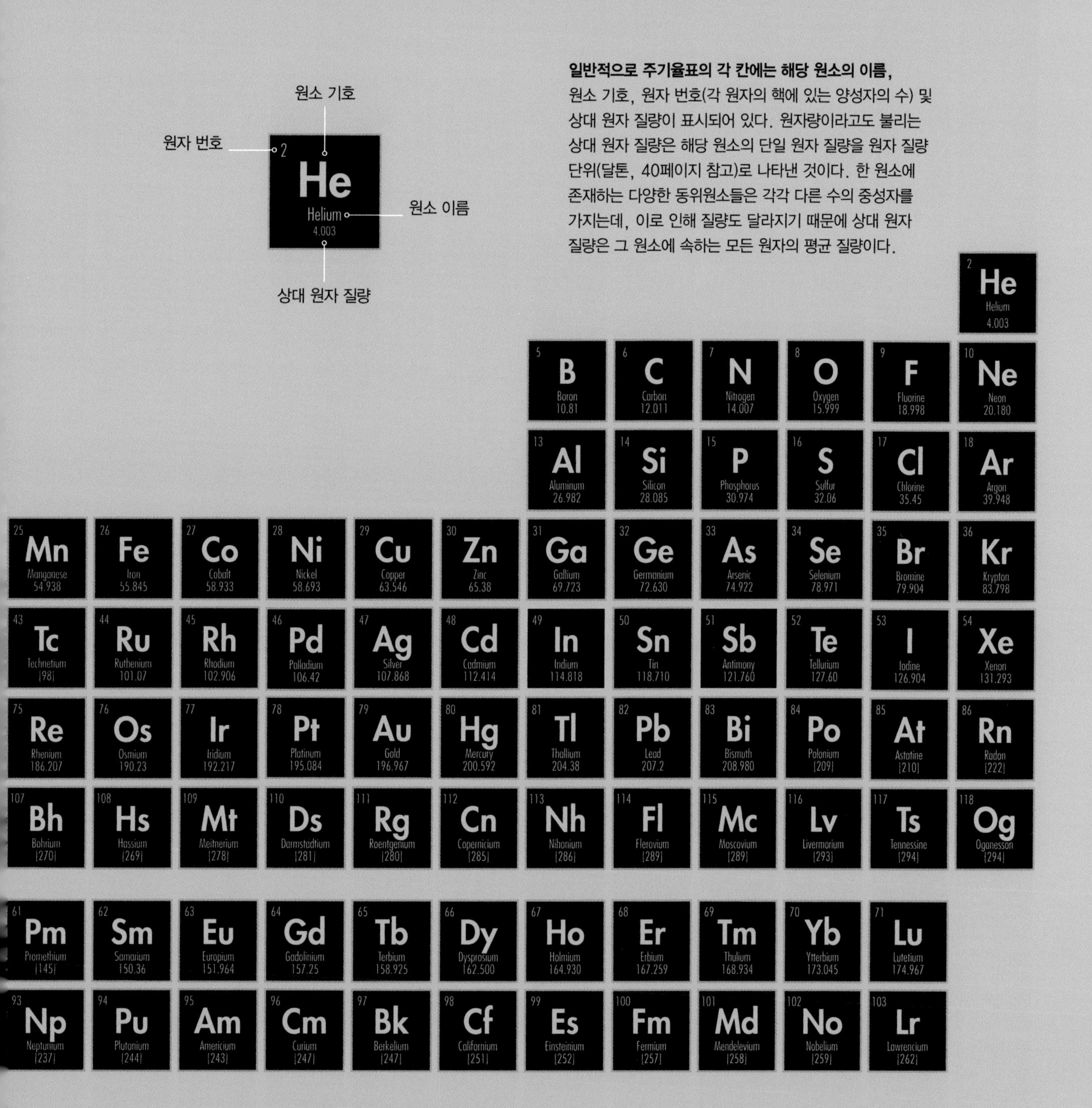

주기율표 1족에 해당하는 포타슘은 단 하나의 최외각 전자를 가지고 있다. 이 원소는 반응성이 매우 크기 때문에 물 한 방울과도 격렬하게 반응한다.

리 전자를 주고 받거나 공유하는 것을 말하는데, 대부분의 화학 반응은 최외각 껍질에 전자가 모두 채워진 상태가 되도록 일어난다. 최외각 껍질에 전자가 가득 차 있는 원자는 안정적이며 에너지 상태도 낮다. 이러한 원자의 원소는 화학 반응을 일으키지 않는 반면, 다른 원소의 원자는 화학 반응을 통해 전자를 잃거나 얻으면서 최외각 껍질을 채운다. 이때 전자를 쉽게 잃어 최외각 껍질이 가득 찬 상태가 되는(그리고 이 과정에서 양이온을 생성하는) 원소는 금속이고, 전자를 쉽게 얻는(그리고 음이온을 형성하는) 원소는 비금속이다.

주기율표의 가장 오른쪽 세로줄에 있는 원소의 원자는 모두 최외각 껍질이 가득 차 있다. 그 결과 전자를 더 받거나 주기 위해서는 많은 양의 에너지가 필요하기 때문에, 이들 원소는 화학적으로 안정적이며 화학 반응에 참여하지 않는다. 주기율표의 세로줄을 족이라 하는데 가장 오른쪽에 위치하면서 화학 반응을 일으키지 않는 원소는 18족이다. 18족은 "비활성 기체noble gas"라고도 불리며, 이는 '섞이지 않는 고고한' 기체라는 뜻이다.

주기율표의 가장 왼쪽 세로줄에 위치한 1족 원소인 알칼리 금속의 원자는 모두 최외각 껍질에 단 1개의 전자를 갖는다. 1족 원소의 원자는 하나뿐인 최외각 전자를 쉽게 잃고 전자 껍질이 모두 채워진 안정적인 상태가 되고자 하지만, 그렇게 되면 이것은 더 이상 원자가 아니라 양이온(음전하를 띤 전자 1개를 잃었으므로)이 된다. 전자를 쉽게 잃는다는 것은 이들 원소의 반응성이 매우 높다는 의미이다. 예를 들어 순수한 포타슘(K)을 물에 넣으면 불이 나면서 포타슘 원자는 물 분자에 자신의 최외각 전자를 주고 최외각 껍질이 가득 찬 상태가 된다. 2족 원소의 원자도 반응성이 매우 높지만 1족만큼은 아닌데, 이는 최외각 껍질을 가득 채우기 위해서 전자 2개를 내줘야 하기 때문이다.

1족과 2족 원소는 주기율표의 s-구역을 이룬다. 이들 원자의 최외각 껍질에서 전자는 s-오비탈에만 존재한다.

헬륨의 경우, 2개의 전자가 모두 s-오비탈에 있기 때문에 s-구역에 속한다고도 할 수 있을 것이다. 그러나 주기율표의 목적을 고려했을 때, 헬륨은 최외각 껍질이 채워진 원자라는 사실이 훨씬 더 중요하므로 18족 비활성 기체 자리에 있다. 이와 마찬가지로 수소 역시 주기율표에서 의외의 자리, 즉 1족 알칼리 금속에 배치되어 있다. 수소는 단 하나의 전자를 가지고 있는데, 이를 잃는 것만큼이나 쉽게 다른 하나의 전자를 더 얻어서 2개의 전자로 전자 껍질을 꽉 채울 수 있다. 즉, 수소는 헬륨의 바로 옆 자리, 오른쪽 끝에서 두 번째 줄에 속할 수도 있는 것이다. 결국 1주기 원소는 주기율표의 다른 원소에서 나타나는 경향성을 완벽하게 따르지 않는 셈이다.

첫 번째 전자 껍질 이후

1주기 이후, 주기율표의 가로줄이 길어지면서 주기율표 전체의 폭이 넓어진다는 사실은 더 높은 에너지 준위를 가진 오비탈이 더욱 많이 존재한다는 증거이다. 예를 들어 두 번째 껍질(2주기)에는 하나의 2s-오비탈과 3개의 2p-오비탈이 존재하므로 총 8개의 전자가 들어갈 수 있는 공간이 있다. 바로 이것이 2주기에 총 8개의 원소가 있는 이유이다. 2주기의 가장 오른쪽 끝에 위치한 원소는 네온(Ne)이다. 네온은 위에서 말한 모든 오비탈에 전자를 가지고 있을 뿐 아니라, 그 아래 1s-오비탈에도 2개의 전자를 가지고 있기 때문에 총 전자 수는 10개이다. 그러므로 네온의 원자 번호는 당연히 10이 된다.

바로 아랫줄인 3주기에도 최외각 껍질에 8개의 전자가 들어갈 자리가 있기 때문에, 전자는 3s-오비탈에 2개, 3개의 3p-오비탈에 각각 2개씩 들어갈 수 있다. 따라서 3주기의 오른쪽 끝에 있는 아르곤(Ar)의 원자 번호는 네온의 원자 번호보다 8만큼 더 큰 18(2+8+8)이 된다. 주기율표에서, p-오비탈에 최외각 전자가 있는 원소를 포함하는 부분을 p-구역이라 한다.

4주기에는 d-오비탈이 등장하는데, 4주기 원소의 최외각 껍질에는 5개의 d-오비탈이 존재한다. 여기에는 총 18개의 전자가 들어갈 자리가 있으며(4s-오비탈에 2개, 3개의 4p-오비탈에 총 6개, 5개의 4d-오비탈에 총 10개), 이로 인해 가로줄의 폭이 8에서 18로 갑자기 증가하게 된다. 4주기의 오른쪽 끝 원소는 크립톤(Kr)인데, 크립톤의 원자 번호는 아르곤보다 18이 큰 36이다($1s^2$, $2s^2$, $2p^6$, $3s^2$, $3p^6$, $4s^2$, $4p^6$, $4d^{10}$). 5주기에도 4주기와 마찬가지로 18개의 원소가 포함되며, 오른쪽 끝에는 모두 54개의 전자($1s^2$, $2s^2$, $2p^6$, $3s^2$, $3p^6$, $4s^2$, $4p^6$, $4d^{10}$, $5s^2$, $5p^6$, $5d^{10}$)를 지닌 비활성 기체 제논(Xe)이 위치한다. 주기율표에서 최외각 전자가 d-오비탈에 존재하는 원소로 이루어진 부분을 d-구역이라고 부른다.

6주기부터 f-오비탈이 등장하는데, f-오비탈을 포함하는 주기, 즉 6주기와 7주기에는 각각 7개의 f-오비탈이 있기 때문에, 주기율표의 폭은 32개(s^2 p^6 d^{10} f^{14})의 원소가 나란히 배열될 수 있도록 다시 한번 증가할 수 밖에 없다. 이들 원소가 가로로 나란히 배열되어 있는, 폭이 긴 주기율표도 존재하지만, 일반적인 주기율표에서는 표의 아래쪽에 f-구역을 따로 분리해 배열한다.

f-구역은 6주기와 7주기 원소로 이루어진다. 자연 상태에서 존재하는 안정적인 원소 중에 가장 무거운 우라늄은 7주기에 속한다. 현존하는 모든 "초우라늄 원소 transuranium element"는 7주기에 속하는데(7주기 원소 모두가 f-구역에 속하지는 않음), 이들 원소는 입자 가속기에서 중성자를 다른 무거운 원소에 충돌시키거나 무거운 원자핵을 서로 충돌시켜 인공적으로 생성되었다. 7주기의 우측 끝에 있는 비활성 기체는 오가네손(Og)인데, 이는 현재까지 발견되거나 만들어진 모든 원소 가운데 가장 무거우며 원자 번호는 118(2+8+8+18+18+32+32)이다. 현재까지 생성된 유일한 오가네손 동위원소인 오가네손-294의 반감기는 1,000분의 1초 미만이다.

s-구역

주기율표의 처음 2개의 족, 즉 1족과 2족 원소가 s-구역에 해당한다. 이는 이들 족에 속해있는 원소의 원자가 지닌 최외각 전자가 s-오비탈에 있기 때문이다. 1족 알칼리 금속은 소듐(Na), 리튬(Li), 포타슘(K)과 같은 익숙한 원소뿐 아니라 우리에게 조금 덜 익숙한 원소인 루비듐(Rb), 세슘(Cs) 및 프랑슘(Fr)을 포함한다. 순수한 상태에서 모든 1족 금속 원소는 반응성이 매우 높다. 이는 이들 원소가 최외각에 있는 1개의 전자를 쉽게 잃고 Na^{+} 및 Cs^{+}과 같은 양이온이 되기 때문이다. 이러한 이유로 이들 금속은 자연에서 순수한 상태로는 절대 발견되지 않으며, 대신 염화 이온(Cl^{-})과 같은 음이온과 결합한 상태로 존재한다. 2족 알칼리 토금속에는 우리에게 익숙한 원소인 마그네슘(Mg), 칼슘(Ca)과 더불어 상대적으로 덜 익숙한 원소인 베릴륨(Be), 스트론튬(Sr), 바륨(Ba), 라듐(Ra) 등이 속한다. 이들 원소의 원자도 쉽게 양이온을 형성하지만 최외각 껍질을 채우기 위해 2개의 전자를 내주어야 한다. 그리하여 생성된 이온은 Ba^{2+}, Ca^{2+}와 같은 2가 양이온이 된다. 2족 원소 역시 반응성이 커서 자연 상태에서는 음이온과 결합한 화합물로만 존재한다. 헬륨은 1족이나 2족에 속하지는 않지만 s-구역에 포함된다는 사실에 주목할 필요가 있다. 이는 헬륨이 가지고 있는 2개의 전자가 모두 s-오비탈에만 존재하기 때문이다.

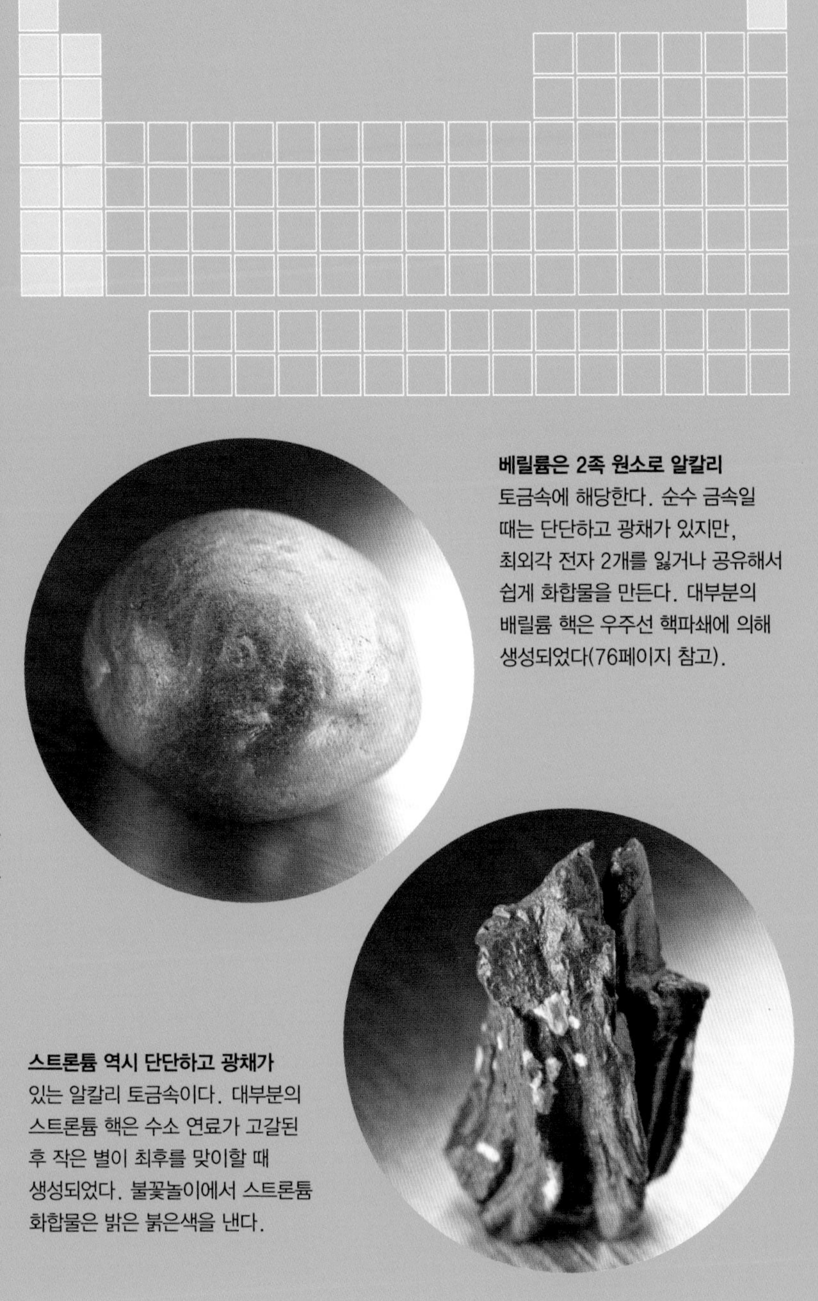

베릴륨은 2족 원소로 알칼리 토금속에 해당한다. 순수 금속일 때는 단단하고 광채가 있지만, 최외각 전자 2개를 잃거나 공유해서 쉽게 화합물을 만든다. 대부분의 베릴륨 핵은 우주선 핵파쇄에 의해 생성되었다(76페이지 참고).

스트론튬 역시 단단하고 광채가 있는 알칼리 토금속이다. 대부분의 스트론튬 핵은 수소 연료가 고갈된 후 작은 별이 최후를 맞이할 때 생성되었다. 불꽃놀이에서 스트론튬 화합물은 밝은 붉은색을 낸다.

p-구역

13족에서 18족에 해당하는 p-구역 원소는 매우 다양한 유형을 지닌다. 여기에는 알루미늄(Al)이나 주석(Sn), 납(Pb)과 같은 금속은 물론이고, 규소(Si)와 게르마늄(Ge) 등의 반금속 혹은 준금속도 포함된다. 또한 탄소(C), 산소(O), 황(S) 등의 비금속뿐만 아니라 18족에 해당하는 비활성 기체도 p-구역에 속한다. 헬륨은 p-오비탈이 없기 때문에 사실상 p-구역에 포함되지는 않지만, 최외각 껍질에 전자가 채워져 있기 때문에 18족의 제일 위 칸에 위치한다. p-구역 원소가 다양한 화학적 특징을 보이는 이유 역시 최외각 껍질을 모두 채우기 위해 전자를 잃거나 얻을 확률과 연관된다. 예를 들어 13족의 알루미늄은 최외각 전자 3개(s^2 p^1)를 잃고 3가 양이온(Al^{3+})이 되는데, 이는 금속 원소에서 관찰되는 전형적인 양상이다. 반면 17족 원소인 염소는 1개의 전자를 얻어 음이온(Cl^-)이 되면서 전형적인 비금속 원소의 양상을 보인다.

이처럼 서로 반대의 행동을 보이는 양 극단 사이에는 또 다른 행동을 하는 원소도 있다. 예를 들어 산소(16족)는 최외각 껍질을 가득 채우기 위해 2가 음이온(O^{2-})이 되기도 하지만 다른 원자와 전자를 공유하는 결합을 통해 동일한 효과를 얻기도 한다. p-구역의 중심에는 붕소 및 규소와 같은 반금속이 위치한다. 이들이 이온을 형성하는 경우는 극히 드물며, 대신 대부분의 경우 전자를 공유하는 결합을 택한다. 탄소의 경우는 특별한데, 이는 무엇보다도 탄소가 지구상에 존재하는 모든 생명의 근원이기 때문이다. 이에 관해서는 4장에서 좀 더 자세히 살펴볼 것이다.

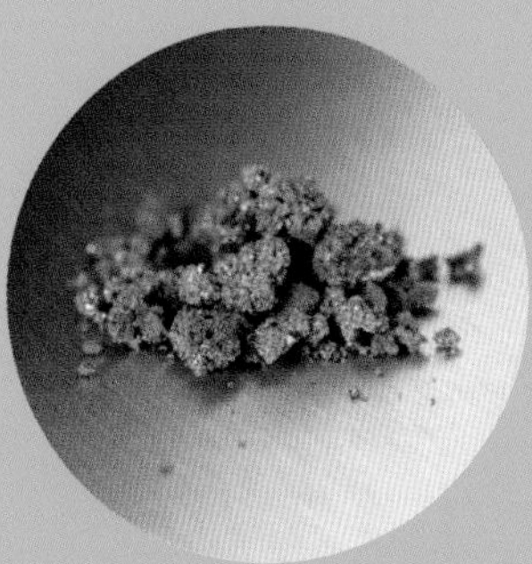

13족에 속하는 붕소는 준금속으로 분류된다. 금속은 납작하게 두드려 모양을 바꿀 수 있고 좋은 전기 전도체인 반면, 준금속은 금속처럼 광채가 있지만 부서지기 쉽고 전기를 잘 전도하지 않는다.

규소는 붕소와 마찬가지로 준금속이다. 규소 역시 전형적인 반도체로, 전도체와 부도체 중간에 해당하는 전기 전도도를 지닌다. 이것이 규소가 현대 전자산업에서 중추적인 역할을 담당하는 이유이다(140페이지 참고).

알루미늄은 붕소의 바로 아래 칸에 위치하지만 금속에 속한다. 알루미늄의 최외각 전자는 핵으로부터 멀리 위치하기 때문에 좀 더 쉽게 원자로부터 "떨어져 나갈" 수 있다. 이로 인해 알루미늄 원자는 금속 결합이 가능하다(107페이지 참고).

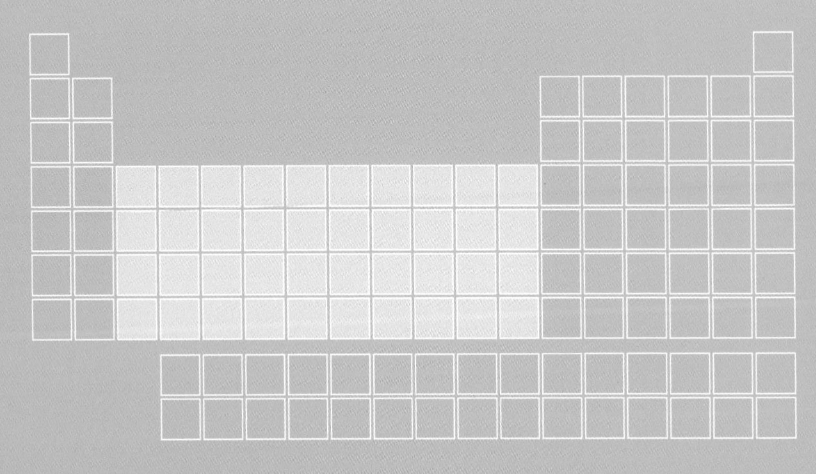

d-구역

d-구역에 있는 원소는 d-오비탈에 최외각 전자를 가지고 있으며 모두 금속 원소로, 전이 금속이라고도 알려져 있다. 여기에는 철(Fe), 구리(Cu), 금(Au), 은(Ag) 등 일상 생활에서 매우 친숙한 금속과 나이오븀(Nb), 오스뮴(Os) 및 루테늄(Ru) 등 좀 더 드문 것들도 있다. s-구역에 속한 금속은 쉽게 전자를 잃고 양이온이 되는 반면, d-구역 금속의 경우는 그렇게 간단하지 않다. 전이 금속의 원자는 최외각 껍질에 3개($s^2\ d^1$)에서 12개($s^2\ d^{10}$)의 전자를 지니는데, 이들이 최외각 껍질을 가득 채우는(혹은 전자를 공유해서 같은 결과를 내는) 방법은 매우 다양하다. 여기에는 좀 더 일반적인 금속의 정의가 적용된다. 금속은 단단하지만 전성(납작하게 두드려 모양을 바꿀 수 있는 성질)과 연성(길게 뽑아 늘일 수 있는 성질)을 지닌 원소이다. 이와 같은 금속의 성질은 금속 원자 간의 결합 방식에 기인하며, 이에 관해서는 4장에서 좀 더 자세히 다룰 것이다.

루테늄의 최외각 전자는 $5s^2$와 $4d^6$에 위치한다. 이러한 에너지 준위의 혼합은 전이 금속의 특징인데, 이는 특정 에너지 준위에 있는 d-오비탈이 윗 단계(여기서는 5번째 껍질)의 에너지 준위에 있는 s-오비탈보다 더 높은 에너지 상태라서, 5s-오비탈이 먼저 채워지기 때문이다.

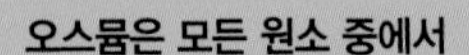

오스뮴은 모든 원소 중에서 밀도가 가장 높다. 가정용 세탁기 정도 크기의 오스뮴 덩어리의 질량은 20톤 가량 된다. 대부분의 오스뮴 핵은 중성자별이 충돌할 때 생성된다 (77페이지 참고).

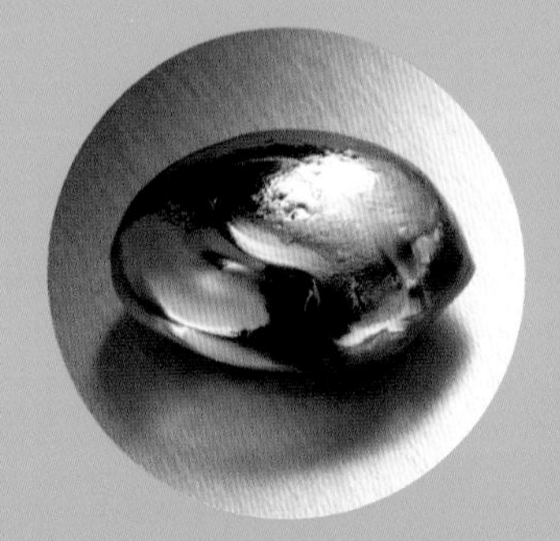

나이오븀은 무르지만, 다른 금속과 섞으면 항공우주 분야에서 쓰이는 매우 단단하고 내열성이 뛰어난 합금을 만들 수 있다. 아폴로호의 달 탐사에 사용된 달착륙선의 로켓 노즐은 나이오븀 합금으로 만들어졌다.

f-구역

일반적으로 주기율표 아래쪽에 별도로 배열되어 있는 f-구역 원소는 2개의 가로줄로 이루어져 있는데, 이들은 각각 6주기와 7주기 원소 중에서 f-오비탈에 최외각 전자를 지닌 것들이다. 이들은 모두 금속이긴 하지만 일부 무거운 원소는 화학적 성질을 규명할 수 있을 정도로 오랫동안 존재하지 않기 때문에 이들을 정의하고 분류하는 것은 사실상 불가능하다. f-구역의 첫째 행은 란타넘족lanthanides으로 알려져 있는데, 이는 가장 처음에 나오는 원소가 란타넘(La)이기 때문이다. 모든 란타넘족 원소는 "희토류 금속rare earth metal"이며, 이들 대부분은 전자공학에서 사용되며 강력한 자석을 만드는 데에도 쓰인다. 둘째 행은 악티늄족actinides으로 불리는데, 이 역시 첫 원소가 악티늄(Ac)이기 때문이다. 우라늄 뒤에 있는 원소는 매우 불안정하기 때문에 자연에서는 극소량만 존재하지만, 넵투늄(Np), 플루토늄(Pu), 아메리슘(Am), 퀴륨(Cm)은 원자로나 입자 가속기에서 생성되고 나면 안정적이기 때문에 다양한 분야의 틈새 시장에서 유용하게 쓰인다. 하지만 퀴륨 다음의 원소부터는 너무나 짧은 시간 동안만 존재하기 때문에 과학적 연구 외의 목적으로는 사용되지 못한다. 가장 무거운 악티늄족 원소인 로렌슘의 경우, 가장 안정적인 동위원소의 반감기는 10시간 정도에 불과하다.

사마륨은 꽤 단단하고 광채가 있다. 란타넘족에 속하며 주기율표에서 f-구역의 첫 번째 줄에 위치한다. 다른 란타넘족 원소들과 마찬가지로, 강력한 자석을 만드는 데 주로 쓰인다.

홀뮴의 최외각 전자는 $4f^{11}$ $6s^{2}$에 배치되어 있다. 전이 금속(왼쪽 페이지 루테늄 참고)에 있어 이러한 에너지 준위의 혼합은 모든 란타넘족 원소들이 공유하는 특성이며, 이는 특정 에너지 준위에 있는 f-오비탈이 윗 단계(여기서는 5번째 껍질)의 에너지 준위에 있는 s-오비탈보다 더 높은 에너지 상태라서, 5s-오비탈이 먼저 채워지기 때문이다.

아래에 표시된 주기율표의 확장 버전은 f-구역 원소들을 원래의 자리에 배치시킨 것이다. 그러나 이것은 폭이 너무 넓어서 포스터나 교과서에 깔끔하게 넣을 수가 없다.

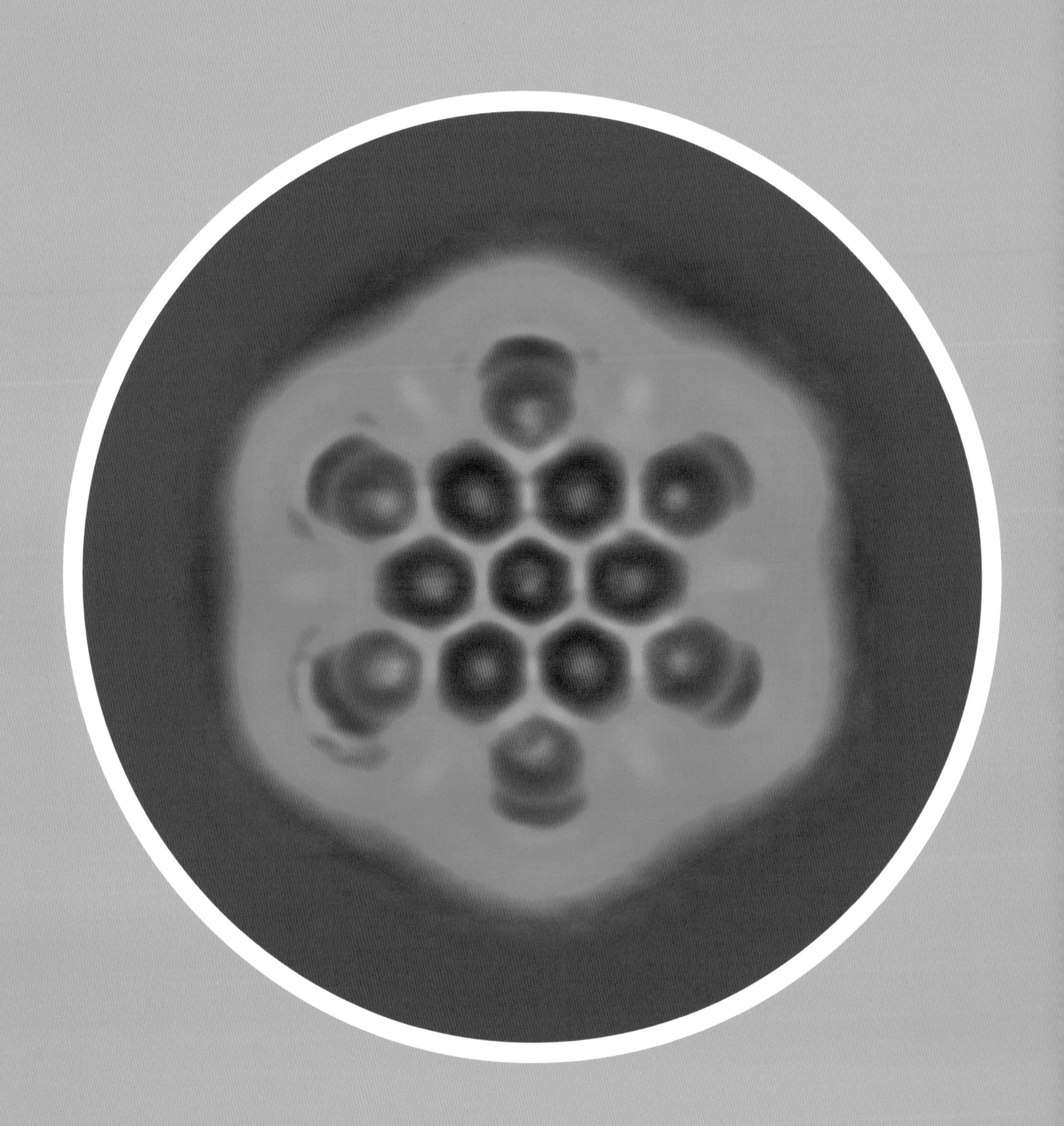

제4장

원자의 결합

원자론은 세상을 기계론적인 관점에서 바라본다. 이는 우리가 일상에서 흔히 접하는 물질의 성질을, 상상할 수 없을 정도로 많고도 작은 입자의 행동으로 설명할 수 있다. 이들 입자는 지속적으로 움직이면서 서로 결합하고 분리된다. 원래 기계론적 관점에서는 원자를 단단하고 통과할 수 없는 물질로 간주했으며 이러한 관점은 널리 통용되었다. 하지만 오늘날 원자의 내부 구조에 대한 이해가 깊어짐에 따라 기계론점 관점은 더욱 더 힘을 얻게 되었다.

원자힘 현미경을 이용한 헥사벤조코로넨
화합물 분자의 가색상 이미지false-color image(126페이지 참고). 이 분자는 42개의 탄소 원자와 18개의 수소 원자 간의 공유 결합으로 이루어져 있다.

입자로서의 물질

물질이 입자로 이루어져 있다는 주장을 뒷받침하는 가장 기본적이면서 강력한 증거는 이러한 주장이 고체, 액체, 기체의 존재뿐 아니라 물질의 상태 변화를 설명할 수 있다는 사실이다. 고체, 액체, 기체 상태의 물질을 구성하는 입자는 원자나 분자 또는 이온이다.

고체: 고정된 입자

고체는 입자가 서로 결합되어 있기 때문에 단단하다. 입자는 서로 간의 결합으로 인해 그 위치가 고정된다. 이 결합을 고무 밴드라고 가정해보자. 고무 밴드 중에서도 좀 더 두껍거나 탄성이 있는 것들이 있듯이 입자 간의 결합이 좀 더 강력한 고체도 있다. 입자는 그 위치가 고정되어 있긴 하지만 여전히 움직인다. 특정한 방향성 없이 계속해서 무작위로 진동하는 것이다. 입자가 분자인 경우, 분자를 구성하는 원자 간의 결합도 존재한다. 이들 결합은 위아래 또는 앞뒤로 구부러질 수 있다(길이를 줄이거나 늘려서).

원자 간 결합의 성질을 이해하기 위해서는, 분자를 붙잡고 있는 고무 밴드뿐만 아니라 분자의 구성 요소인 원자를 붙잡고 있는, 좀 더 작은(하지만 대개 더 강력한) 고무 밴드도 생각해야 한다. 예를 들어 얼음 큐브의 물 분자는 하나로서 앞뒤로 무작위 진동을 하지만 이를 구성하는 원자(2개의 수소와 1개의 산소) 역시 각 분자 내에서 위아래로 진동하며 서로를 향해 다가가거나 서로 멀어지기도 한다. 원자 스케일에서는 많은 움직임이 일어나고 있는 것이다.

셀레나이트의 결정구조 모형.
칼슘 이온(전하를 띤 칼슘 원자)은 큰 회색 구이고, 황은 노란색, 산소는 빨간색이다. 물 분자 안에 있는 수소 원자는 작은 옅은 회색 구이다.

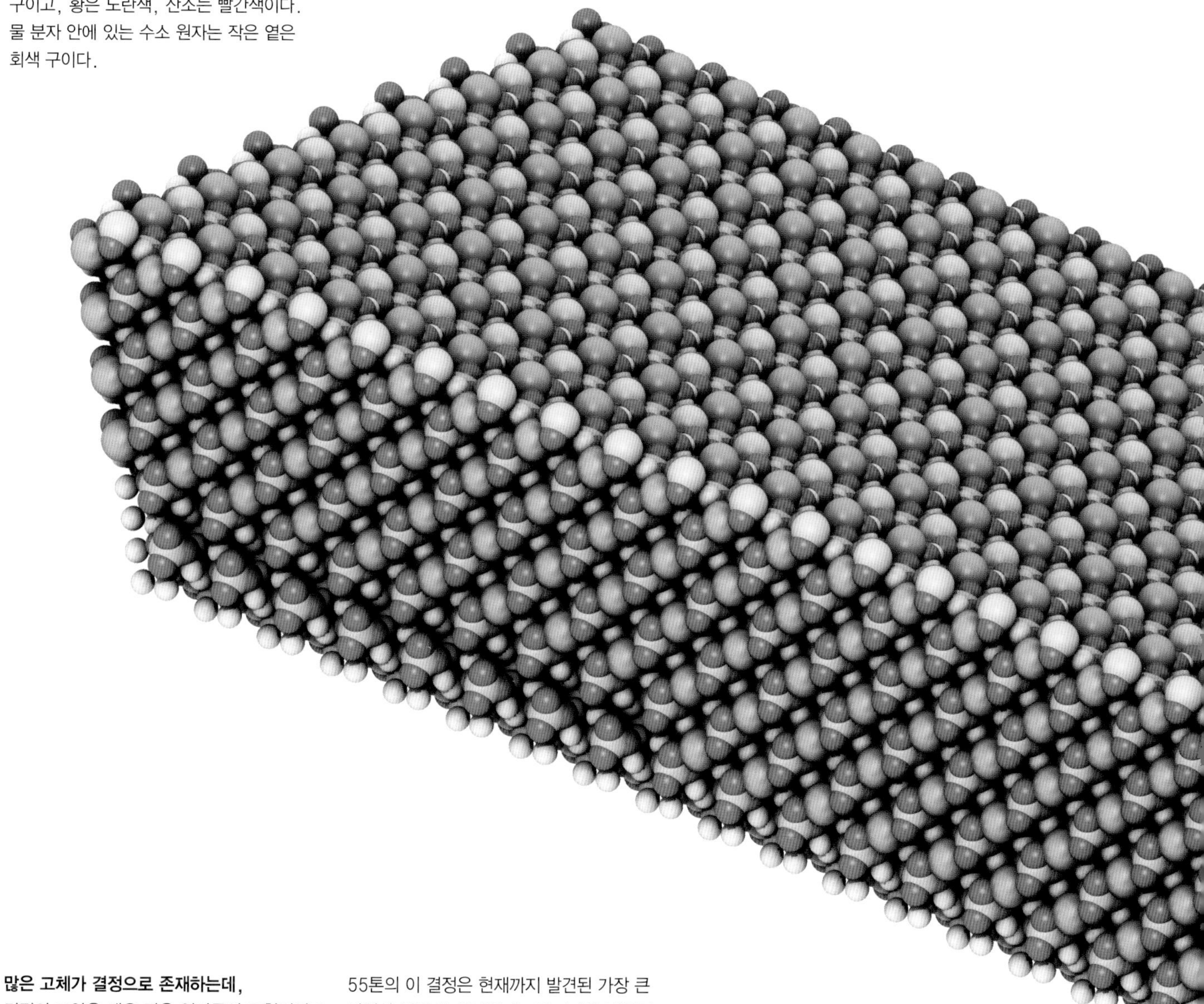

많은 고체가 결정으로 존재하는데, 결정의 모양은 매우 작은 입자들이 규칙적이고 반복적으로 배열되어 있다는 사실로만 설명이 가능하다. 이 놀라운 셀레나이트 ($CaSO_4 \cdot 2H_2O$) 결정은 멕시코 치와와에 있는 나이카 광산[Naica Mine]의 수정 동굴에서 발견되었다(왼쪽 사진). 길이 12미터, 무게 55톤의 이 결정은 현재까지 발견된 가장 큰 자연산 결정 중 하나이다. 이 거대한 결정이 오직 네 종류의 원자로만 이루어졌으며, 이 작은 입자들이 규칙적으로 배열되어 전체적으로 우아하고 균형 잡힌 모습을 이루었다는 사실을 생각하면 놀라지 않을 수 없다.

모든 움직이는 물체는 움직임으로 인한 에너지를 지닌다. 이 "운동 에너지"의 양은 물체의 질량과 속력에 의해 결정된다. 고체의 입자 하나하나는 크기가 매우 작기 때문에 아주 적은 양의 운동 에너지를 지닌다. 하지만 입자의 개수가 많기 때문에 고체가 지니는 "내부 에너지"의 총량은 상당히 커진다. 이 내부 에너지는 고체의 온도와도 밀접하게 연관된다. 사실 물질의 온도는 물질의 상태(고체, 액체, 기체)에 관계없이 각 입자가 가진 운동 에너지의 평균으로 결정된다. 내부 에너지를 추가적으로 공급해서 물질의 온도를 높이면, 물질을 구성하는 입자의 평균 속력이 빨라진다. 온도가 올라가면 고체 내 입자가 더욱 격렬하게 진동하는 것이다.

고체의 내부 에너지를 증가시키는, 즉 온도를 높이는 방법은 여러 가지가 있다. 예를 들어 고체를 뜨거운 오븐에 넣을 수 있다. 이 경우, 고체 주위의 뜨거운 공기 입자는 운동 에너지가 높은 상태로, 빠른 속력으로 움직인다. 이들은 고체 표면과 충돌하면서 운동 에너지의 일부를 표면 입자에 전달하며, 이는 연속적인 효과를 가져온다. 이들 표면 입자는 더욱 격렬하게 진동하면서 여분의 운동 에너지 일부를 표면 바로 아래 주변으로 전달하며, 이 여분의 에너지는 결국 고체 전체에 배분된다. 이상은 물체 내 열의 전달, 즉 전도를 원자 스케일에서 설명한 것이다.

오븐에서 고체를 꺼내 차가운 공기 중에 놓으면 정

열분해

분자로 이루어진 고체의 다수는 고온에서 녹는 대신 분해된다. 달리 말하면 화합물을 구성하는 원자 간의 결합은 가열될 경우 깨지게 된다.

대표적인 예로 그림에서의 산화 수은 화합물을 들 수 있다. 이 화합물은 수은 이온(Hg^{2+})과 산화 이온(O^{2-})이 서로 단단하게 붙잡고 있는 규칙적인 결정 구조를 지닌 주황색 고체이다. 산화 수은을 약 500°C로 가열하면 이온의 운동 에너지가 상승하며 이들이 분해된다. 그 결과 순수 수은 증기라는 반짝이는 금속이 시험관 내부에서 응결되는 모습을 볼 수 있으며, 눈에 보이지 않는 기체인 순수 산소도 나온다. 다른 많은 화합물도 가열되면 이와 같은 양상으로 분해되며, 액체 형태로는 존재하지 않을 수 있다. 하지만 모든 순수 원소는 고체, 액체 및 기체 상태로 존재할 수 있다.

갈륨 원자는 30°C에서 고체 결정 내의 결합을 끊고 액체가 될 수 있을 만큼 충분한 에너지를 지닌다. 이는 따뜻한 손 위에 갈륨을 올려 놓으면 천천히 녹는다는 의미이다.

반대 반응이 일어난다. 고체 표면의 입자는 주위의 공기 입자보다 (평균적으로) 더 큰 에너지로 격렬하게 진동하며 공기 분자에 에너지 일부를 전달한다. 고체 내부에 있던 좀 더 활발한 입자는 표면 입자로 에너지의 일부를 전달하며, 이들은 다시 공기 분자에 에너지를 잃는다. 이제 고체의 온도는 주변 공기의 온도와 같아질 때까지 점차 감소한다. 대부분의 경우에(모두는 아니다, 왼쪽 박스 참고) 고체의 온도를 충분히 올려서 녹는점에 이르게 되면 액체가 된다. 이들의 입자는 운동 에너지가 매우 크기 때문에 서로 분리될 수 있다. 고무 밴드가 끊어지는 순간까지 당겨지는 셈이다.

액체: 움직이는 입자

고체가 녹더라도, 즉 입자 간의 강력한 결합이 깨지더라도 이들을 서로 당기는 인력은 여전히 존재한다(그렇지 않다면 입자는 서로 완전히 분리되어 멀리 날아가 버릴 것이다). 하지만 입자는 더 이상 정해진 위치에 고정되어 있지 않다. 이들은 이제 움직이면서 서로 지나쳐 가기도 한다. 이로 인해 액체는 흐를 수 있으며 담고 있는 용기의 모양에 맞출 수 있게 된다.

고체와 마찬가지로 액체의 온도도 입자의 평균 운동 에너지와 연관된다. 액체 입자 중 일부는 평균보다 느리게 움직이며, 다른 일부는 빠르게 움직인다. 액체의 표면에서 빠르게 움직이는 입자의 일부는 분리되기에 충분한 운동 에너지를 지니며, 이들 활발한 입자는 액체에서 벗어나 공기의 일부가 된다. 이상은 우리가 증발evaporation이라 부르는 과정을 원자 스케일에서 설명한 것이다. 하지만 평균보다 큰 에너지를 지닌 입자만이 표면을 벗어나기에 충분한 에너지를 지니기 때문에 남아 있는 입자의 평균 에너지는 감소하며 액체의 온도는 내려간다. 이 과정이 바로 "증발 냉각evaporative cooling"이다. 땀을 흘리는 것은 이러한 기전을 통해 체온을 효과적으로 낮추는 방법이다. 액체의 증발 속도는 액체의 온도 및 액체 주위의 대기압에 의해 결정된다. 그리고 땀의 경우는 공기 중 수분 함량 정도에도 좌우된다. 대기압을 낮추고 체온을 올리거나 습도를 낮추면 증발 속도가 증가한다.

특정 온도 위로 올라가거나(입자가 열분해를 거치지 않는다는 가정하에. 90페이지 참고) 특정 압력 아래로 내려가면, 액체의 모든 입자는 서로 분리되기에 충분한 에너지를 지니게 된다. 이 지점에서 액체는 끓기 시작하여 기체가 된다. 모든 원소는 더 이상 분해될 수 없기 때문에 기체 상태로 존재할 수 있다. 정상 대기압에서 용융철molten iron은 2,862° C에서 끓으며, 액체 질소는 -195.79° C의 차가운 온도에서 끓는다.

기체: 자유롭게 날아다니는 입자

기체의 입자는 원자, 분자, 이온 중 어떤 형태이건 간에 빠른 속력으로 자유롭게 날아다닌다. 이들은 서로 충돌하기도 하고 표면과 충돌하기도 한다. 풍선이 부푼 상태로 유지되는 경우에서 볼 수 있듯이 입자가 표면과 부딪히면 압력을 가하게 된다. 밀봉된 병에 들은 탄산음료 기포의 활발한 움직임, 타이어를 팽창시키는 공기압, 하늘 높이 솟아오르는 불꽃놀이는 모두 빠른 속력으로 움직이는 작은 입자의 수많은 충돌에 의해 유발된다. 입자는 에너지가 클수록 (평균적으로) 더욱 빠르게 움직인다. 그렇기 때문에 기체의 온도를 올리면 압력이 증가하는 것이다. 이는 불꽃놀이에서 생성되는 뜨거운 기체가 빠른 속력으로 팽창하면서 불꽃을 위로 가

질량과 에너지

헬륨 원자,
질량 4달톤

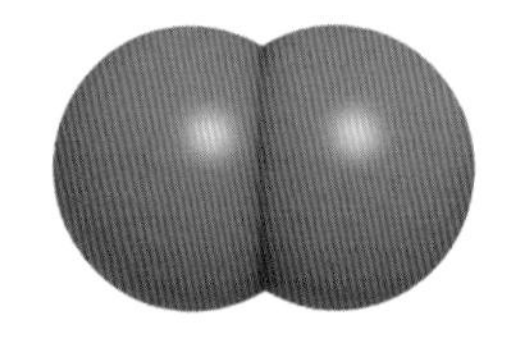

산소 분자,
질량 32달톤

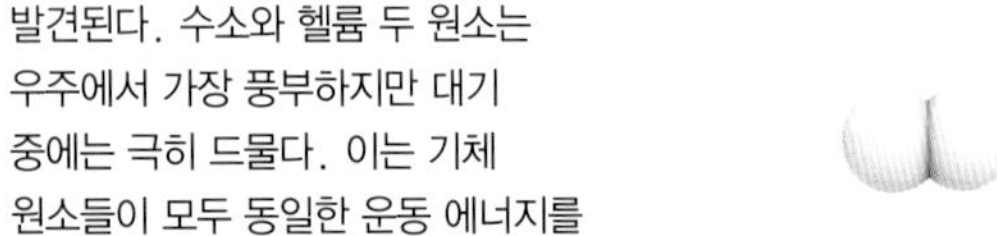

수소 분자,
질량 2달톤

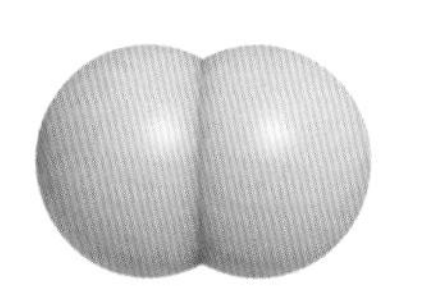

질소 분자,
질량 28달톤

4개의 원소가 대기 중에서 기체로 발견된다. 수소와 헬륨 두 원소는 우주에서 가장 풍부하지만 대기 중에는 극히 드물다. 이는 기체 원소들이 모두 동일한 운동 에너지를 가진 경우, 훨씬 가벼운 이 두 원소가 매우 빠르게 움직여서 지구의 대기를 벗어나기 때문이다.

속하는 이유이다.

우리에게 가장 익숙한 기체인 공기는 질소와 산소로 이루어져 있다. 이들 두 원소는 보통 이원자 분자diatomic molecule인 N_2 및 O_2로 존재하며, 각각 2개의 동일한 원자로 구성된다. 상온에서 산소와 질소 분자는 시간당 평균 1,400km의 속력으로 날아다닌다. 기체의 입자는 서로 충돌할 때마다 에너지를 교환하기 때문에 상온에서 수소 분자(H_2)와 헬륨 원자(He)는 산소 및 질소 분자와 동일한 평균 에너지를 지닌다. 하지만 헬륨 원자와 수소 분자는 질소 분자와 산소 분자에 비해 질량이 훨씬 작기 때문에, 에너지가 동일하다는 점을 고려할 때 이들의 평균 속력은 훨씬 빨라진다. 상온에서 수소 분자와 헬륨 원자는 질소 및 산소 분자에 비해 평균적으로 5배 정도 빠르게 움직이며, 이는 대기권을 탈출하기에 충분한 속력이다. 실제로 대기에서는 매년 수소 95,000톤과 헬륨 1,600톤이 소실되고 있다.

공기를 구성하는 또 다른 주요 성분은 수증기이다. 온도와 압력이 적당하다면 수증기는 응결해 작은 물방울이 되면서 옅은 안개를 형성한다. 이 옅은 안개는 콜로이드colloid라 불리는 물질의 계열인 에어로졸의 일종이다.

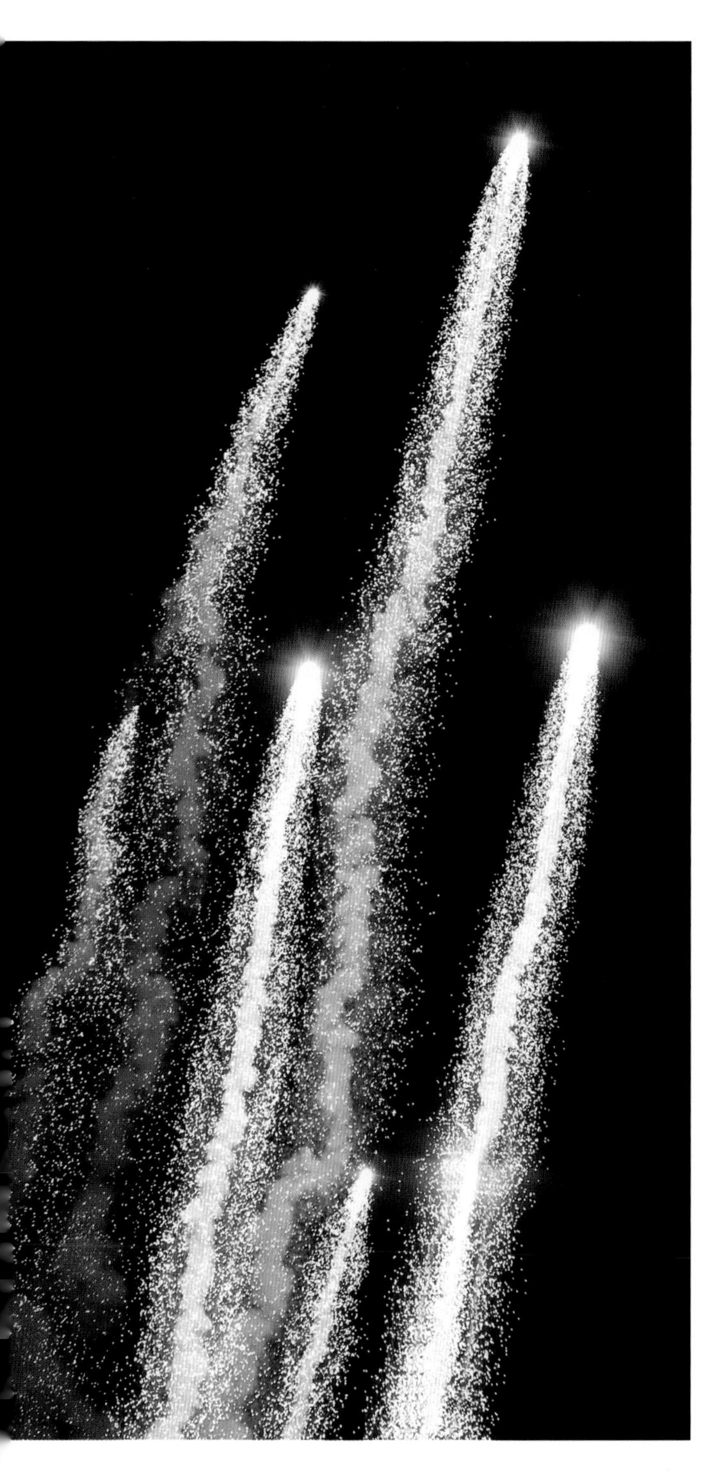

불꽃놀이에서의 로켓형 폭죽은 아래로 분출되는 배기가스의 팽창으로 인해 위로 빠르게 가속된다. 가스는 뜨겁기 때문에 팽창하는데, 이로 인해 분자들이 빠른 속력으로 움직이며 서로 충돌하고, 로켓면과도 부딪히며 튕겨진다.

콜로이드 - 한두 가지로 설명할 수 없는 존재

우리에게 친숙한 물질의 대부분은 혼합물이다. 이들 중 일부는 용액solution으로, 어떤 물질의 가장 작은 입자가 다른 물질의 가장 작은 입자와 완전히, 그리고 고르게 섞인 것이다. 소금물은 소듐과 염소가 물 분자 사이에 균등하게 분포하고 있는 용액이다. 약간 의외일 수 있겠지만 강철steel 역시 용액, 즉 고체 용액이다. 강철은 대부분 철 원자로 이루어져 있지만, 이들은 다른 여러 원소의 원자 사이에 분포한다. 그리고 기체 혼합물도 용액으로 간주될 수 있는데, 이는 기체가 섞일 때 기체 입자가 자연스럽게 흩어지기 때문이다. 하지만 모든 혼합물이 용액은 아니며, 이들 중 다수는 콜로이드이다.

콜로이드에서는 용액에서와 같이 한 물질의 입자가 다른 물질의 입자 사이에 고르게 흩어져 있다. 하지만 이렇게 흩어진 입자는 개별 원자나 이온이 아니며, 분자도 아니다. 이들은 소량의 액체 방울이나 작은 고체 입자 또는 작은 기체 주머니로, 각각의 크기는 매우 작지만 여전히 수십억 혹은 수 조 개의 원자로 구성된다. 예를 들어 마요네즈는 에멀전emulsion이라 불리는 콜로이드의 일종으로, 다른 액체(식초)에 흩어져 있는 작은 기름 방울로 이루어져 있다. 연기도 에어로졸aerosol이라 불리는 콜로이드의 일종인데, 작은 고체 입자가 기체(공기) 내에 고르게 분포하고 있다. 증기와 옅은 안개는 액체 에어로졸이며, 작은 액체(물) 방울이 기체(공기) 내에 고르게 분포하고 있다. 젤라틴과 같은 겔화제gelling agent는 물이 추가될 때 젤gel이라 불리는 콜로이드를 형성한다. 이 경우 작은 물방울이 젤라틴의 고체 구조 내에 고르게 분포한다. 에어로젤aerogel이라 불리는 또 다른 콜로이드 역시 이와 비슷하지만, 이 경우에는 물이 아닌 공기나 다른 기체가 고체 내에 갇혀 있다.

콜로이드 내에서건 아니건 간에, 고체와 액체에는 구성 입자 간의 결합이 존재한다. 이온으로 이루어진 고체에서는 이온 결합이라 불리는 전기적 인력에 의해 이온이 서로 붙어 있다. 물질을 구성하는 입자가 분자라면, 각 분자의 원자를 붙잡는 또 다른 종류의 결합이 존재한다. 이들 두 종류의 원자 간 결합에서는 모두 원자의 최외각 전자가 개입한다.

사진 속 에어로젤은 콜로이드의 일종으로 기체(공기)와 고체(여기서는 이산화 규소)가 혼합되어 있다. 이 에어로젤은 매우 가볍고 단열 효과가 우수하다. 콜로이드의 또 다른 예로 머랭(고체폼), 마요네즈(에멀전), 증기(에어로졸), 젤라틴(젤), 연기(고체 에어로졸) 등이 있다.

머랭
마요네즈
증기
젤라틴
연기

원자 간의 만남

원자가 서로 결합할 수 있다는 사실은 무척이나 놀랍다. 만약 이들이 서로 결합할 수 없다면 우주는 개별 원자로 가득 차 있을 것이며, 이들은 서로 부딪히며 튕겨지지만 언제까지나 단일 개체로 남을 것이다. 화합물도 없을 것이며, 생명 또한 존재하지 않을 것이다. 원자핵은 결합의 생성 및 분해에 관여하지 않는다. 그 영광스런 역할은 전자, 특히 최외각 전자껍질에 존재하는 전자의 몫이다.

최외각 전자껍질은 원자가 전자껍질valence shell이라고도 불린다. 아르곤이나 크립톤과 같은 비활성 기체(80페이지 참고)의 원자에서 원자가 전자껍질은 완전히 채워진다. 원자가 전자껍질의 오비탈에는 각각 2개의 전자가 들어갈 수 있다. 원자가 전자껍질이 가득 차 있는 경우에는 전자를 빼앗거나 추가하기 위해 상당한 에너지가 필요하기 때문에 이는 "바람직하며" 안정적인 상태이다. 이러한 안정성으로 인해 비활성 기체는 다른 원자와 결합하지 않는다. 원자가 전자껍질이 완전히 채워지지 않은 다른 원자는 전자를 교환하거나 공유하여 껍질이 꽉 채워진 상태가 되며, 이들 두 가지 방법이 원자 간 결합의 기본이다.

이온 결정

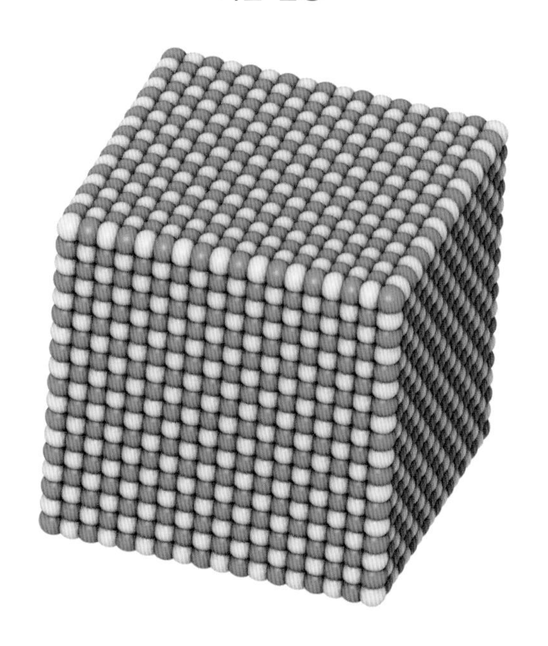

고체 상태의 플루오린화 리튬에는, 무수히 많은 이온이 상호 간의 전기적 인력으로 인해 서로 붙어 있다. 이들 이온은 입방 "격자" 안에 존재하기 때문에 플루오린화 리튬은 입방 결정이다. 탄산 칼슘의 경우에는 이온이 육각형 모양으로 배열되어 있다.

칼슘과 탄산 이온

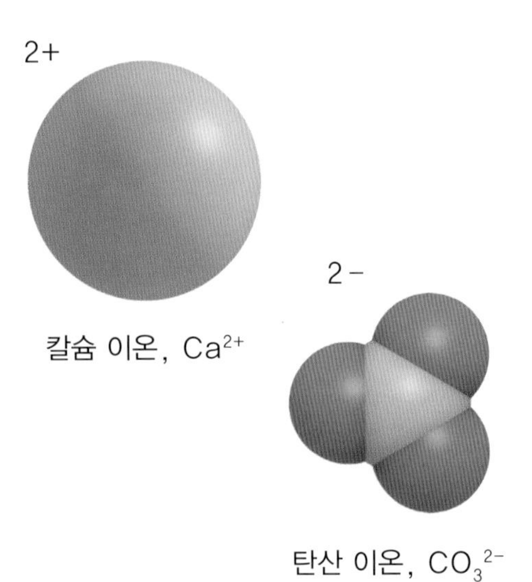

주기율표의 2족에 속하는 칼슘은 최외각 전자 2개를 쉽게 잃으면서 2+의 전하를 지닌 칼슘 이온이 된다. 탄소 원자는 3개의 산소 원자와 결합하여 전체적으로 2−의 전하를 지닌 화합물을 형성한다.

이온 결합

원자의 원자가 전자껍질을 채울 수 있는 가장 간단히 방법은 하나 이상의 전자를 다른 원자에 주거나 하나 이상의 전자를 받는 것이다. 예를 들어 리튬 원소($1s^2\ 2s^1$)의 원자는 원자가 전자껍질의 전자 하나를 쉽게 잃을 수 있으며, 이 경우 리튬 이온, Li^+($1s^2$)이 된다. 그리고 플루오린 원자($1s^2\ 2s^2\ 2p^5$)가 근처에 있다면, 이는 바로 그 전자를 받아 원자가 전자껍질을 채울 수 있으며, 이러한 과정을 통해 플루오린화 이온, F^-($1s^2\ 2s^2\ 2p^6$)이 된다. 이제 상반된 전하를 지닌 두 이온이 생성되었다. 이들은 서로 강하게 끌어당기며 붙는다. 그 결과 플루오린화 리튬(LiF)이라 불리는 화합물이 생성되며, 이는 상온에서 고체이다.

개별 원자 간의 이온 결합은 금속과 비금속 사이에서만 나타난다. 소듐(Na, 금속)과 염소(Cl, 비금속)가 대표적인 예인데, 이들 이온(Na^+와 Cl^-)은 서로 붙어 염화소듐(NaCl)이라는 화합물, 즉 소금을 형성한다. 하지만 이온 결합에 관여하는 이온은 "다원자성polyatomic"일 수도 있다. 달리 말하면 이들은 하나 이상의 원자로 이루어질 수 있다는 것이다. 여기에 예로 제시된 탄산 칼슘($CaCO_3$)은 Ca^{2+}와 CO_3^{2-} 이온으로 구성되는 이온 화합물이다(96페이지 참고).

탄산 칼슘 결정 구조

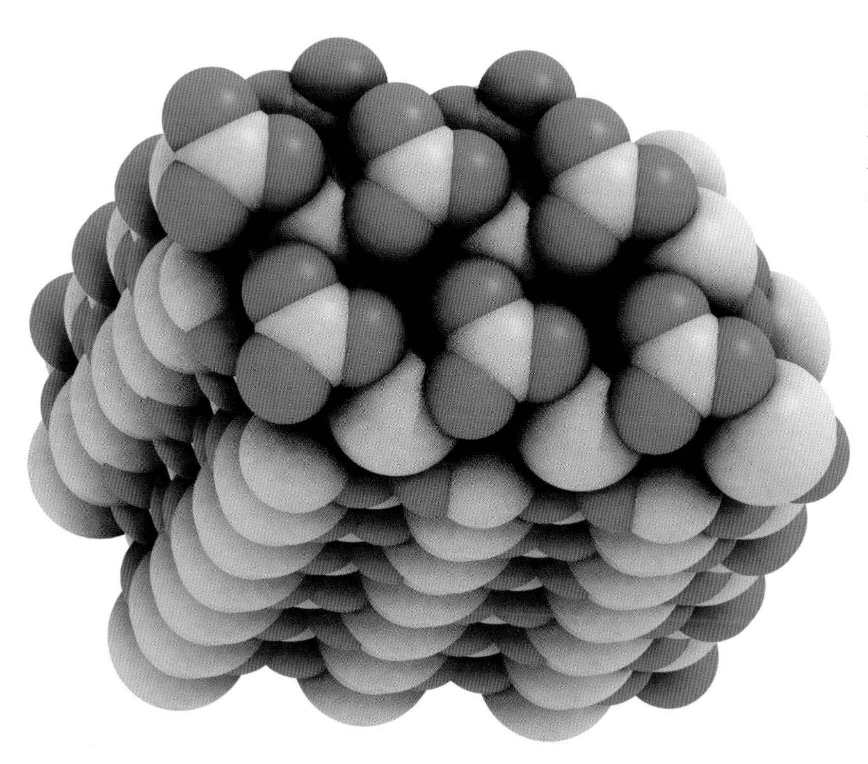

탄산 칼슘은 지각에서 가장 흔한 광물 중 하나이다. 석회암은 결정 구조가 약간 다른 두 종류의 탄산 칼슘으로 구성된다.

공유 결합

원자가 원자가 전자껍질을 가득 채우면서 결합을 형성할 수 있는 또 다른 방법은 전자를 공유하는 것이다. 이 경우, 두 원자의 오비탈이 합쳐지면서 새로운 "분자 오비탈"을 형성해 이들을 연결하고 결합한다. 두 원자가 원자가 전자를 공유하기 때문에 이러한 형태의 결합을 공유 결합이라 부른다.

가장 단순한 공유 결합은 수소 분자(H_2)에서 두 원자 간의 결합이다. 이는 두 원자의 1s-오비탈 중첩으로 형성된다. 원자 오비탈의 결합은 분자 오비탈을 생성하는데, 이 역시 원자 오비탈과 마찬가지로 전자가 발견될 수 있는 영역이다. 오비탈에는 전자 2개가 채워져 있으며, 두 원자는 1s-오비탈이 꽉 채워진 것처럼 "느끼므로" 에너지 측면에서는 바람직한 상황이다. 결합은 길이가 짧으며 2개의 수소 핵을 잇는 선상에 위치한다. 두 핵 사이의 선상에 위치하는 모든 원자 간 결합은 시그마 결합sigma bond이라 불린다. 원자 오비탈의 결합 또는 중첩으로 생성되는 다른 종류의 분자 오비탈도 있다(맞은편 페이지 박스 참고).

분자는 공유 결합에 의해 원자가 서로 붙어서 이루어진 자립적 물질이다. 모든 물 분자는 1개의 수소와 하나의 산소 원자 간의 공유 결합으로 이루어진다. 이산화 탄소(CO_2)에서 1개의 산소 원자와 하나의 탄소 원자가 이루는 결합도 마찬가지이다. 초의 밀랍은 약 30개의 탄소 원자와 약 60개의 수소 원자가 공유 결합한 분자로 이루어진다. 분자의 형태는 원자 간의 결합 길이 및 방향에 따라 결정되지만, 결합에 관여하지 않는 다른 전자에 의해서도 영향을 받는다. 예를 들어 물의 경우에는 각각의 수소 원자와 산소 원자 사이에 (시그마) 결합이 존재하지만, 산소 원자는 원자가 전자껍질에 다른 전자도 지니고 있다. 이들의 존재는 결합을 밀어내며 구부러진 형태의 분자를 만든다.

물 분자

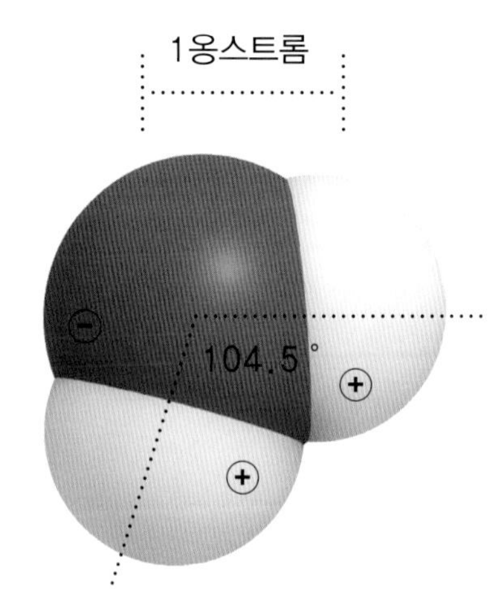

물 분자는 2개의 수소 원자와 1개의 산소 원자 간의 공유결합으로 이루어진다. 전자는 산소 원자 쪽에 좀 더 밀집되어 있기 때문에 산소 원자는 부분적으로 음전하를 지니게 되며, 수소 원자는 부분적으로 양전하를 지닌다.

물 분자 내 산소 원자에 속한 전자의 존재는 또 다른 결과를 초래하기도 한다. 산소 원자 주변에 상대적으로 음전하가 집중되도록 하는 것이다. 반면 각각의 수소 원자는 유일한 전자를 자신과 산소 원자 간의 결합에 사용하기 때문에 상대적으로 양전하를 지닌 분자 구조가 된다. 이러한 상황으로 인해 물 분자는 "극성"을 지니게 되며, 이는 물이 훌륭한 용제solvent인 이유이다.

소금(염화 소듐)이 물에 녹을 때를 생각해 보자(100페이지 그림 참고). 염화 소듐은 극성을 지닌 물 분자의 영향으로 인해 비교적 쉽게 구성 원자로 분해된다. 양전하를 지닌 소듐 이온은 주변 물 분자의 산소 원자에 달라 붙고, 음전하를 지닌 염화 이온은 수소 원자에 붙는다. 다른 여러 이온성 고체ionic solid 및 극성 분자로 이루어진 화합물에서도 동일한 현상이 일어나며, 이들은 모두 물에 잘 녹는다. 비극성 분자는 전하가 고르게 분포하는 것으로 물에 잘 녹지 않는다. 지방과 기름이 대표적인 예이다.

분자 궤도

분자를 서로 결합시키는 공유 결합은 원자 오비탈의 중첩으로 형성된다(54페이지 참고). 여러 가지 배열이 가능하지만 가장 단순하면서도 강력한 것은 시그마 결합, 즉 두 오비탈의 정면 중첩이다. 파이 결합pi bond은 두 p-오비탈의 측면 중첩에 의해 형성된다. 산소 분자(O_2)에서는 산소 원자가 이중 결합, 즉 하나의 시그마 결합과 하나의 파이 결합에 의해 서로 붙어 있다.

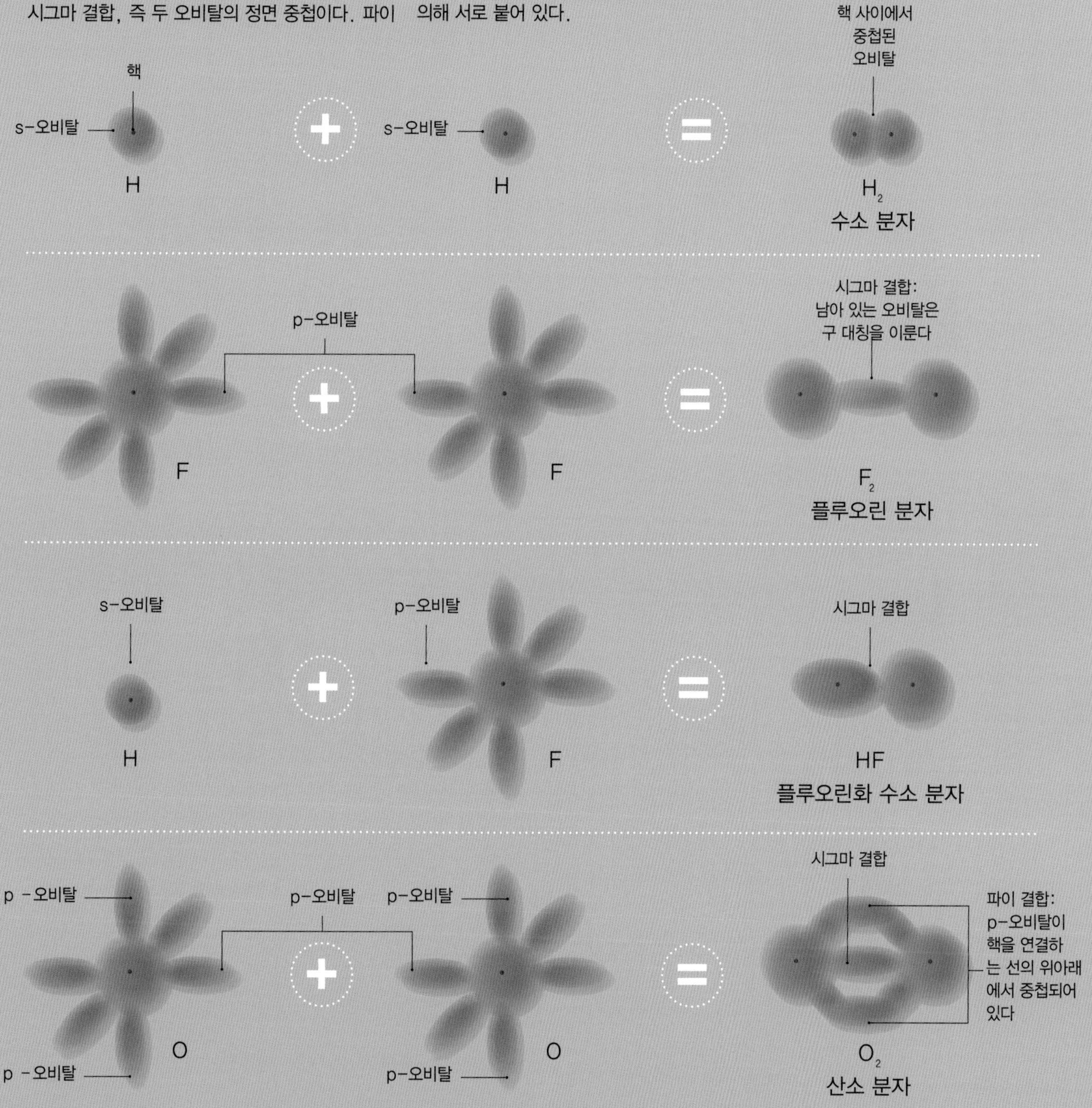

수소 결합

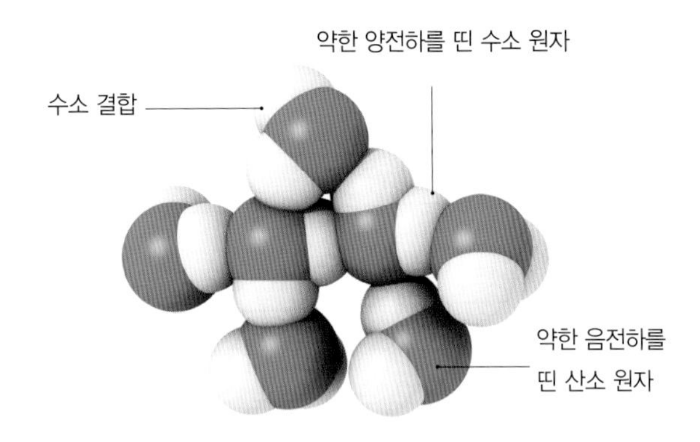

물 분자들은 극성으로 인해 서로 더 잘 붙어 있게 된다. 그 결과 물은 극성이 없을 때보다 높은 녹는점과 끓는점을 지닌다.

물: 훌륭한 용제

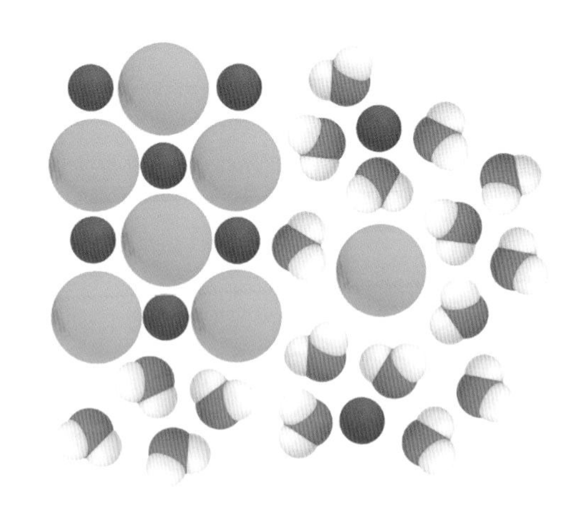

산소 원자 주위에 있는 약한 음전하와 수소 원자 주위에 있는 약한 양전하로 인해 형성된 물 분자의 극성은 물이 이온성 고체를 녹이는 데 탁월한 이유이다. 위 그림의 경우, 물 분자들이 소듐 이온과 염화 이온 주위에 모여 있는데, 이는 물 분자의 전하를 띤 부분이 이온의 반대 전하에 끌리기 때문이다.

물 분자의 극성은 다른 측면에서도 중요하다. 예를 들어 이는 둘 이상의 물 분자 간에 상호 인력mutual attraction, 즉 분자 간 결합intermolecular bond을 생성한다. 모든 분자는 이들의 결합에 존재하는 전하 분포의 미세한 변화로 인해 서로 조금씩 당긴다. 하지만 물이나, 그 외 수소를 함유한 분자에서는 결합의 극성으로 인해 분자 간 인력이 상당히 강하다. 분자 내 수소의 존재로 인해 야기되는 분자 간 인력을 수소 결합hydrogen bond이라 부른다. 물의 경우, 한 분자 내 수소 원자 주위의 양전하 영역이 다른 분자의 산소 원자 주위의 음전하 영역에 달라 붙으며, 이로 인해 물은 녹는점과 끓는점이 높다.

또한 수소 결합은 물이 강력한 표면 장력을 지니는 이유로, 표면 장력은 물을 끌어 당겨 단단한 구형 물방울로 만든다. 표면의 분자는 방울 내 분자와의 상호 인력으로 인해 안으로 끌어 당겨진다.

수소 결합은 DNA 분자의 두 가닥을 붙이기도 하지만, 그 힘은 DNA의 일부가 복제될 때 분리되지 않을 정도로 세지는 않다. 커다란 단백질 분자의 특정 지점에 위치하는 수소 원자는 이들 분자를 특정한 형태로 당긴다. 단백질 분자의 형태는 그 기능에 중요한 영향을 끼치고, DNA 분리 역시 매우 중요하기 때문에 지구상의 모든 생명체는 수소 결합에 의존한다고 해도 과언이 아닐 것이다.

우측 사진의 잎에서 보이는 것처럼 물이 단단한 물방울을 형성하는 이유는 수소 결합으로 인한 물 분자의 상호 인력 때문이다.

탄소: 만능 결합

물론 지구상의 생명체는 탄소 원소에 의존하기도 한다. 탄소 원자는 설탕과 지방을 포함한 생체 분자organic molecule와 단백질, DNA를 이루는 기본 구성 요소이다. 탄소 원자는 공유 결합의 진정한 귀재라 할 수 있다. 이들은 수소 원자를 비롯한 여러 원소의 원자와 쉽게 단일 (시그마) 결합을 형성한다. 또한 산소, 황, 질소 원자와는 이중 결합을 이루며, 다른 탄소 원자와 단일, 이중 및 삼중 결합을 하기도 한다. 심지어 탄소 원자는 원형 오비탈에 자신의 원자가 전자를 공유하는 6개의 탄소 원자로 이루어진 고리를 형성할 수도 있다. 단일 중합체polymer 분자는 수만 개의 탄소 원자와 다른 원소 원자 간의 결합으로 이루어지기도 한다.

다이아몬드는 순수 탄소의 일종으로 어떤 다이아몬드 조각도 단일 분자로 간주될 수 있다. 탄소 원자가 반복적인 사면체 패턴으로 결합하기 때문에 다이아몬드는 뛰어난 강도를 지닌다. 다이아몬드 내 탄소 원자의 사면체 배열은 sp^3 혼성화hybridization라고 알려진 현상으로 인해 가능하다. 탄소의 원자가 전자껍질에는 전자가 차지할 수 있는 공간이 s-오비탈에 2개, p-오비탈에 6개, 총 8개가 존재한다. 하지만 탄소는 원자가 전자껍질에 4개의 전자만을 가지고 있으며, 탄소 원자는 s-오비탈과 p-오비탈을 절반씩 채우는 대신 4개의 동일한 "혼성hybrid" 오비탈을 형성한다. 이 새로운 오비탈은 3차원 공간에 동일하게 분포하며 완벽한 사면체를 이룬다. 다이아몬드뿐만 아니라 훨씬 더 작은 분자도 탄소의 sp^3 혼성 오비탈의 결과로 사면체 결합을 형성한다. 메테인(CH_4)이 대표적인 예이다. 탄소는 "표준적인" s-오비탈 및 p-오비탈 결합을 형성할 뿐만 아니라 다른 종류의 혼성 오비탈을 형성하기도 한다. 이러한 결합의 유연성으로 인해 탄소는 다재다능하면서 중요한 원소로 자리매김했다. 그림에서는 탄소 기반(유기) 분자의 예를 볼 수 있다.

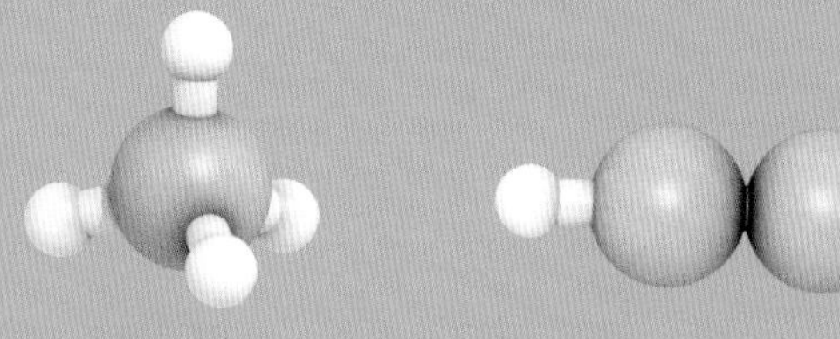

메테인은 4면체 분자로, 시그마 결합을 가진 수소 원자가 각각의 sp^3 혼성 오비탈에 하나씩 위치한다

에타인은 탄소 원자가 삼중 결합 (1개의 시그마 결합과 2개의 파이 결합)으로 연결된 탄화 수소이다

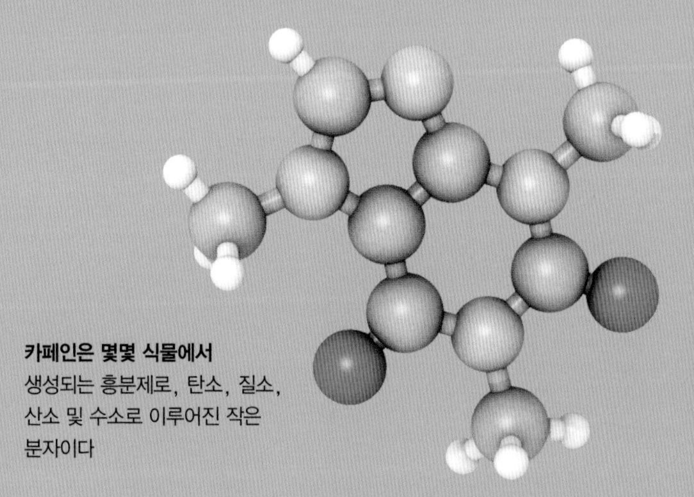

카페인은 몇몇 식물에서 생성되는 흥분제로, 탄소, 질소, 산소 및 수소로 이루어진 작은 분자이다

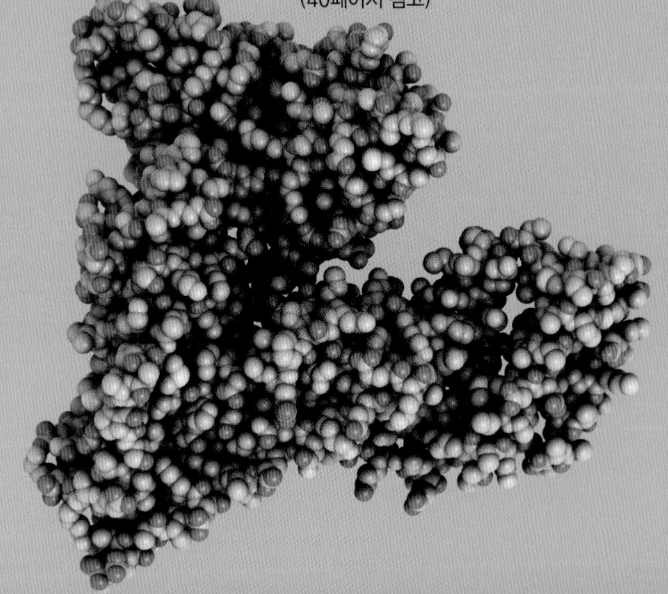

혈청 알부민은 혈액에서 발견되는 단백질이다. 인체 내 혈청 알부민의 총 질량은 66,500달톤 정도이다 (40페이지 참고)

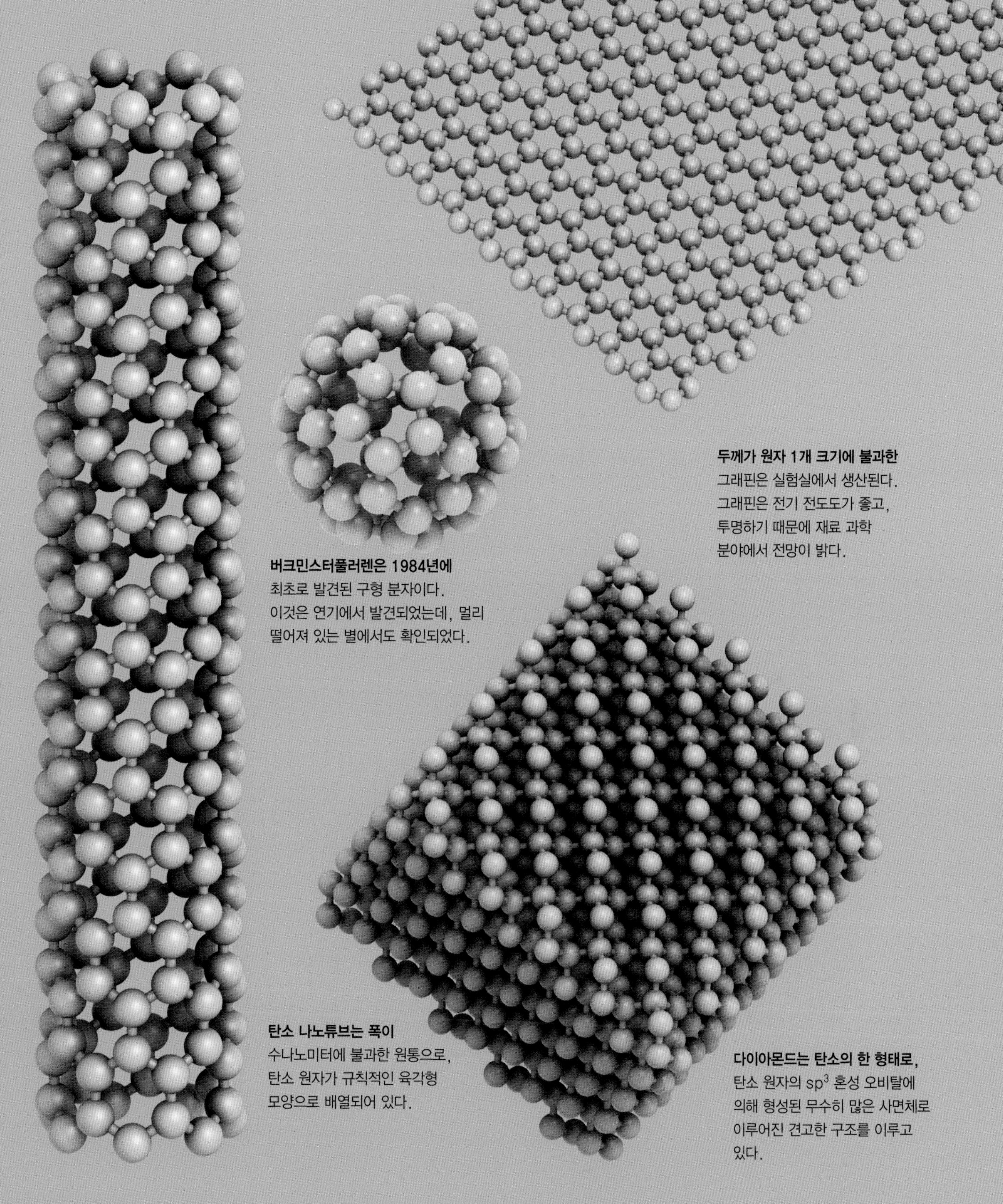

두께가 원자 1개 크기에 불과한 그래핀은 실험실에서 생산된다. 그래핀은 전기 전도도가 좋고, 투명하기 때문에 재료 과학 분야에서 전망이 밝다.

버크민스터풀러렌은 1984년에 최초로 발견된 구형 분자이다. 이것은 연기에서 발견되었는데, 멀리 떨어져 있는 별에서도 확인되었다.

탄소 나노튜브는 폭이 수나노미터에 불과한 원통으로, 탄소 원자가 규칙적인 육각형 모양으로 배열되어 있다.

다이아몬드는 탄소의 한 형태로, 탄소 원자의 sp^3 혼성 오비탈에 의해 형성된 무수히 많은 사면체로 이루어진 견고한 구조를 이루고 있다.

분자와 빛

다이아몬드는 투명하다. 즉, 빛은 방해 받지 않고 다이아몬드를 통과한다. 빛은 전지기파이므로(물론 동시에 광자의 흐름이기도 하다. 33페이지 참고) 전자와 상호작용을 할 수 있다. 순수 탄소의 일종인 버크민스터풀러렌buckminsterfullerene은 검은색인데, 이는 결합을 형성하는 전자가 빛을 흡수할 수 있을 정도로 자유롭기 때문이다. 하지만 다이아몬드의 경우에는 모든 전자가 sp^3 혼성 오비탈에 있으면서 결합에 관여하기 때문에 빛이 투과할 수 없다. 적외선 및 자외선과 같이 가시광선 스펙트럼을 벗어난 전자기파는 전자와 상호 작용을 할 수도 있고 하지 않을 수도 있다. 어떤 경우에는 전자기파로 인해 분자가 휘거나 회전하기도 한다. 또 다른 경우에는 전자기파가 전자를 분자 내에서 더 높은 에너지 준위로 올리거나 심지어 분자 결합을 깨뜨리기도 한다.

물과 같은 극성 분자는 전자기파에 노출될 경우, 전자기파 진동수에 따라 정도가 달라지긴 하지만 앞뒤로 회전하게 된다. 따라서 물은 빛에는 투명하지만 적외선과 마이크로파는 흡수한다. 수증기와 대기 중의 물방울은 따뜻한 지구 표면으로부터 방출되는 적외선의 일부를 흡수하는데, 이 적외선은 흡수되지 않는다면 지구로부터 우주로 에너지를 가져가게 된다. 물 분자가 적외선이 지닌 에너지를 흡수함에 따라 대기의 온도는 상승하고, 물 분자는 사방으로 복사된다. 이 복사 중 일부는 우주에 도달하지만 일부는 지구로 다시 복사되면서 중요한

의미를 지닌다. 이것이 바로 우리 지구의 표면이 대기가 없을 때에 비해 높은 온도를 유지할 수 있는 과정인 "온실 효과greenhouse effect"인 것이다. 물 분자 외에 이산화 탄소와 메테인과 같은 다른 분자도 온실 효과를 일으키는 주요 인자이다. 대기 중의 이들 온실 가스 농도가 높을수록 지구의 평균 표면 온도는 높아진다.

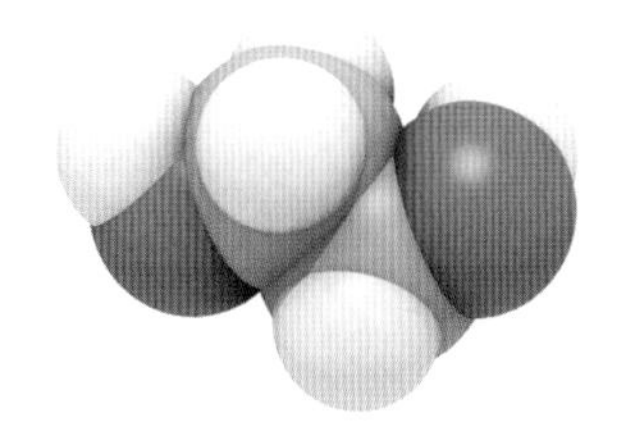

2002년, 분자 분광기를 사용해 우리 은하의 중심부 근처의 가스 구름에서 자동차 부동액의 주요 성분인 에틸렌 글리콜을 검출했다.

전자기파와 분자 간의 상호 작용은 특징적인 스펙트럼을 유발하는데, 이는 원소가 분광학에 의해 확인되는 것과 유사한 방식이다(68페이지 참고). 분자 분광학 덕분에 우주 깊숙이 위치한 성운에 존재하는 수백 종의 화합물을 확인할 수 있었으며, 여기에는 지구상의 생명 과정에 관여하는 일부 화합물도 포함된다. 엑스선이나 감마선이 DNA 분자와 충돌하면 이들은 원자 간의 결합을 깰 수 있으며, DNA 분자에 의해 전달되는 유전자 코드에 오류를 발생시킬 수 있다. 이러한 오류가 바로 돌연변이인데, 이는 암을 유발할 수도 있지만 진화의 중

칠레에 있는 APEX 망원경으로 촬영한 우리 은하 중심부의 다파장 이미지(왼쪽 페이지). 이곳에서 에틸렌 글리콜(위 참고)을 포함해 다수의 흥미로운 분자가 관측되었다.

스피처 우주망원경Spitzer Space Telescope을 이용한 분자 분광기는 32억 광년 떨어진 은하(아래)에 있는 물과 다양한 탄화 수소 분자들을 감지했다. 우측의 그래프는 다양한 분자들이 적외선 스펙트럼에서 특정 파장을 흡수하는 양상을 보여준다.

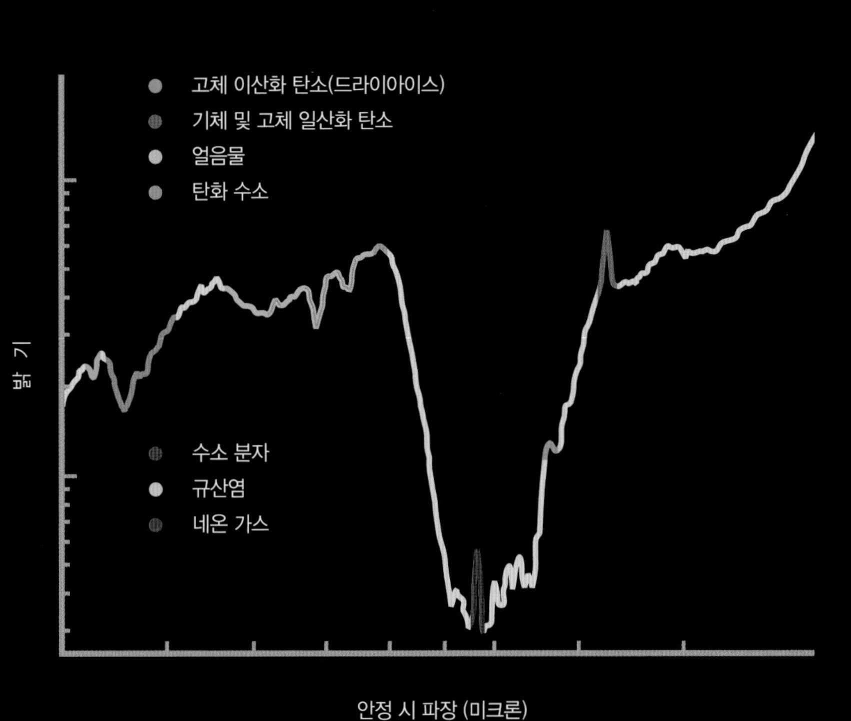

요한 원동력이기도 하다.

다수의 분자가 특정 진동수를 지닌 전자기파만 흡수한다는 사실은 색소가 각기 다른 색을 갖는 이유를 설명한다. 예를 들어 식물의 엽록소는 자외선과, 가시광선 스펙트럼의 파란색 및 붉은색 부분을 흡수한 후, 이들로부터 받은 에너지를 이용해 광합성을 시작한다. 스펙트럼의 다른 부분은 방해 요인 없이 그대로 통과하거나 반사되기 때문에 식물은 특유의 녹색을 띠게 된다.

다이아몬드에 있는 전자는 모두 결합에 사용되기 때문에 전자기파와 상호 작용을 할 수 없다. 하지만 전자와 전자기파가 자유롭게 상호 작용을 하는 물질도 많이 있다. 예를 들어 금속에는 자유로운 전자가 존재하기 때문에 거의 모든 진동수의 전자기파를 흡수할 수 있다. 일반적으로 전자기파는 흡수되자마자 즉시 반대 방향으로 재복사된다. 이것이 바로 금속이 반사성이 높은 이유이다. 금속에 사용 가능한 자유로운 전자가 존재하는 이유는 금속 원자가 결합하는 방식과 연관이 있다.

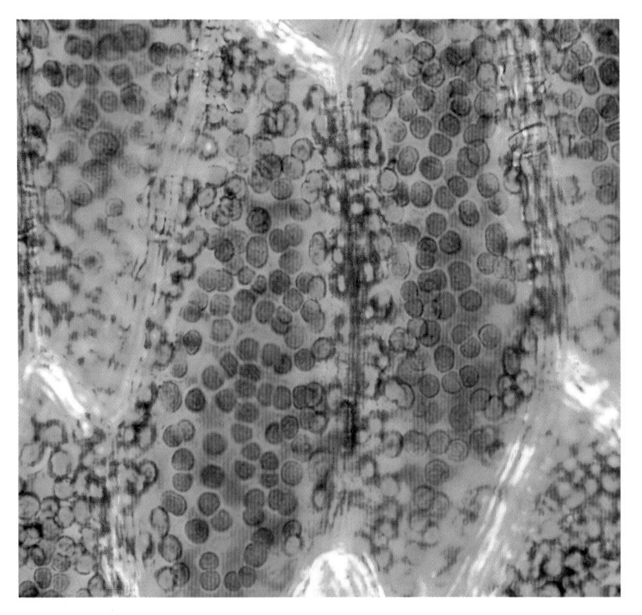

금속 결합

수 조 개의 철 원자를 (상온에) 함께 두면 이들은 서로 달라 붙어 고체를 형성할 것이다. 이들은 공유 결합이나 이온 결합을 하지 않는 대신, 공유된 전자로 이루어진 광대한(원자 스케일에서는) 바다 속에 고정된다. 금속 원자에서 원자가 전자의 에너지 준위는 서로 매우 가깝다. 여러 금속 원자를 함께 놓으면 에너지 준위는 하나의 에너지 "띠"로 합쳐지고, 전자는 원자로부터 "떨어져 나와" 자유롭게 움직인다. 전자의 자유로운 움직임은 금속이 훌륭한 전기 전도체인 이유이자 훌륭한 열 전도체인 이유이다(전자는 진동을 잘 전달한다). 따라서 금속 원자 간에 공유되는 연속적인 에너지띠를 전도띠 conduction band라 부르는 것은 놀라운 일이 아니다.

비금속 원자는 전도띠를 형성하지 않고, 열과 전기를 잘 전도하지 못하며, 금속처럼 전자기파를 반사하지도 않는다. 전도도가 온도, 전기장 및 자기장, 그리고 다른 원소의 존재에 따라 변화하는 원소(및 화합물)의 계열이 있다. 이들 "반도체"는 디지털 혁명의 근간이 되며 6장에서 자세히 다룰 것이다.

사진은 기름종이이끼*Hookeria* moss의 잎을 현미경을 이용해 편광으로 찍은 후 확대한 것이다. 이 식물의 잎은 두께가 세포 하나 크기에 불과하기 때문에 세포벽(파란색)과 엽록체(녹색)를 볼 수 있다. 엽록소는 엽록체 안에서 태양으로부터 광자를 흡수한 후 그 에너지를 이용해 광합성을 한다.

금속 결합

고체 금속의 모든 원자는 전자의 "바다"에 위치하고 있으며, 이들 전자는 전도띠라고 불리는, 상호적이고 연속적인 하나의 에너지띠를 형성한다. 각각의 전자는 특정 원자에 부착되어 있지 않기 때문에 결정 내부에서 자유롭게 움직인다. 금속에 전기장이 가해지면 전자가 움직인다.

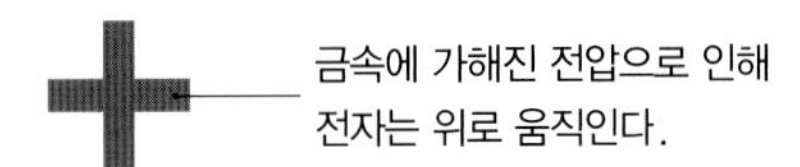

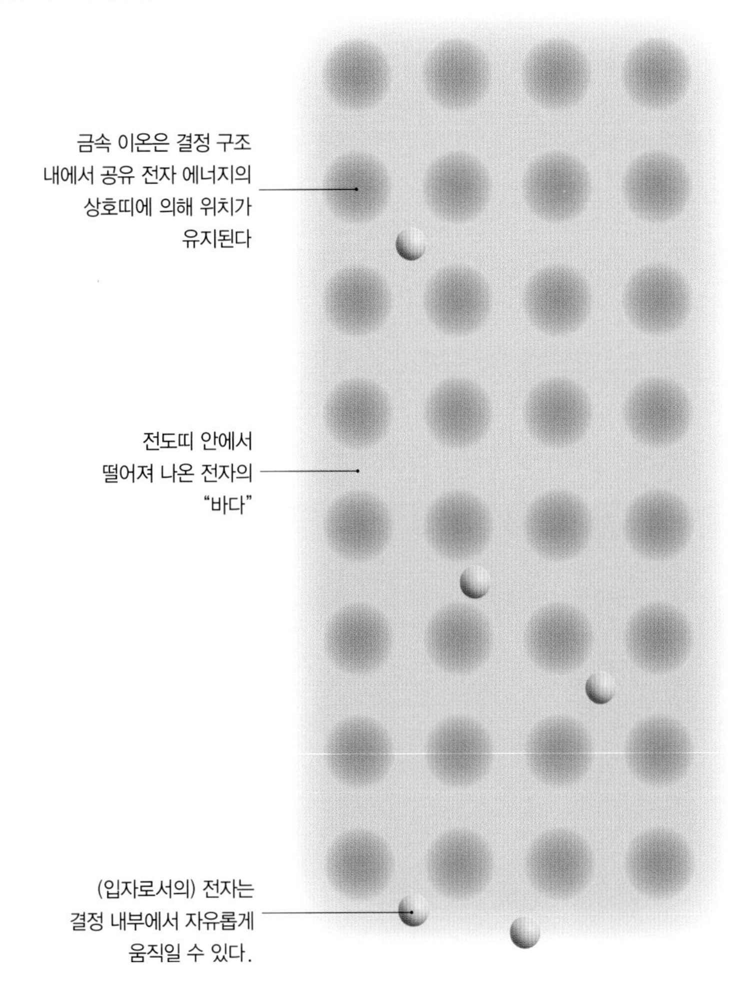

고립된 원자에서 전자의 에너지 준위는 정해져 있다.

에너지

n=4

n=3

n=2

n=1

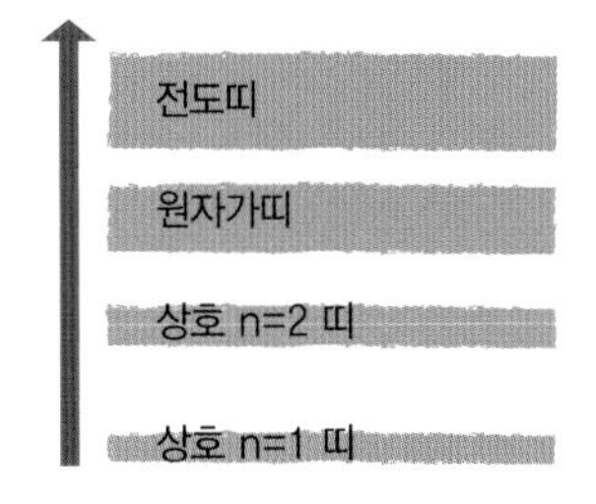

원자가 많이 있으면 에너지 준위가 살짝 변하며 "띠band"로 합쳐진다.

화학 반응

초가 타거나 철에 녹이 스는 것과 같은 모든 화학 반응에서 반응 이후의 화합물 또는 원소는 반응이 시작될 때 존재했던 것들과 다르다. 이는 모든 화학 반응에서 일어나는 원자 간 결합의 분해 및 생성과 연관된다.

결합 에너지

2개의 수소 원자가 결합하는 것은 에너지의 관점에서 바람직하기 때문이다. 이들은 따로 떨어져 존재할 때에 비해 결합했을 때 더 작은 에너지를 지닌다. 결합을 깨는 것은 가능하지만 이는 에너지를 필요로 하며, 이때 필요한 에너지의 양은 "결합 에너지"라 불린다. 화학 반응은 기존에 존재하는 결합을 깰 수 있을 정도의 에너지가 있어야지만 일어날 수 있다. 새로운 결합은 기존의 "결합 에너지"와 동일한 양의 에너지를 방출하면서 형성된다. 결합을 깨기 위해 필요한 에너지를 활성화 에너지activation energy라고 부른다. 기체가 포함된 반응에서 활성화 에너지는 기체 입자가 다른 기체 입자와 충돌하거나, 고체 또는 액체 입자와 충돌할 때 얻어진다. 예를 들어 순수 철을 공기 중에 두면, 공기 중에 돌아다니던 산소 분자가 철의 표면에 충돌한다. 이들 중 일부는 산소 원자 2개 사이의 결합을 깨고 금속 표면에 있는 일부 철 원자의 금속 결합을 방해하기에 충분한 에너지를 제공한다. 그러면 철 원자는 산소 원자와 결합해 산화 철을 형성한다. 다른 여러 반응 역시 철-공기 접점에서 일어나는데, 여기에는 물 분자뿐만 아니라 이산화 황과 같은 공기 중의 다른 화합물도 포함된다. 그 결과 철의 표면에는 여러 화합물이 복합된 혼합물이 생기며, 이를 녹rust이라 부른다.

산소 원자가 철 원자와 결합함에 따라 점차 철에 녹이 슨다. 산소 분자가 자신의 분자 결합을 깨뜨리고 철 결정에서 철 원자를 떼어놓을 수 있을 만큼 충분한 에너지를 가지고 철 원자에 부딪히게 되면, 반응에 참여할 수 있는 산소 원자와 철 원자가 생성된다.

양초는 탄화 수소가 뒤엉켜 있는 거대한 덩어리이다. 탄화 수소 분자는 탄소 원자와 수소 원자로만 이루어진다. 심지에 붙은 불꽃은 밀랍을 녹일 수 있는 에너지를 지

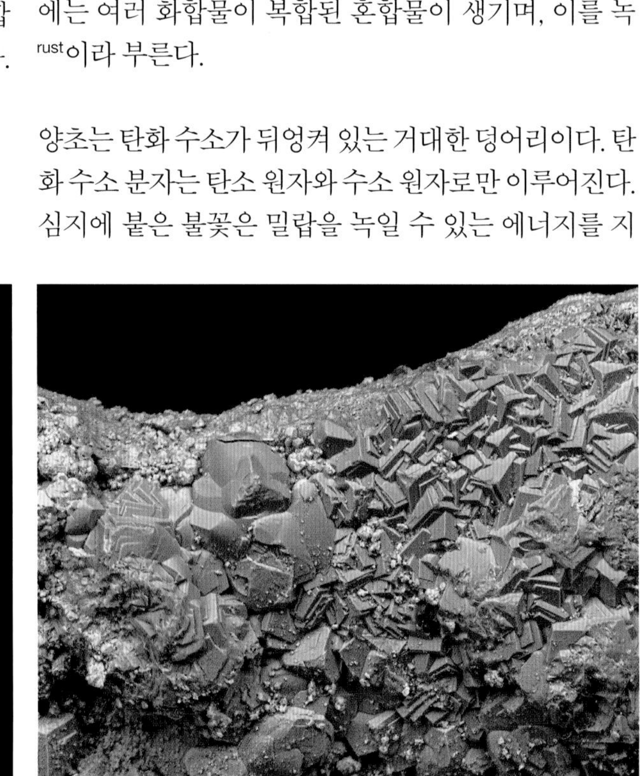

촛불의 열로 인해 산소 분자와 밀랍의 탄화 수소 분자가 분해되며, 그 결과 이들의 원자가 새로운 결합을 형성할 수 있게 된다. 반응 후에는 이산화 탄소(CO_2)와 물(H_2O)이 생성된다.

니며, 모세관작용(액체와 물질 간의 인력으로 인해 물질 내의 작은 공간을 통해 액체가 이동하는 것)을 통해 심지를 타고 올라간다. 밀랍의 일부는 불꽃의 열로 증발하고, 탄화 수소 분자는 공기 중의 산소 분자와 충돌할 수 있다. 여기에는 산소 분자 내 산소 원자 간의 결합과 탄화 수소 분자 내 탄소-수소 결합을 깰 수 있을 정도로 충분한 에너지가 존재한다. 그 결과 원자가 자유로운 상태에서 새로운 결합을 형성할 수 있는 전이 상태transition state가 된다. 이제 탄소 원자는 산소 원자와 결합해 이산화 탄소를 형성하고, 수소 원자는 산소 원자와 결합해 물을 형성한다. 물과 이산화 탄소 분자("생성물") 내의 총 결합 에너지는 탄화 수소와 산소 분자("반응물") 내의 총 결합 에너지에 비해 작다. 여분의 에너지는 새로운 결합이 형성될 때 열로 방출되어 양초가 지속적으로 타도록 반응을 유지한다. 밀랍의 연소와 같은 반응은, 최종 생성물의 결합 에너지가 반응물의 결합 에너지에 비해 작으며, 항상 그런 것은 아니지만 대개 열의 형태로 에너지를 방출하기 때문에 발열 반응exothermic reaction이라 불린다. 대부분의 반응은 발열 반응인데, 이는 에너지 측면에서 선호되기 때문이다. 하지만 일부 반응은 생성물이 반응물에 비해 큰 에너지를 지니는 흡열 반응endothermic reaction이다. 당신은 아마도 흡열 반응이 즉시 반대 방향으로 진행해 생성물이 이전의 더 낮은 에너지 상태로 "돌아가고", 반응 전에 존재했던 더 낮은 에너지 결합을 형성하리라 예상할 것이다. 하지만 이들은 보다 높은 결합 에너지를 지니긴 하지만 안정적인 새로운 상태를 찾는다.

이것이 어떻게 가능한지를 알아보기 위해 언덕 위로 차를 밀어 올릴 때를 상상해보자. 화학 반응 전후의 전체

화학 반응에서의 에너지

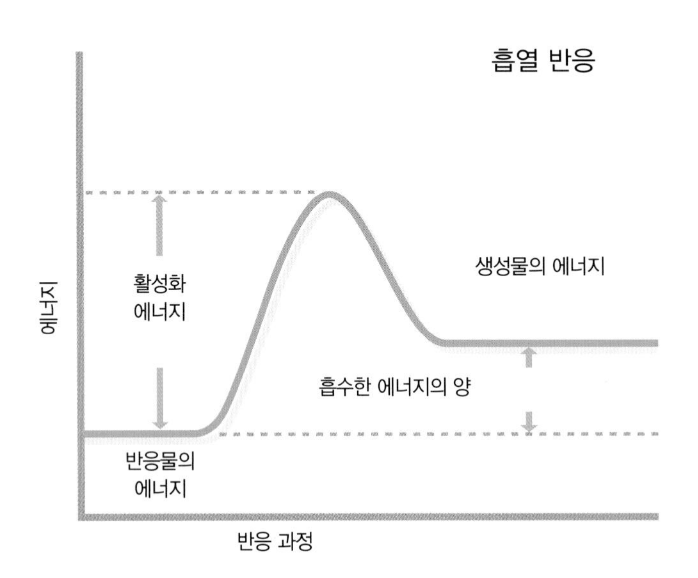

발열 반응

에너지

활성화
에너지

반응물의
에너지

방출한 에너지의 양

생성물의 에너지

반응 과정

모든 화학 반응이 일어나려면 반응을 시작할 수 있는 에너지가 있어야 한다. 흡열 반응(위 그래프)에서는 반응 후의 결합 에너지가 반응 전의 에너지보다 크다. 발열 반응(아래 그래프)에서는 반대이다.

에너지 그래프는 실제로 언덕과 유사한 모양이기 때문에 이는 매우 효과적인 비유라 할 수 있다. 차를 언덕 위로 밀어 올리기 위해서는 에너지가 필요하고, 언덕 위에서 차가 내려가도록 하면 에너지가 방출될 것이다. 하지만 언덕 꼭대기에 조그맣게 움푹 패인 곳이 있고, 차를 거기까지 밀어 올린다면 다시 미끄러져 내려오지 않을 것이다. 이제 차는 언덕 아래에 있을 때보다 큰 에너지를 지닐 것이며, 당신이 에너지를 추가한 셈이 된다. 결국 이는 흡열 반응이라 할 수 있다. 결합을 파괴하기 위해 필요한 활성화 에너지를 공급하고(움푹 패인 곳에서 벗어나도록 차를 민다) 적절한 반응물이 존재한다면, 새로운 반응이 일어날 것이다. 결합의 생성은 언제나 에너지를 방출하며(결합 에너지), 이는 언덕 꼭대기의 "움푹 패인 곳"으로 표현된 새로운 안정된 상태가 가능한 이유이다.

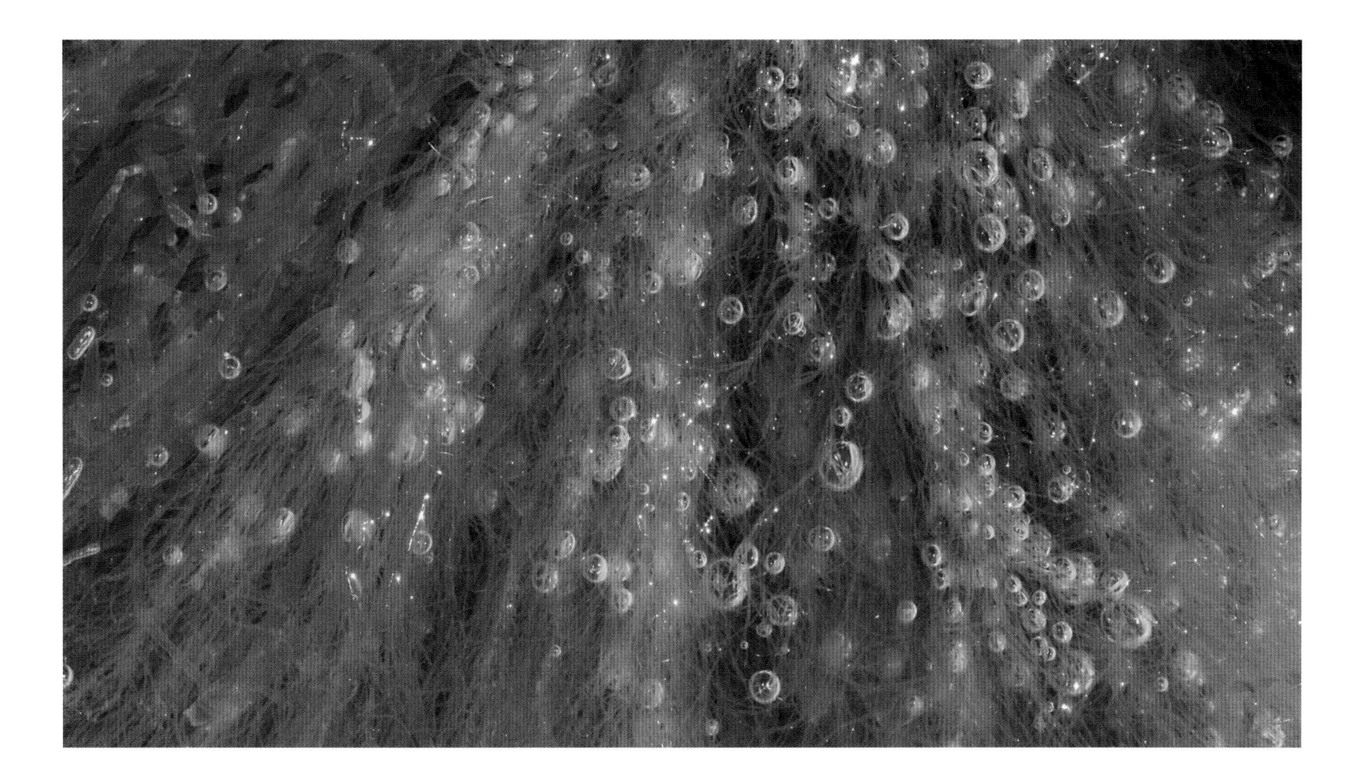

가래속수초pondweed가 광합성의 부산물인 산소 기포를 생성하고 있다. 광합성은 전체적으로 볼 때 흡열 반응에 해당하며, 햇빛의 에너지를 받아 진행된다.

생명의 반응

화학 반응은 생명이 존재할 수 있도록 한다. 생명은 온전히 원자 간 결합의 분해 및 생성에 달려있다. 인체 내 모든 세포의 내부에는 엄청나게 많은 수의 복잡한 화학 반응이 항상 일어난다. 단백질 분자의 형성 및 DNA 복제를 포함하는 이들 반응의 대부분은 에너지를 요하는 흡열 반응이다. 필요한 에너지는 궁극적으로 햇빛에 의해 공급된다. 태양의 에너지는 광합성이 일어나도록 하는데, 이는 식물과 특정 세균에서 일어나는 과정으로, 전체적으로 볼 때 물과 이산화 탄소를 포함하는 일련의 흡열 반응을 의미한다. 광합성은 (거의) 모든 생명체에 에너지를 공급한다.

광합성의 산물은 포도당이라는 화합물이다. 포도당 분자 내 원자 간 결합의 전체 에너지는 이들의 구성 요소인 물과 이산화 탄소 내 결합에 비해 훨씬 크다. 그러므로 포도당 분자 내에 "저장"된 에너지는 산소를 포함하는 또 다른 일련의 반응에서 방출될 수 있다. 이들 반응의 산물이 물과 이산화 탄소이며, 방출된 에너지는 유기체의 생명을 유지하는 흡열 반응을 추진하는 데 사용될 수 있다.

파라핀 밀랍은 오래 전에 죽은 해양 유기체의 잔해로부터 만들어진 원유crude oil에서 생성되기 때문에, 양초 밀랍에 잠재된 에너지는 수백만 년 전에 저장된 것이다. 그러므로 우리가 초를 켜는 행위는 고대의 태양 에너지에 접속하는 것이라 할 수 있다. 자동차 연료를 태우거나 화력 발전소에서 연료를 태울 때에도 마찬가지이다. 이와 같은 반응이 단순 반응이건 복합 반응이건, 발열 반응이건 흡열 반응이건 상관없이 결합의 분해 및 생성의 주인공은 전자이다. 다음 두 장에서 살펴보겠지만 우리는 전자회로나, 실제 전자의 놀라운 이미지를 생성하는 현미경 등 다양한 방식으로 전자를 다룰 수 있다.

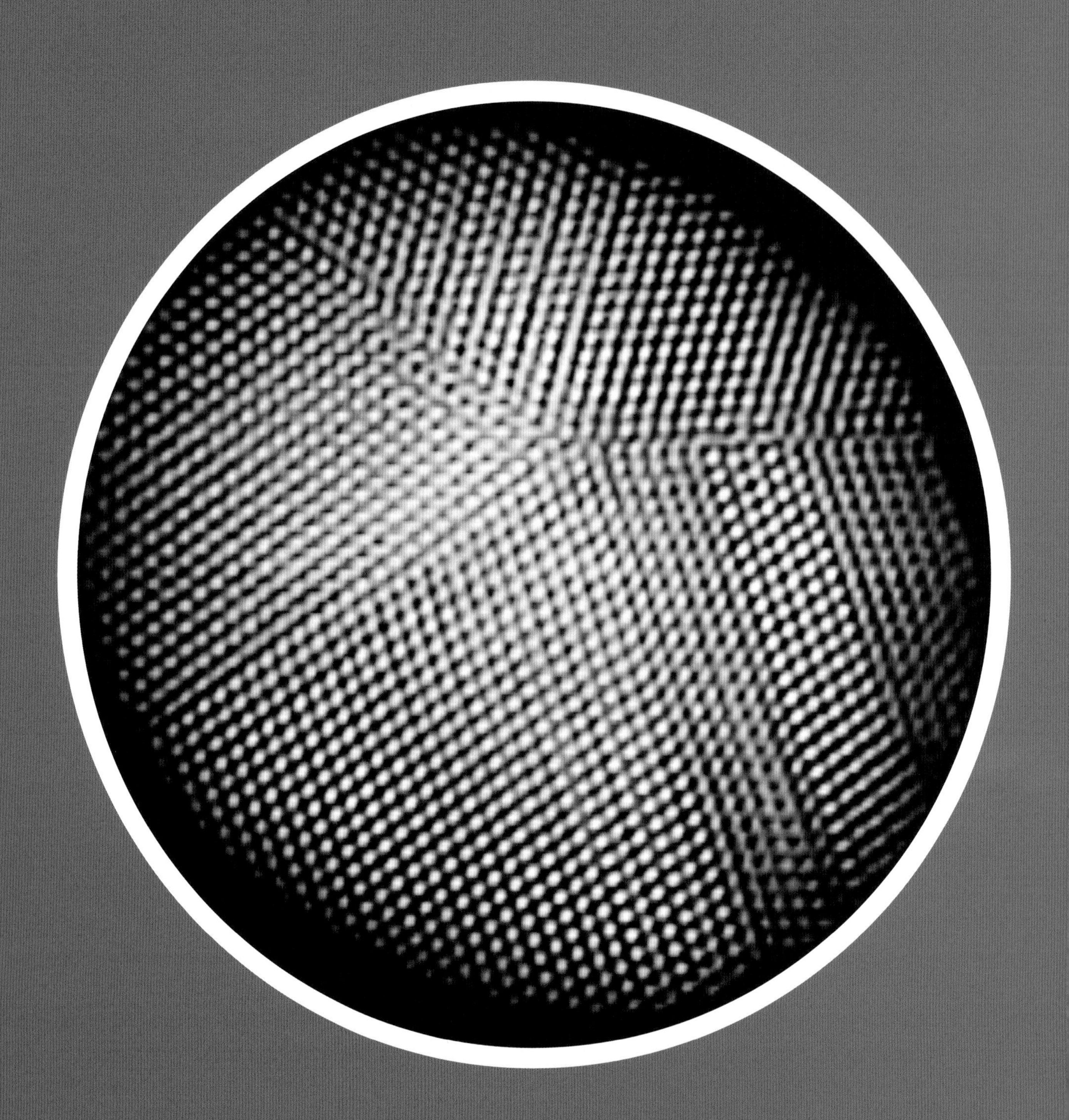

제5장

원자의 관찰 및 조작

원자와 우리가 일상에서 접하는 물체 간에는 엄청난 스케일의 차이가 존재하며, 원자 스케일은 멀게만 느껴지고 상상하기조차 어렵다. 하지만 눈부신 기술 발전 덕분에 이제 원자와 분자의 개별 이미지를 생성할 수 있을 뿐만 아니라 이들을 하나씩 조작하는 것도 가능해졌다. 그리고 원자 간의 결합을 분해하거나 생성함으로써 화학 결합을 직접 유발할 수도 있으며, 매우 짧은 파장의 레이저 펄스를 통해 순식간에 일어나는 화학 반응 과정 또한 관찰할 수 있다.

이 놀라운 이미지는 직경이 2나노미터에 불과한 백금 입자 하나를 구성하는 27,000여 개의 원자를 나타낸다. 이것은 전자 단층촬영electron tomography이라 불리는 기술로 생성된 것인데, 전자 단층촬영이란 마치 컴퓨터 단층촬영computed tomography, CT으로 인체 내부 기관을 3차원 영상으로 촬영하듯이, 투과 전자 현미경(116페이지 참고)을 이용해 매우 다양한 각도에서 입자를 연구하는 것을 말한다. 이 이미지에는 백금 결정이 가지고 있는 결함에 관한 정보가 들어 있는데, 이러한 정보는 발광 다이오드LED와 같은 전자 기기를 개선시키는 데 도움이 될 수 있다.

원자를 관찰하는 방법

빛의 파장은 원자 크기의 수천 배에 이른다. 이는 우리가 다른 물체를 보는 것과 동일한 방식으로 원자를 관찰하는 것이 불가능함을 의미한다. 엑스선X-ray은 훨씬 짧은 파장을 지니지만 대부분 원자를 통과하기 때문에 이미지를 생성하는 엑스선 현미경을 제작하는 것은 불가능하다. 전자는 입자뿐 아니라 파장으로도 행동하며, 엑스선보다 더 짧은 파장을 지니기 때문에 개별 원자의 이미지를 생성하는 데 사용될 수 있다.

분해능의 문제

멀리서 숲을 바라보면 녹색과 갈색이 섞여 경계가 불분명하게 보인다. 나무 한 그루 한 그루를 구분하기란 불가능하며, 이들을 각각의 개체로 인식할 수도 없다. 좀 더 가까이 다가가면 나무가 보이기 시작할 것이다. 그리고 더 근접하게 되면 잎사귀를 구분할 수 있게 된다. 손으로 잎을 들고 바라보면 더 세부적인 모습을 볼 수 있지만 이를 구성하고 있는 세포는 육안으로 관찰할 수 없다. 사람 눈의 분해능 범위를 넘어서기 때문이다. 멀리서 본 숲의 나무가 그러했듯이, 잎의 세포들도 경계 없이 하나로 보인다. 육안으로 구분할 수 있는 가장 작은 물체는 0.1mm보다 약간 더 작은 정도로 사람의 난세포human egg cell 크기에 해당한다.

분해능이 뛰어난 현미경을 사용하면 모든 세포를 관찰할 수 있으며, 세포 내 구조물도 일부 볼 수 있다. 다시 말해서 현미경을 통해 확대된 이미지는 육안으로 생성되는 이미지보다 훨씬 더 해상도가 높다. 하지만 광학 현미경의 분해능에는 한계가 있다. 이는 기술적인 문제가 아니라 빛의 파동성에 기인한다. 1870년대 독일 물리학자 에른스트 아베Ernst Abbe는 빛의 파장의 절반보다 가까운 거리에 있는 두 물체는 구분할 수 없다는 사실을 발견했다. 육안으로 볼 수 있는 가장 짧은 파장인 청색빛의 파장은 4,000Å 정도이다. 하지만 원자의 지름은 수 옹스트롬에 불과하다.

엑스선의 파장은 100Å에서 10Å 정도로 훨씬 짧다. 이는 원자 스케일에 근접하므로 이론적으로는 커다란 분자의 경우 분명히 관찰할 수 있어야 한다. 하지만 엑스선은 빛과는 달리 모을 수 있는 렌즈가 없기 때문에 분자의 이미지를 얻을 수 있는 엑스선 현미경을 제작하는

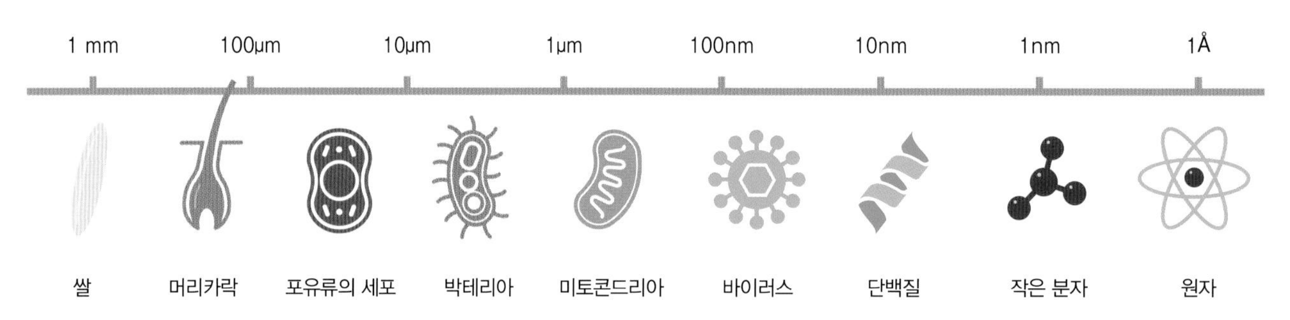

인간의 눈의 분해능은 눈이 선명하게 초점을 맞출 수 있는 거리(몇 인치)와, 빛에 민감한 세포가 망막 내부에 얼마나 밀집해 있는지에 따라 제한된다. 반면 광학 현미경의 분해능은 빛 자체가 가진 파동성에 따라 제한된다.
출처: ©Johan Jarnestad/The Royal Swedish Academy of Sciences

것은 현실적으로 불가능하다. 게다가 엑스선은 대부분의 원자와 부딪혀 튕겨 나오는 대신 이들을 통과한다. 엑스선은 이렇게 물체를 통과하는 과정에서 심한 회절 현상을 보인다. 회절은 파동이 모서리를 통과하거나 틈을 지나면서 휘어지는 것을 의미하며(50페이지 참고), 틈이 파장의 길이와 비슷할 때 가장 두드러지게 나타난다.

엑스선이 결정 내부와 같이 원자가 규칙적으로 배열된 곳을 통과할 때 발생하는 회절은 스크린이나 사진 건판에 규칙적인 패턴을 형성한다. 1910년대에 등장한 엑스선 결정학crystallography 덕분에 결정 및 분자의 구조를 파악할 수 있게 되었다. 하지만 실제 원자의 이미지를 얻고자 했던 사람들은 새로운 기술의 탄생과 발전을 기다려야 했다.

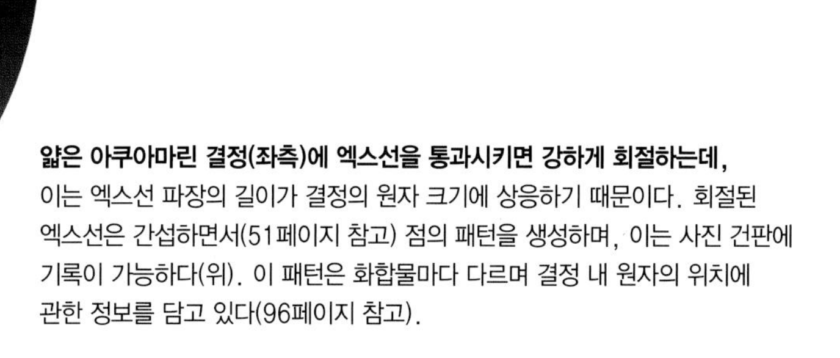

얇은 아쿠아마린 결정(좌측)에 엑스선을 통과시키면 강하게 회절하는데, 이는 엑스선 파장의 길이가 결정의 원자 크기에 상응하기 때문이다. 회절된 엑스선은 간섭하면서(51페이지 참고) 점의 패턴을 생성하며, 이는 사진 건판에 기록이 가능하다(위). 이 패턴은 화합물마다 다르며 결정 내 원자의 위치에 관한 정보를 담고 있다(96페이지 참고).

전자의 사용

1930년대, 빛 대신 전자를 사용한 새로운 종류의 현미경이 등장했다. 다른 모든 입자와 마찬가지로 전자 역시 파동성을 지닌다. 전자의 파장은 에너지에 따라 달라지는데, 고에너지 전자는 약 1피코미터(pm)인 0.01Å의 파장을 지닌다. 이론상으로 이 현미경은 원자를 볼 수 있는 분해능을 가지게 된 것이다. 전자 현미경은 크게 주사 전자 현미경scanning electron microscope, SEM과 투과 전자 현미경transmission electron microscope, TEM의 두 종류로 나뉜다.

SEM의 내부에서는 전자빔이 준비된 시료를 주사하고 탐지기는 산란되는 전자를 감지하여 상세한 이미지를 만든다. 이미지의 해상도는 빔의 폭과, 빔을 모으고 주사하도록 하는 (전자기) 렌즈에 의해 결정되는데, 100Å(10nm)정도 크기의 물체까지도 구분할 수 있다. TEM에서는 전자빔이 얇은 시편에 부딪혀 튕겨지는 대신 이를 통과한다. TEM의 분해능은 SEM에서와 마찬가지로 렌즈에 의해 결정되지만 전자의 파장에도 영향을 받는다. 이는 곧 전자의 에너지, 즉 빔을 형성하기 위해 전자가 얼마나 빠르게 가속되는지에 의해 결정된다는 의미이다. 이러한 방식을 통해 수 옹스트롬 정도의 분해능을 구현할 수 있다. 1933년 이후로 TEM의 분해능은 광학 현미경의 회절 한계를 넘어섰고, 이 현미경을 통해 생물학자들은 세포 및 생물학적 표본의 해부학적 구조를 보다 자세히 관찰할 수 있었으며, 나노 스케일에서 물질의 구조를 이해하게 되었다.

투과 전자 현미경으로 관찰한 미토콘드리아
(수백 나노미터 길이의 세포 내 구조).
미토콘드리아 내부에 있는 수 나노미터 두께의
접힌 막이 선명하게 보인다.

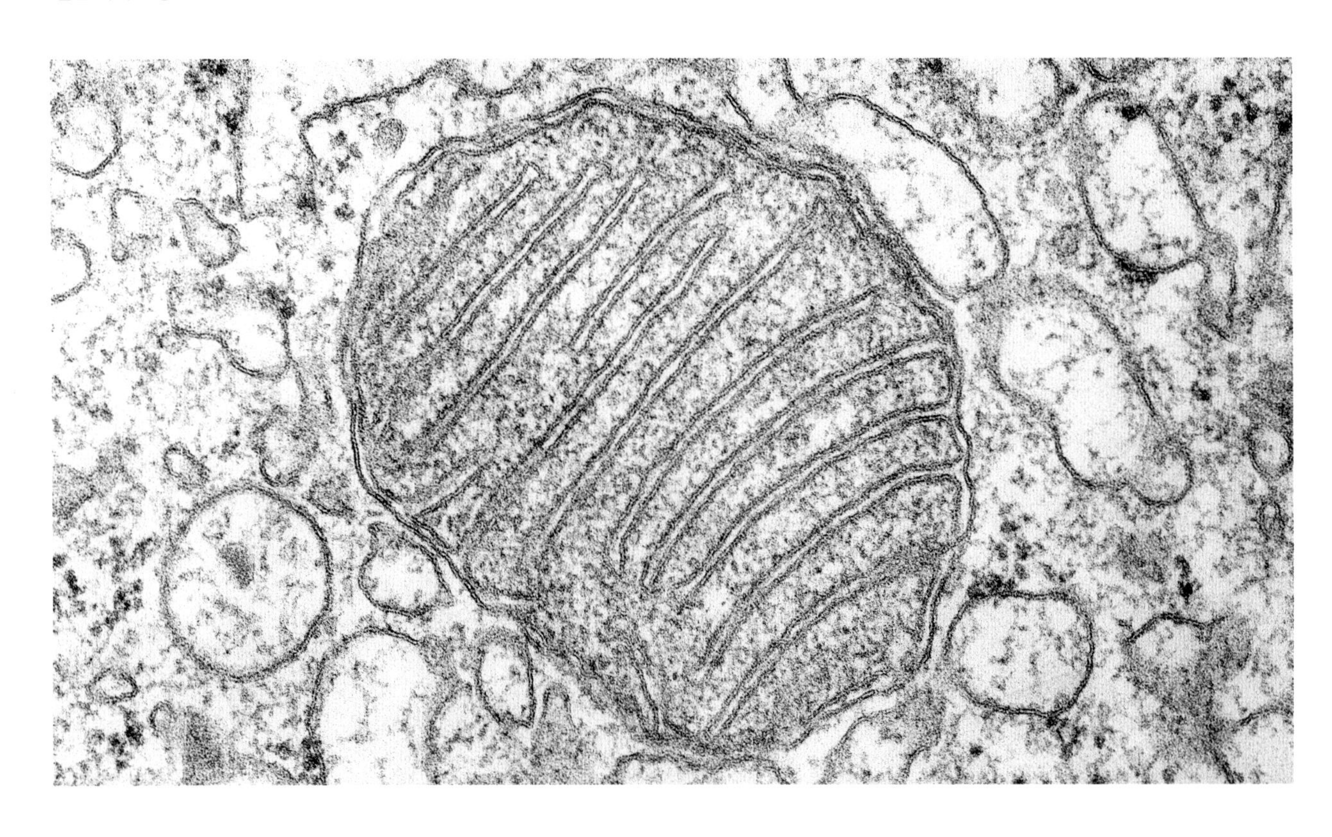

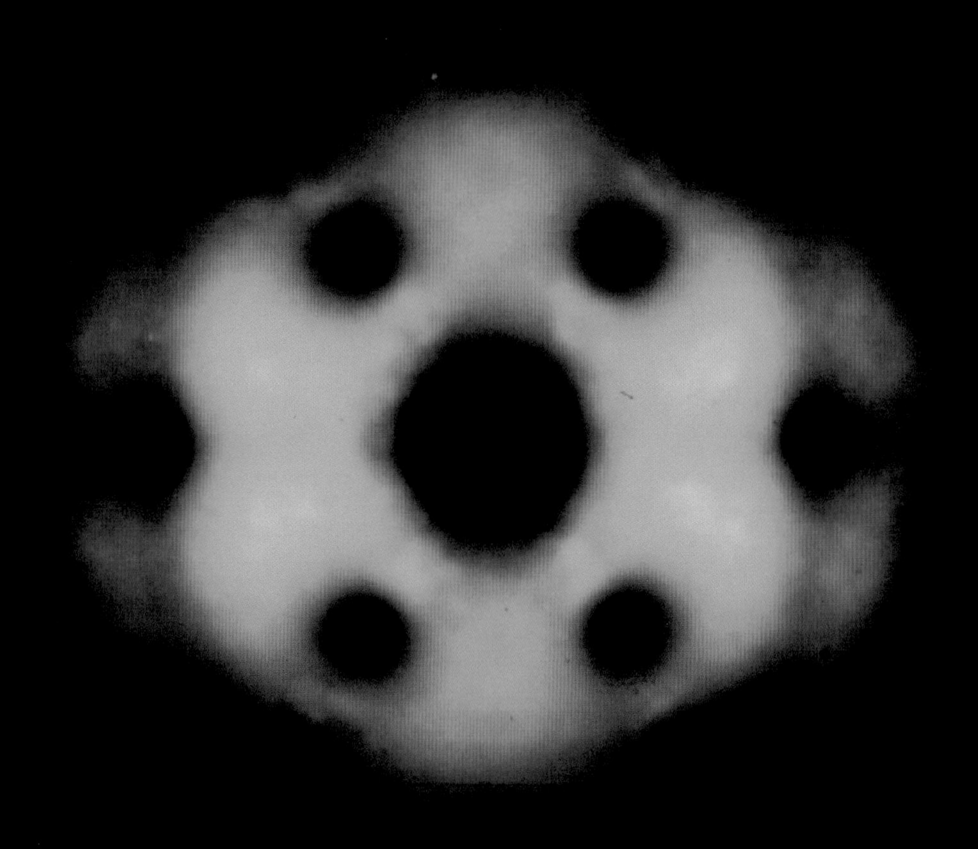

최초의 원자 이미지

전자 현미경은 생물학자 및 재료공학자들에게 더없이 소중한 도구임에 틀림없었지만 원자의 이미지를 얻기에는 여전히 역부족이었다. 이를 위해서는 완전히 다른 각도에서의 접근이 필요했다. 1936년, 독일의 물리학자 에르빈 뮐러Erwin Muller Müller는 전계 방사형 현미경field emission microscope, FEM을 개발해 원자 스케일에 근접한 해상도를 가진 이미지를 얻었다. FEM에서는 전자 밀도가 가장 높은 곳, 즉 원자 주위에서 더 많은 전자가 방출된다. 이들 전자는 고진공 상태에서 전기장에 의해 생성된 전기력선을 따라 이동하다가 탐지기의 금속 팁metal tip 표면에서 전자 밀도의 투영 이미지를 형성한다.

전계 방사형 현미경의 매우 날카로운 몰리브데넘 팁에서의 흐릿한 원자 이미지

1951년, 뮐러는 FEM에 소량의 기체(대개 헬륨)를 추가해 그 기능을 혁신적으로 끌어 올렸다. 이것이 바로 전계 이온 현미경field ion microscope, FIM으로, 원자의 이미지를 생성한 최초의 현미경이었다. 온도가 매우 낮아지면 헬륨 원자는 물체 표면의 원자에 흡착된다. 이때 전기장이 걸리면 헬륨 원자가 이온화되면서 금속 팁에서 밀려난다. 그리면 스크린에서 헬륨 이온의 충돌을 감지하여 표면 원자의 형상을 얻는 것이다.

FIM은 순수 금속 중에서도 매우 날카로운 팁으로 만들 수 있는 것의 이미지만 얻을 수 있다. 1960년대에 뮐러와 그의 동료인 존 파니츠John Panitz는 이를 좀 더 개선해 시료의 (이온화된) 원자가 팁에서 나와 탐지기로 이동할 수 있도록 만들었다. 이러한 '원자 탐침atom probe'을 통해 합금(금속 혼합물)이나 화합물도 분석할 수 있게 되었다. 원자 탐침의 주요 특징 중 하나는 자체 내장된 질량 분석계(69페이지 참고)로, 이를 통해 탐지기에서 감지한 원자의 질량을 측정하면 어떤 원소인지 확인이 가능하다. 원자는 한 번에 한 층위씩 벗겨지기 때문에 원자 탐침을 통해 다양한 원소의 원자 위치를 상세히 나타내는, 팁 내부 구조의 3차원 지도를 생성할 수 있게 되었다.

1955년, 전계 이온 현미경을 발명한 에르빈 뮐러에 의해
원자의 이미지가 최초로 생성되었다. 이것은 전계 이온 현미경으로 본 백금 팁의 원자 이미지이다.

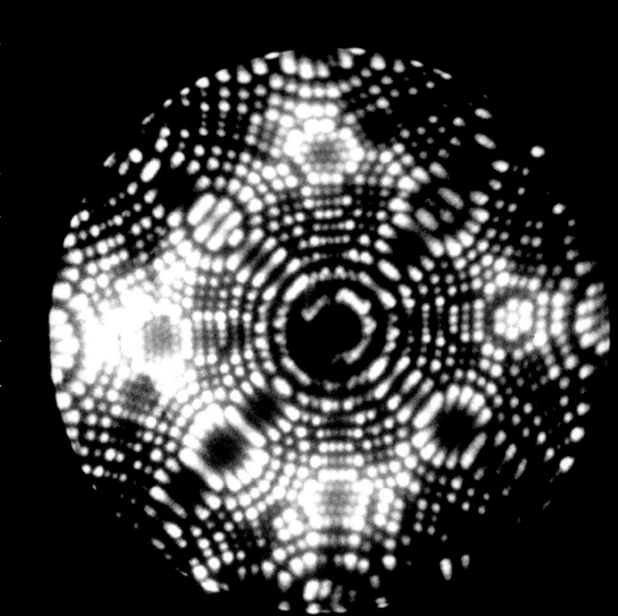

원자 탐침 현미경은 원자의 위치 및 이 원자가
어느 원소에 해당하는지를 3차원으로 나타낼 수 있다. 아래의 이미지는 알루미늄 합금에 들어있는 판형 침전물과 작은 구형의 주석 입자이다.

전계 이온 현미경

비활성 기체의 원자가 전계 이온 현미경의 내부에 있는 날카로운 금속 팁 표면의 원자에 흡착된다. 팁에 높은 전압을 가하면 기체 원자가 이온화된 후 인광 스크린으로 날아간다.

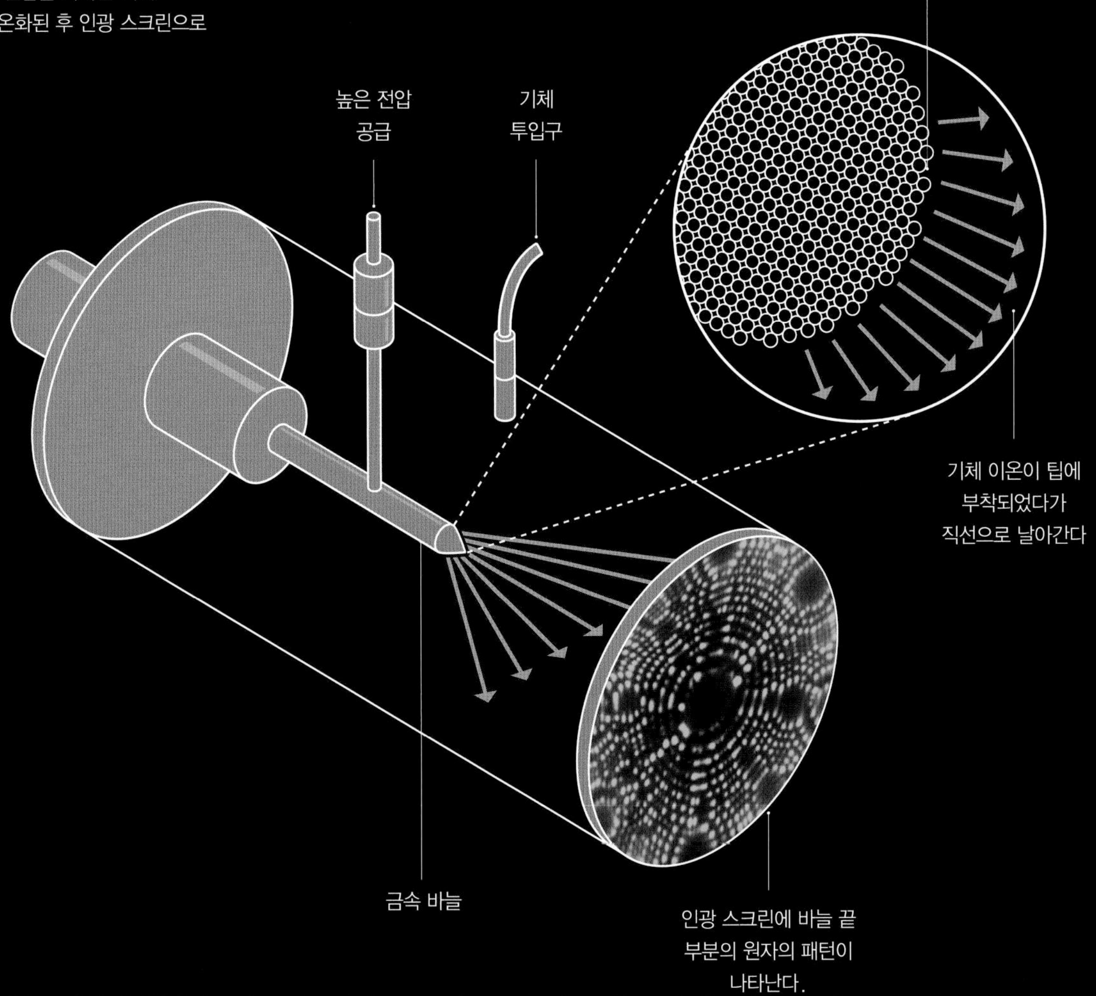

주사 투과 전자 현미경

원자의 해상도 또는 이에 근접한 해상도의 이미지를 생성하기 위한 기술의 발전은 주사 투과 전자 현미경scanning transmission electron microscope, STEM의 개발로 이어졌다. 이는 투과 전자 현미경과 마찬가지로 전자빔이 얇은 시편을 통과한다. 하지만 STEM의 경우에는 빔의 폭이 매우 좁으며 하나의 선이 끝나면 인접한 선을 연속적으로 주사한다. 이러한 '래스터 주사raster scanning' 방식은 전자빔의 분해능을 극대화시켜 원자 및 원자 결합의 선명한 이미지를 생성할 수 있다. 게다가 탐지기는 시료의 원자에서 큰 각도로 산란되는 전자와, 전자빔이 원자 및 원자 간 결합과 부딪힐 때 생성되는 엑스선을 수집한다. 엑스선의 에너지(및 파장)는 원자 번호에 의해 결정되기 때문에 이를 이용하면 여러 원소를 구분할 수 있다.

시료를 통과하고 시료 내 원자와 상호 작용한 전자에 의해 생성된 이미지는 "명시야상light field image"이라 불린다. 빔의 주 경로에서 큰 각도로 산란된 전자는 "암시야상dark field image"을 생성한다. STEM은 이들 두 이미지와 엑스선 탐지기에서 수집한 정보를 조합해, 시료에 관한 다양한 정보와 더불어 여러 의미를 담고 있는 놀라운 이미지를 생성한다.

가색상 STEM 이미지. (1) 우라늄 원자 7개의 미세결정. (2) 그래핀(103페이지 참고)- 각각의 점은 탄소 원자이고, 그 사이에 있는 선은 공유결합을 의미한다. (3) 알루미늄 원자의 "바다"에 있는 구리 및 은 원자의 섬. (4) 산화 철의 나노 입자. (5) 천연 다이아몬드(주황색 점은 탄소 원자이다) 내부에 있는 직경 1나노미터 미만의 작은 공간.

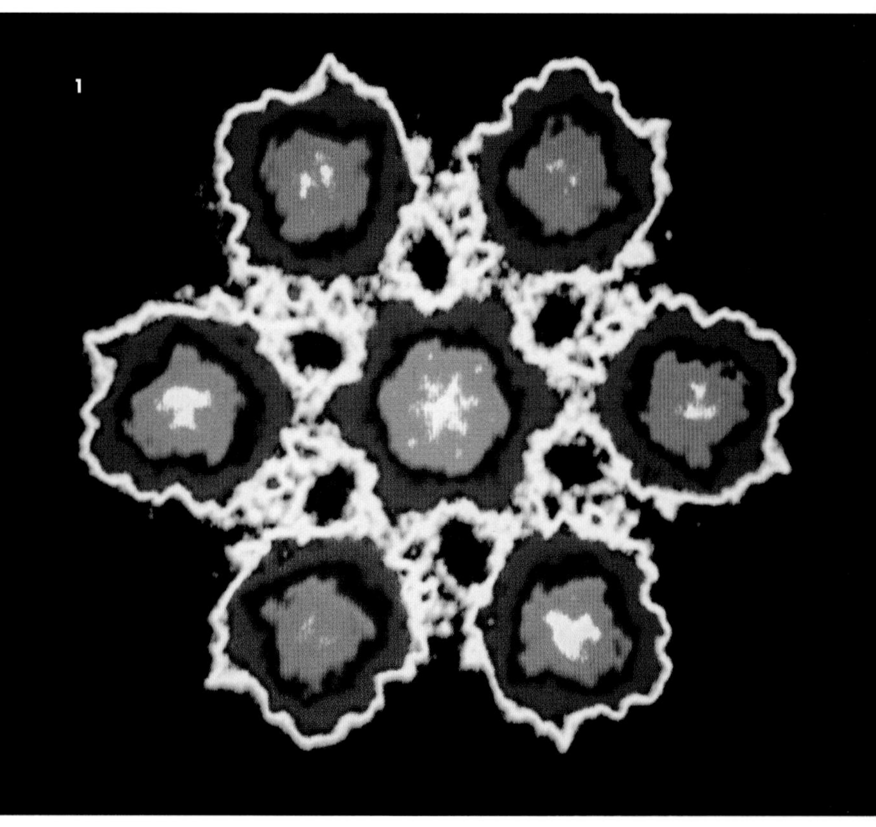

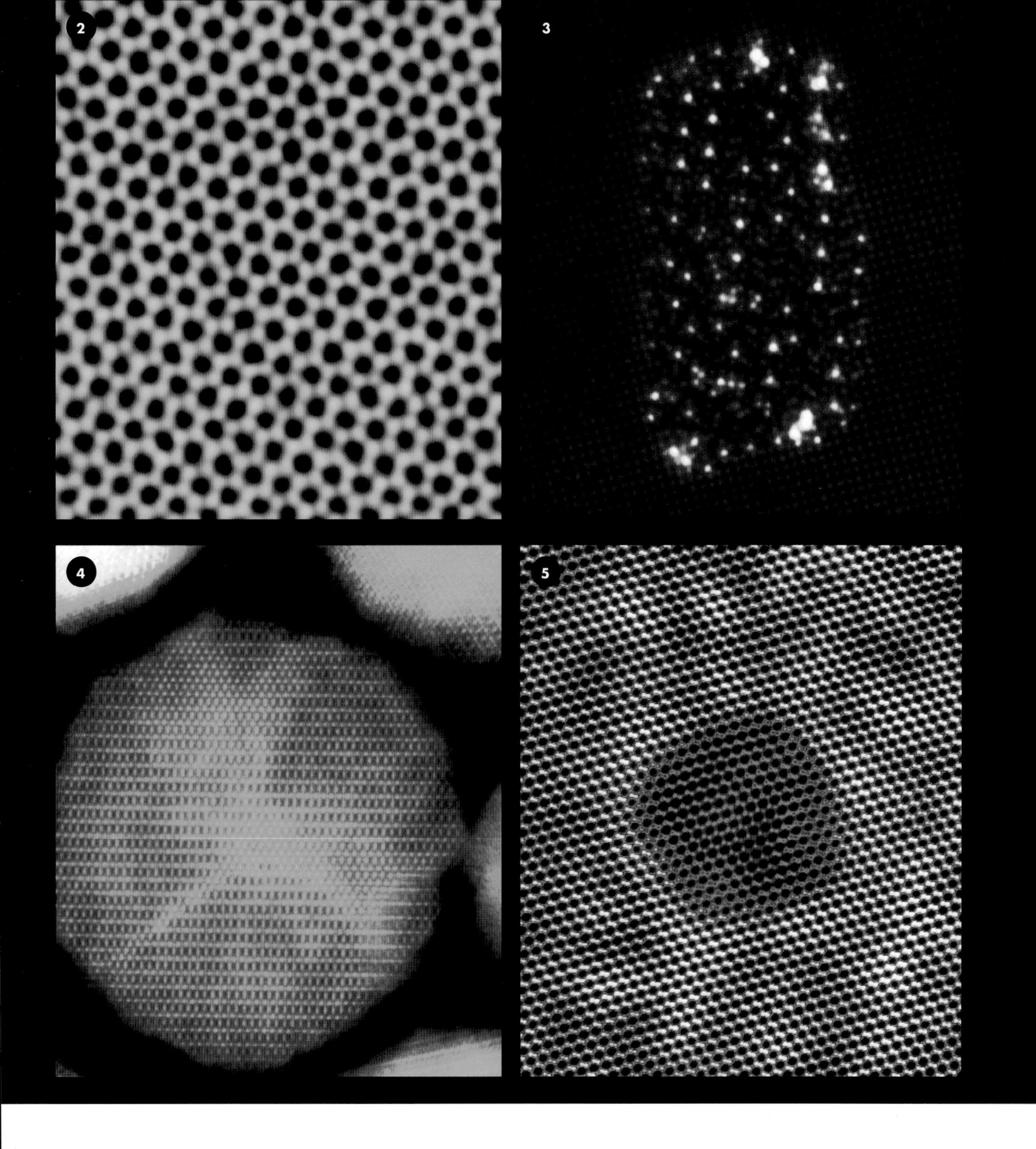
2
3
4
5

주사 탐침 현미경

현재까지 생성된 최고의 원자 이미지는 엑스선이나 전자 현미경, 전계 이온 현미경, 원자 탐침으로 얻은 것이 아니라 매우 날카로운 탐침을 이용해 시료 표면에서 원자 스케일의 굴곡을 주사한 결과이다. 주사 탐침 현미경scanning probe microscope, SPM은 뛰어난 이미지를 제공하지만, 각각의 원자와 직접 상호 작용해 원자를 이동시키기도 한다.

주사 터널링 현미경

1981년, 물체 표면의 원자 이미지를 생성하는 완전히 새로운 방식이 등장했다. 스위스 물리학자 하인리히 로러Heinrich Rohrer와 독일 물리학자 게르트 비니히Gerd Binnig가 주사 터널링 현미경scanning tunneling microscope, STM을 개발한 것이다. 덕분에 이들은 1986년 노벨물리학상을 수상하기도 했다. STM은 새로운 종류의 영상 기기인 SPM 중에서 가장 먼저 개발된 것으로, 시료의 표면에 빛이나 엑스선, 전자빔을 비춰 영상을 얻어내는 대신, 연속적인 주사를 통해 표면의 굴곡을 탐지해 정확한 표면 지형도를 만든다. STM은 마치 점자를 읽는 것과 마찬가지로 표면의 굴곡을 파악해 그 형태를 그려내는 것이다.

STM의 주된 특징은 표면을 주사하는 탐침이다. 이는 매우 날카롭고 뾰족한 금속으로 팁 부분의 폭은 원자 몇 개를 합친 크기 정도이며, 물체 표면으로부터 수 옹스트롬 떨어져 있다. STM은 팁과 시료 표면 사이의 미세한 전류를 이용하기 때문에 도체에서만 사용할 수 있다. 탐침의 팁과 시료 표면 사이의 전압은, 좁은 간격에

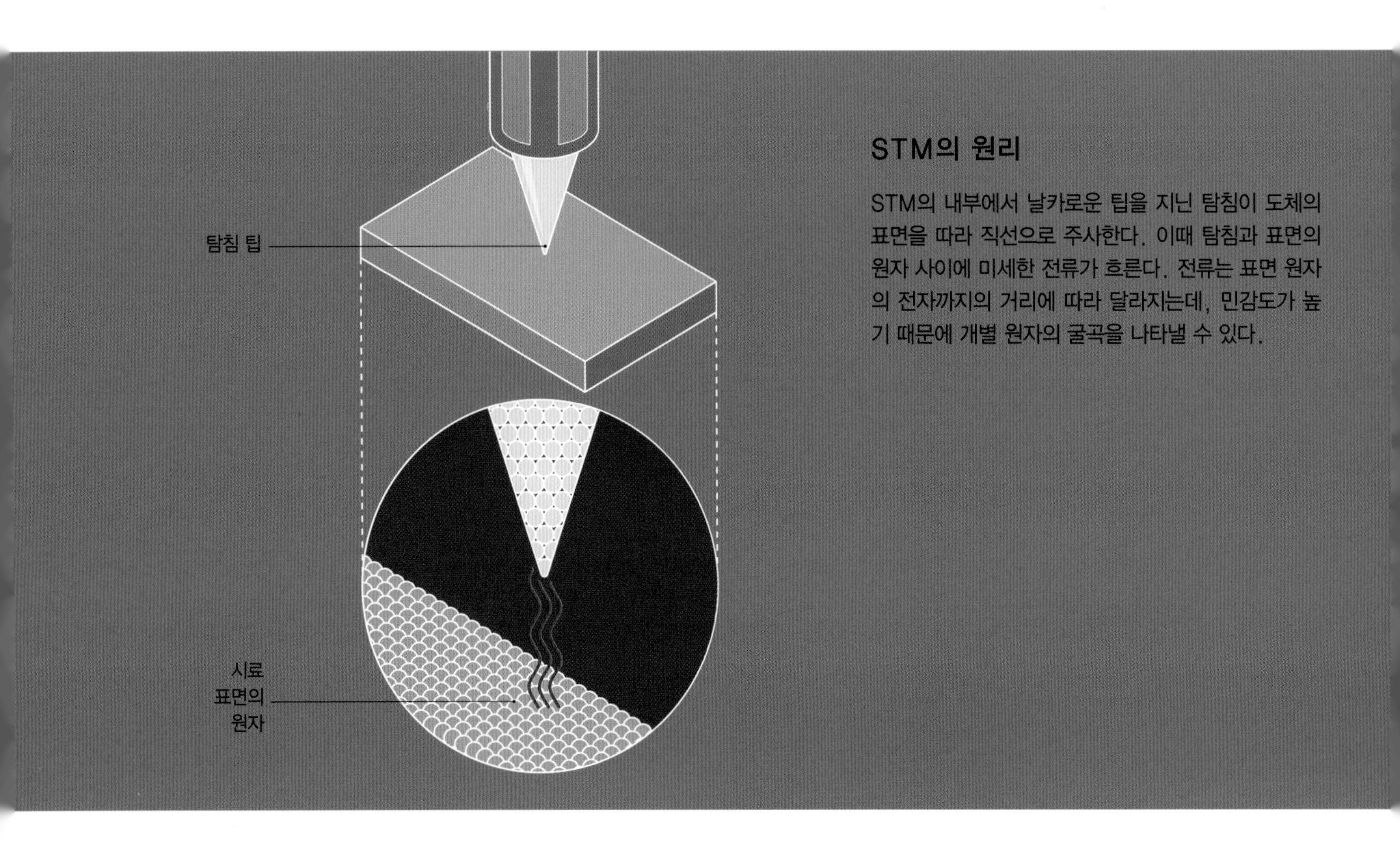

STM의 원리

STM의 내부에서 날카로운 팁을 지닌 탐침이 도체의 표면을 따라 직선으로 주사한다. 이때 탐침과 표면의 원자 사이에 미세한 전류가 흐른다. 전류는 표면 원자의 전자까지의 거리에 따라 달라지는데, 민감도가 높기 때문에 개별 원자의 굴곡을 나타낼 수 있다.

도 불구하고 스파크를 일으킬 정도로 크지는 않다. 대신 터널링tunneling이라는 양자역학적 현상에 의해 전자가 하나씩 "새어 나와" 틈을 건너간다(63페이지 참고). 이때 시료 표면에 있는 전자의 파동 함수는 표면을 넘어서고, 팁에 있는 전자의 파동 함수는 팁을 지나 뻗어가기 때문에 이들은 서로 약간 중첩된다(간격이 좁거나 전류가 강할수록 중첩의 정도도 커진다). 이로 인해 전자가 터널링을 통해 틈을 지나갈 수 있는 약간의 가능성이 생긴다. 시료의 특정 지점에 있는 전자의 밀도가 높을수록 이러한 확률도 커지게 되어 터널링 전류tunneling current가 생길 확률 또한 증가한다.

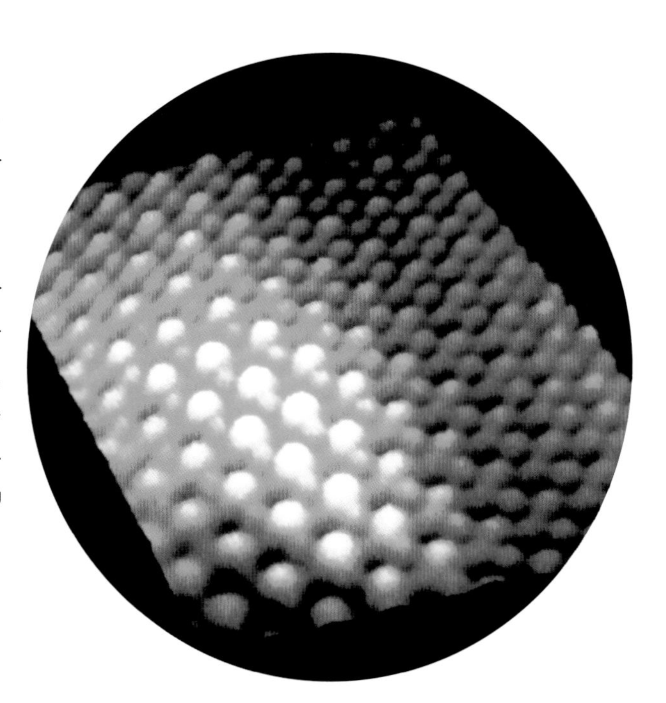

흑연(탄소, 푸른색) 위에 있는 팔라듐 원자(흰색)의 가색상 STM 이미지. 팔라듐 원자의 간격은 약 4옹스트롬 정도이며, 탄소 원자의 간격은 3옹스트롬이 조금 넘는다.

1980년대의 초기 가색상 STM 이미지. 흑연 표면(탄소 원자, 녹색) 위에 있는 금 원자(노란색, 붉은색, 검은색)의 근접 이미지로, 금 원자가 모여 1나노미터 넓이의 섬을 형성했다.

탐침은 매우 밀집된 선들을 따라 표면을 주사하는데, 터널링 전류를 감지하면 자동으로 다음 두 가지 중 하나를 선택한다. 즉, 높이를 변화시켜 일정한 터널링 전류를 유지하거나, 높이를 일정하게 유지하면서 터널링 전류의 변화를 측정한다. 두 경우에서 모두, 인접한 선을 따라 주사가 끝나고 나면 표면에 있는 원자 크기의 굴곡에 관한 매우 정확한 지형도를 만들어낸다. 컴퓨터를 이용해 이들 정보를 취합한 다음, 3차원 이미지를 생성한다.

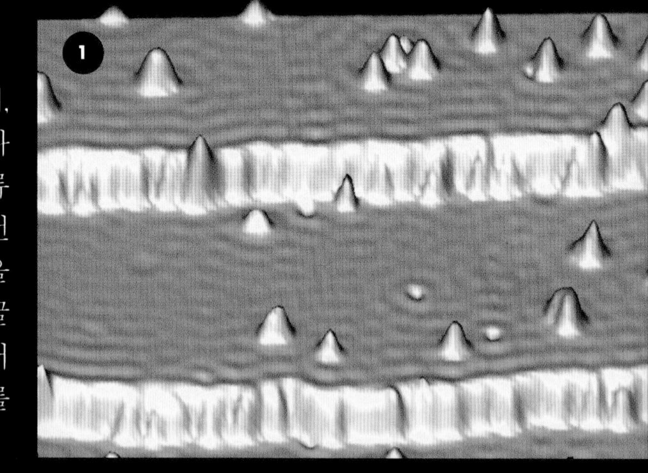

(1) 비소화 갈륨 표면에 위치한 개별 망가니즈 원자의 STM 이미지. 컴퓨터 칩의 성능 증대와 소형화를 목표로 하는 연구 프로젝트의 일환으로 생성되었다.

(2) 망가니즈 결정에 있는 소듐 원자 (노란색 및 진한 녹색)와 마그네슘 이온(분홍색 및 밝은 녹색)의 가색상 STM 이미지

3

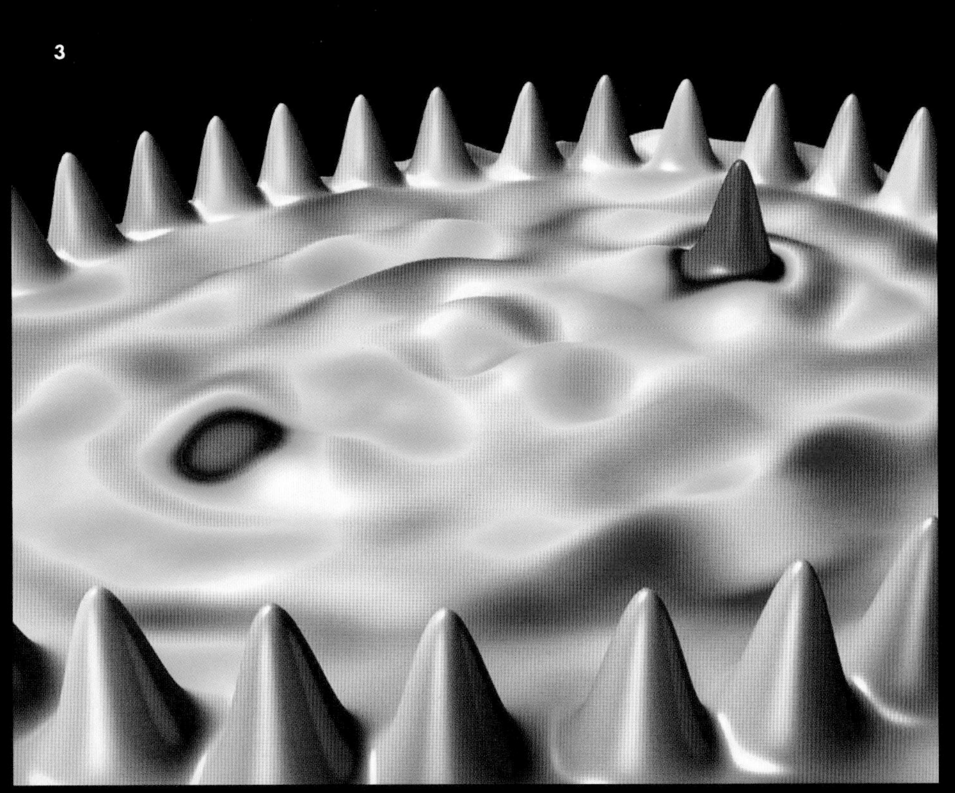

(3) “덫corral”으로 알려진 타원형 구조에 배열된 코발트 원자의 STM 이미지. 구리 기판의 전자 파동이 자성을 띤 덫의 원자(분홍색)와 상호 작용하여, 타원의 다른 초점에서도 코발트 원자의 환영이 보이는 양자 신기루mirage 효과를 유발한다.
(4) 구리 표면에 있는 코발트 원자 (분홍색 원)와 (5) 탄소 나노튜브 (103페이지 참고)의 가색상 STM 이미지

원자힘 현미경

STM은 놀랄만큼 뛰어난 현미경이지만 한 가지 제한점이 있다. 즉, 작동의 핵심이 되는 터널링 전류가 흘러야 하기 때문에 전도성을 지닌 물체에서만 영상을 얻을 수 있다는 사실이다. 이러한 한계는 1986년, STM을 만든 바로 그 연구팀에 의해 극복되었다. 원자힘 현미경atomic force microscope, AFM을 개발한 것이다. AFM 덕분에 도체가 아닌 물질에도 주사 탐침 현미경을 사용할 수 있게 되었다. AFM의 원리는 STM과 거의 동일하지만, 이 현미경은 터널링 전류를 측정하는 대신 탐침 팁과 표면 원자 사이의 미세한 인력 또는 척력을 측정한다(아래 그림 참고). 거리가 짧으면 인력이 작용하므로 척력이 발생할 수 있는 위치에 팁을 놓아 팁이 표면에 "들러 붙는" 문제가 생기지 않도록 한다.

탐침 팁은 캔틸레버cantilever에 부착되어 있는데, 원자와 탐침 사이에 작용하는 힘은 원자 크기 정도의 굴곡에 따라 변화하기 때문에 캔틸레버는 이에 따라 상하로 움직인다. 이때 캔틸레버에 부딪혔다가 탐지기로 가는 레이저빔을 통해 캔틸레버의 미세한 움직임이 감지된다. 이제 앞의 경우와 마찬가지로 조밀하게 배열된 선을 따라 표면을 주사하면 컴퓨터 화면에 원자 스케일의 이미지가 생성되는 것이다. AFM을 약간 변형시켜, 탐침 팁이 높은 진동수로 상하 진동을 하지만 표면에 있는 원자와 접촉하지 않도록 만들 수 있다. 이러한 동적, 혹은 비접촉 모드에서는 진동의 빈도나 진폭이 표면에서 팁에 가해지는 힘에 따라 달라진다. 표면 원자와 팁 사이에 작용하는 힘을 정확하게 측정함으로써 AFM은 표면에 있는 각 원자가 어떤 원소에 해당하는지도 식별할 수 있다.

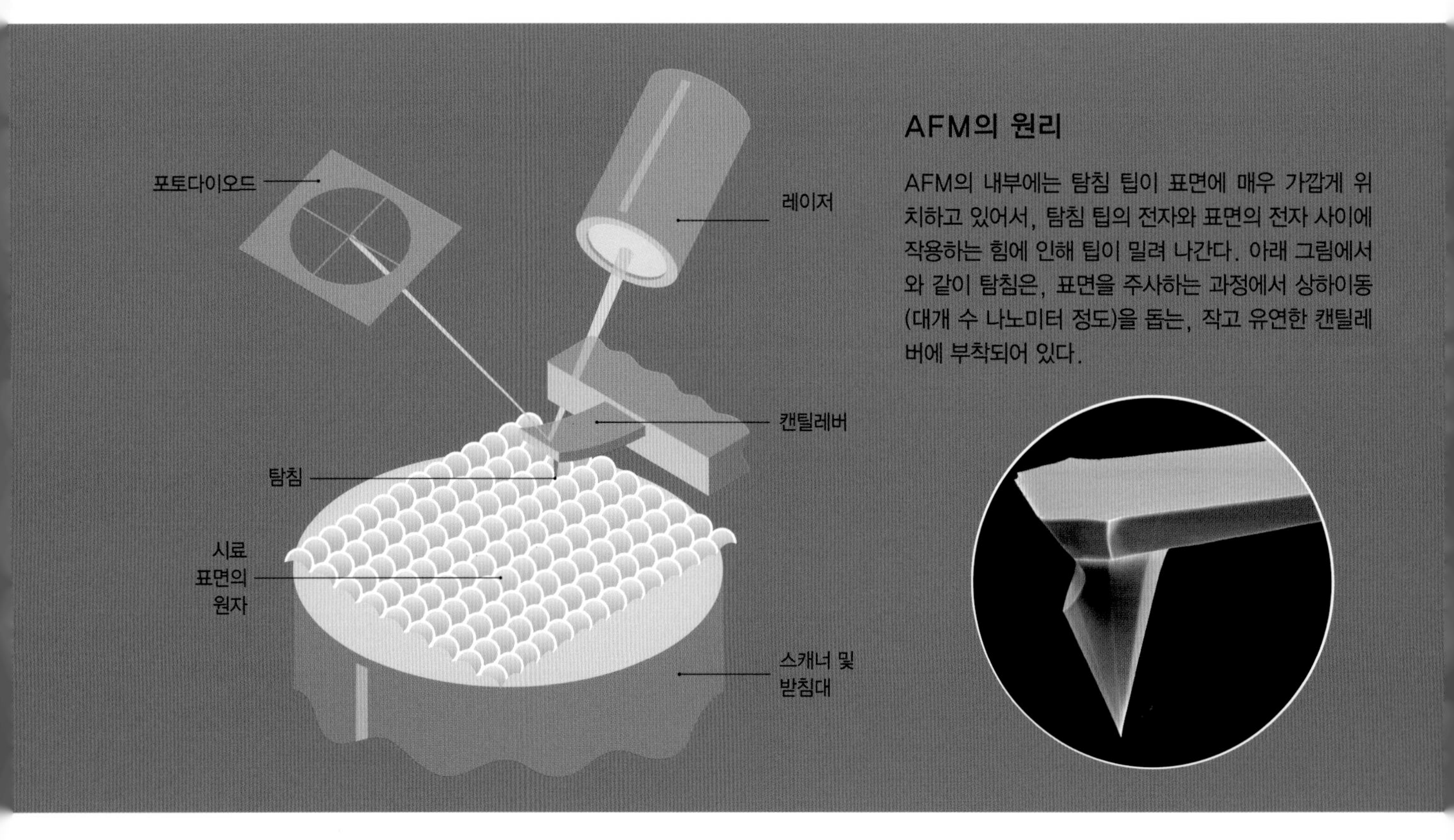

AFM의 원리

AFM의 내부에는 탐침 팁이 표면에 매우 가깝게 위치하고 있어서, 탐침 팁의 전자와 표면의 전자 사이에 작용하는 힘에 인해 팁이 밀려 나간다. 아래 그림에서와 같이 탐침은, 표면을 주사하는 과정에서 상하이동(대개 수 나노미터 정도)을 돕는, 작고 유연한 캔틸레버에 부착되어 있다.

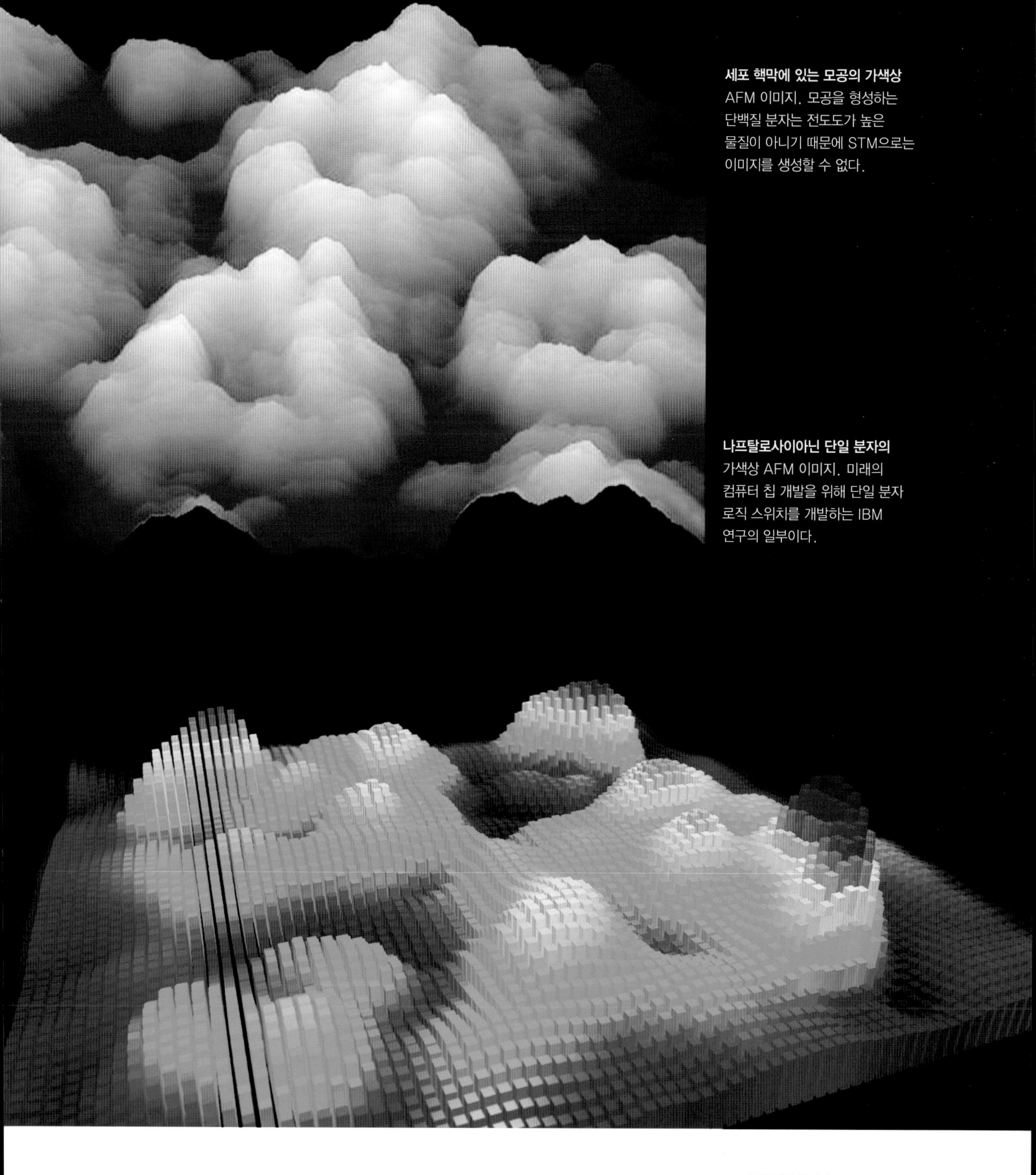

세포 핵막에 있는 모공의 가색상 AFM 이미지. 모공을 형성하는 단백질 분자는 전도도가 높은 물질이 아니기 때문에 STM으로는 이미지를 생성할 수 없다.

나프탈로사이아닌 단일 분자의 가색상 AFM 이미지. 미래의 컴퓨터 칩 개발을 위해 단일 분자 로직 스위치를 개발하는 IBM 연구의 일부이다.

원자 간의 상호 작용

주사 탐침 현미경은 믿을 수 없을 정도로 놀라운 원자 이미지를 생성하는 것 외에 다른 기능도 지닌다. 각각의 화학 결합을 조작해 화학 반응을 유발하는 것이다. 원자 물리학자들은 화학 반응을 실시간으로 매우 자세히 살펴보고 심지어 새로운 형태의 물질을 만들어 낼 목적으로, 양자역학 지식을 활용해 원자 및 분자와 직접 상호 작용할 수 있는 다양한 방법을 개발했다. 또한 그들은 화학 반응 중에 일어나는 매우 빠른 변화를 연구할 수 있는 방법도 개발했다.

원자의 이동

놀라우면서도 유용한 정보를 담고 있는 이미지를 생성하고 표면에 존재하는 화학 원소를 확인하는 것 외에도, SPM은 주사 탐침 현미경은 각각의 원자와 직접적으로 상호 작용할 수 있다. 예를 들어 STM의 터널링 전류를 조정하고 표면으로부터 꼭 필요한 정도만 이동함으로써, 탐침 팁과 표면 간의 상호 작용은 탐침 팁 원자와 표면 원자(대개 "흡착원자adatom", 즉 표면에 부착되거나 흡착된 원자이다) 간의 화학 결합을 형성하기에 알맞은 수준으로 '조정'될 수 있는 것이다. 이 결합은 표면으로부터 원자를 들어올리고 이동시켜 다른 곳에 쌓이도록 할 만큼 강력하다.

SPM의 이토록 탁월한 기능은 실생활에서 원자 간 상호 작용에 대한 상세한 연구로 이어졌다. 이는 과거에는 양자 이론을 통해 수학적으로만 연구될 수 있었던 부분이다. 또한 나노 스케일 엔지니어들은 컴퓨터 메모리나 퀀텀닷quantum dot(141페이지 참고)과 같이 단지 몇 개의 원자로만 이루어진 초소형 전자 기기를 제작하거나 이전에는 불가능했던 성질을 가진 새로운 물질을 개발할 수 있게 되었다. 이러한 물질을 원자 단위로 제작하는 엄청난 작업은 앞으로 공정의 자동화를 통해 단순화할 수 있을 것이다. 2015년, 미국 국립표준기술연구소National Institute of Standards and Technology, NIST의 연구원들은 코발트 원자를 움직인 후 구리 표면에 무작위로 흩뿌려 양자덫quantum corral을 만드는 컴퓨터 제어 STM을 선보였다(125페이지 참고). 그들은 일산화 탄소 분자를 사용해 퀀텀닷을 만들고 나노 스케일에서 NIST의 로고를 복제하기도 했는데, 이는 모두 인간의 개입 없이 이루어졌다.

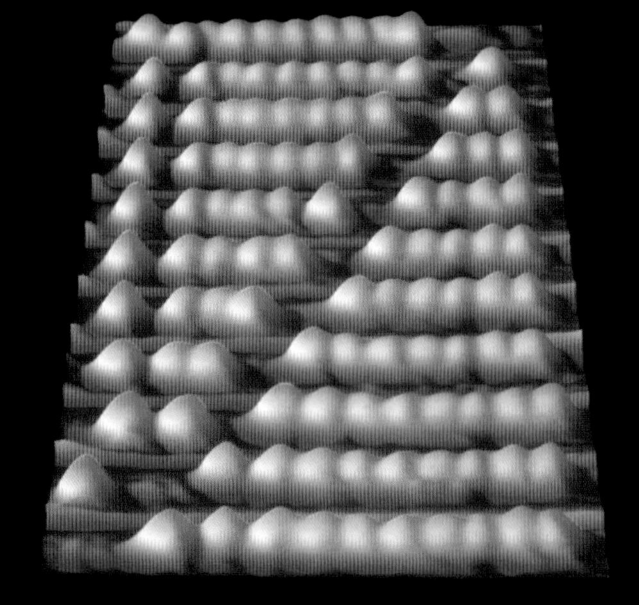

나노 스케일 주판의 가색상 STM 이미지(왼쪽). 이미지의 파란색 "구슬"은 버크민스터풀러렌 분자(C_{60}, 103페이지 참고), "프레임"은 구리 표면이다. STM 탐침으로 한 번에 하나씩 구슬을 집어 이동시켰다. 맞은편 페이지의 가색상 STM 이미지는 구리 표면에 원형으로 배치된 코발트 원자이다.

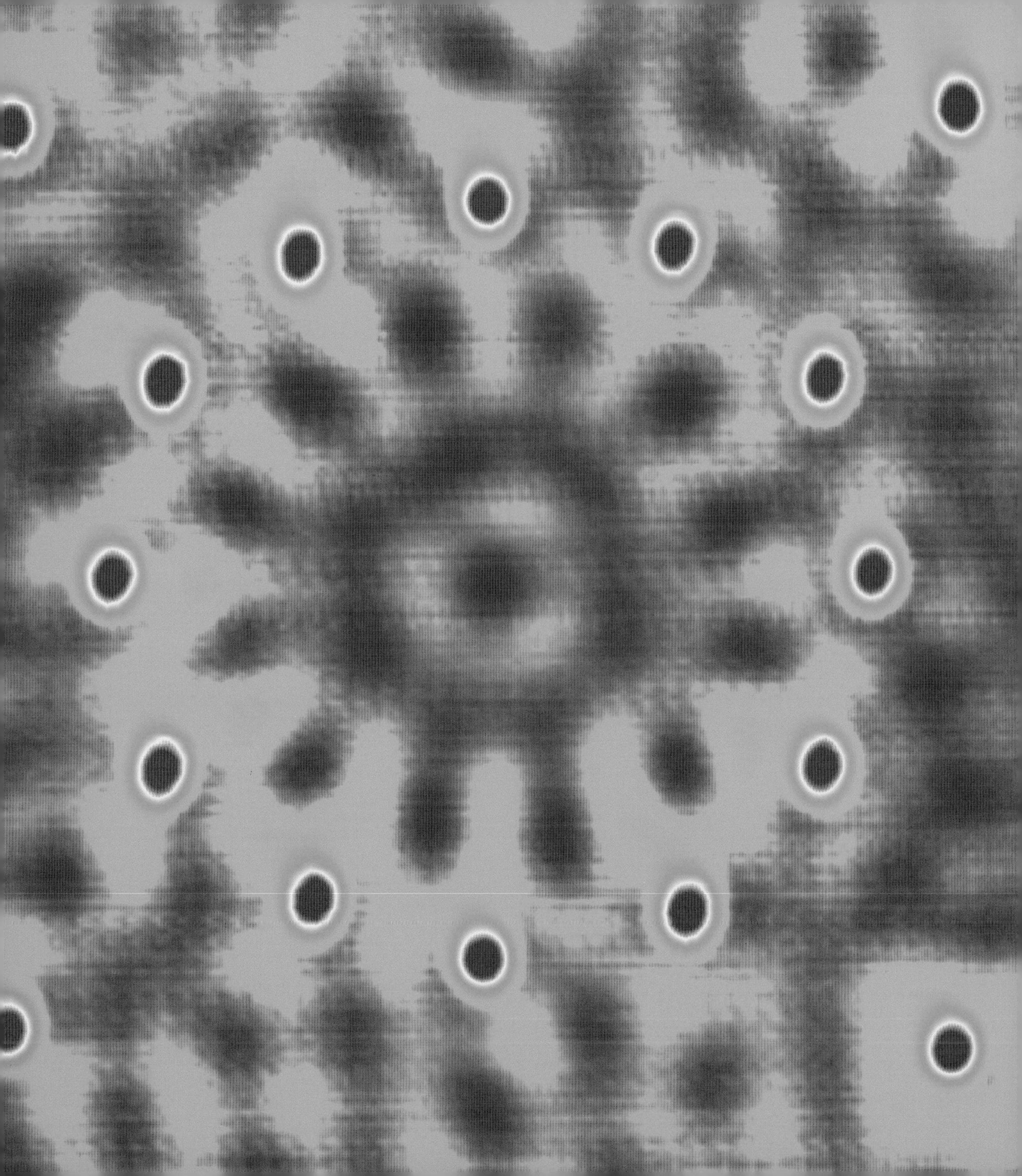

화학 반응의 촉진

AFM과 STM의 조합으로 가능해진 또 다른 원자 간 상호작용으로 버그만 고리화 반응Bergman cyclization이라 불리는 화학 반응이 있다(맞은편 페이지). 1972년에 개발된 이 반응은 처음에는 단순한 호기심에서 시작되었지만 현재 항암제 개발에 있어 유망한 기술로 간주된다. 이는 반응 과정에서 생성되는 중간 분자 중 하나가 DNA 분자를 자를 수 있어서 암세포를 표적으로 파괴할 수 있기 때문이다. IBM 연구원들은 주사 탐침 현미경을 사용해 반응을 연구했으며, 심지어 반응이 일어나도록 지시하기도 했다. 그들은 먼저 단일 분자로부터 몇 개의 원자를 제거해, 탄소 원자 고리 3개가 이어져 있는 안정적인 분자를 만들었다. 그런 다음 STM에서처럼 터널링 전류를 이용해 탄소 원자 간의 결합을 분해하고 생성하면서, 중앙 고리central ring를 한쪽씩 차례로 열어 2개의 다른 분자를 생성했다. 이 시스템은 분자의 두 상태가 디지털 시스템에서 쓰이는 "0"과 "1"이라는 이진수를 나타내는 분자 스위치의 일종으로 언젠가 전자공학에서도 사용될 수 있을 것이다.

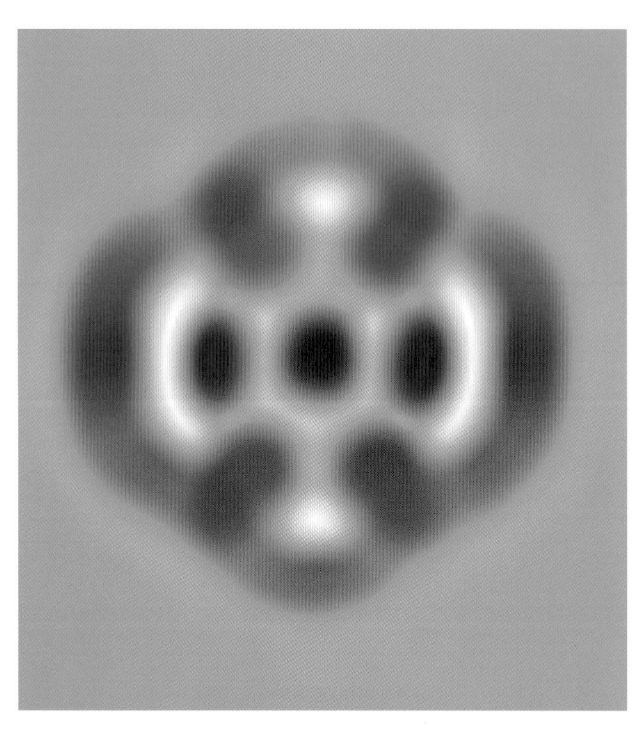

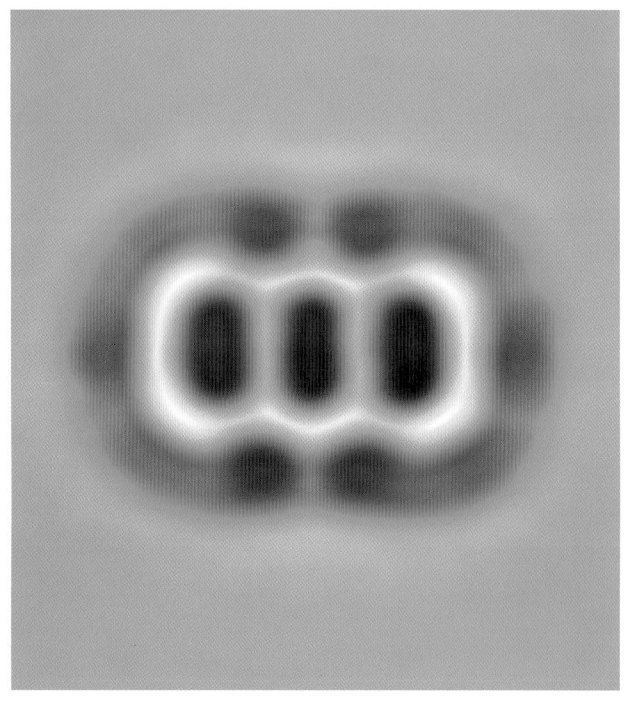

(위) 원자 2개 두께의 염화 소듐 위에 있는 9,10-다이브로모안트라센 단일 분자의 AFM 가색상 이미지. 사진의 위아래에 2개의 브로민 원자가 있다. IBM 연구원들은 이 분자를 분자 스위치로 만들기 위해 먼저 STM 탐침을 사용해 브로민 원자를 제거했다.

(아래) 브로민 원자를 제거한 후 만든, 단일 분자 스위치를 가진 AFM 가색상 이미지. 이 분자는 9,10-다이디하이드로안트라센이다. 이후 STM 탐침을 사용해 분자 내의 결합을 끊어 두 상태 사이를 전환하도록 했다(맞은편 페이지 박스 참고).

화학 결합의 분해 및 생성

2015년 IBM 연구원들은 9,10-다이디하이드로안트라센이라 불리는 단일 분자 화합물로 "스위치"를 만들었다. 이들은 먼저 2개의 브로민 원자가 붙어 있는 9,10-다이브로모안트라센이라는 분자로 시작했는데, 탐침과 터널링 전류를 이용해 이들을 제거했다. 새롭게 생성된 분자는 부분적으로 안정적인 상태로, 두 탄소 원자 사이의 결합을 깨뜨리면 탄소 원자의 중앙 고리를 열 수 있다. 연구원들은 -270℃에서 이 분자를 이온 2개 두께의 염화 소듐층에 올려 놓았다. 이들은 중앙 고리 한쪽의 탄소-탄소 결합carbon-carbon bond을 분해할 수 있었으며, 이를 통해 분자가 두 상태 사이에서 전환되도록 했다.

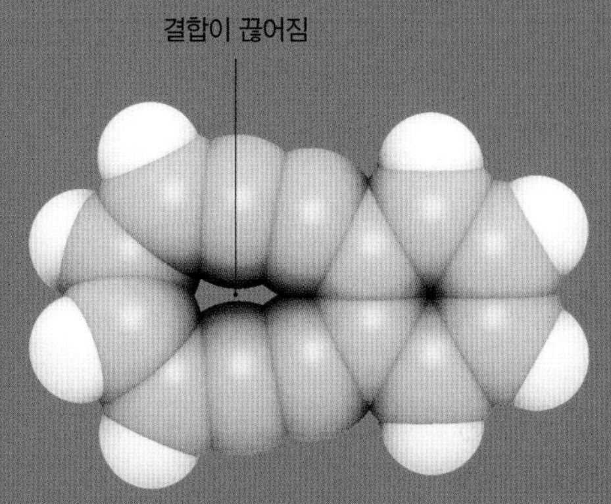

3,4-벤조싸이클로데카-3,7,9-트리엔-1,5-다이엔엘

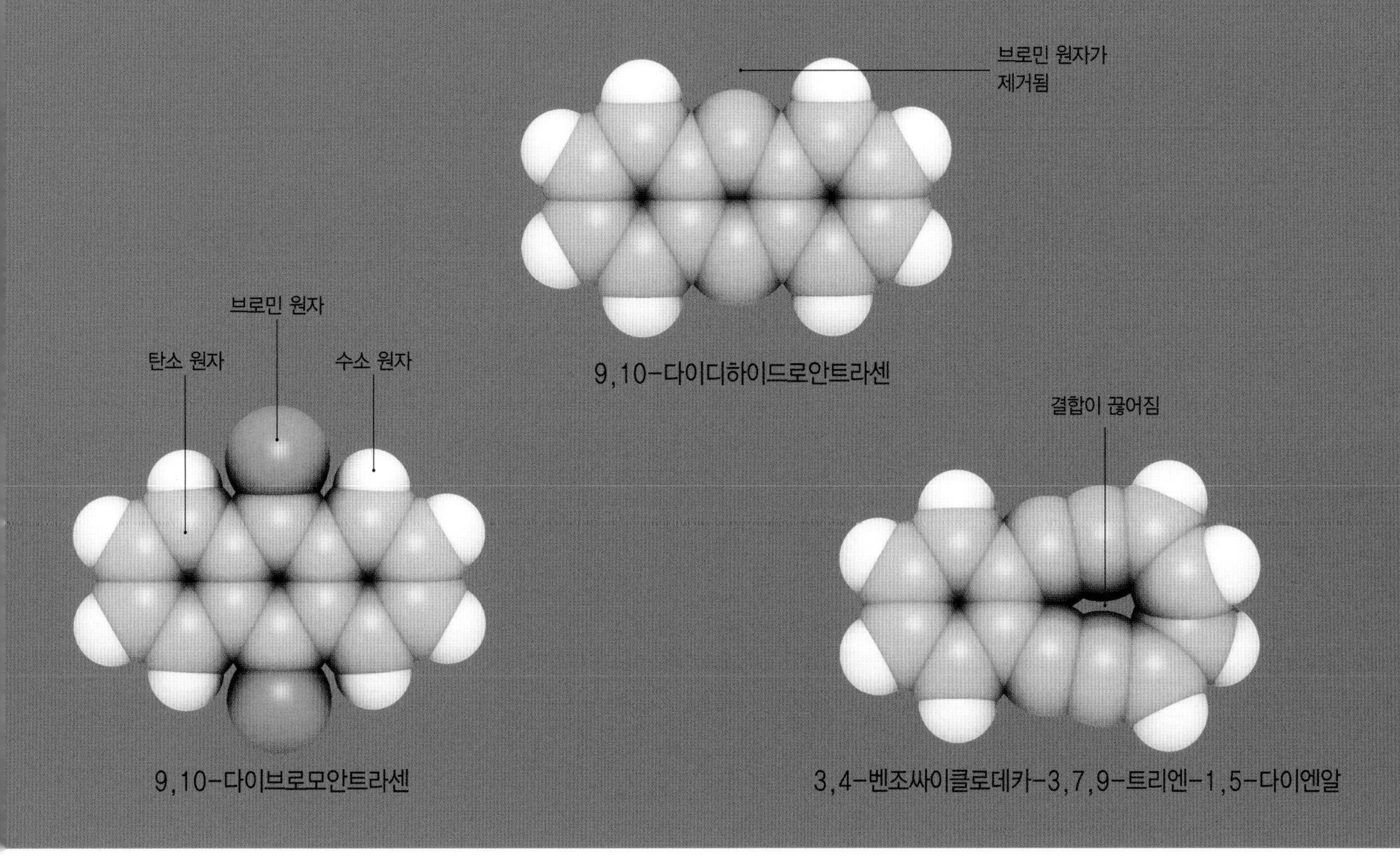

9,10-다이디하이드로안트라센

9,10-다이브로모안트라센

3,4-벤조싸이클로데카-3,7,9-트리엔-1,5-다이엔알

원자의 감속

원자를 연구하는 물리학자들이 원자와 직접적으로 상호 작용할 수 있는 또 다른 방법은 레이저와 자기장을 이용해 원자의 움직임을 느리게 만드는 것으로, 특히 자기광포획 장치magneto-optical trap(아래 박스 참고)를 사용한다. 이 장치는 원자의 속도를 현저하게 감소시켜 원자가 거의 움직이지 않으며 운동에너지도 거의 없는 상태로 만든다. 입자의 평균 운동에너지는 입자의 온도와 직접적으로 연관되기 때문에(90페이지 참고) 원자의 움직임을 느리게 하면 온도가 낮아진다. 자기광포획 장치는 기체를 최저 온도, 즉 절대 영도라 불리는 -273.15℃ 근처까지 냉각시킬 수 있는데, 이 온도는 특별히 고안된 온도 척도, 즉 켈빈 척도Kelvin scale, K에서 정확히 0에 해당한다. 켈빈 1도(1K)는 1.8°F(1℃)에 해당하지만, 켈빈 척도에서의 0은 절대 영도이다. 물리학자들은 원자와의 직접적인 상호 작용을 통해 절대 영도에서 100억 분의 1K 오차 범위 내로 물체를 냉각시킬 수 있게 되었다("양자 요동quantum fluctuation"으로 인해 운동 에너지가 0인 상태는 불가능하다는 점에 유의하자. 이에 관해서는 7장에서 논의한다).

절대 영도에 매우 근접하는 온도까지 냉각시키는 기술

호주 애들레이드 대학의
IPASInstitute for Phonics and Advanced Sensing에
있는 자기광 포획 장치.

자기광포획 장치

자기광포획 장치의 밀폐된 챔버chamber 내부에서 3개의 레이저빔이 서로 수직으로 만난다. 이 장치는 기체 내의 원자가 레이저빔에서 광자를 흡수하여 냉각 효과를 나타낸다. 상상하기 어렵겠지만 광자는 굴러가는 당구공과 마찬가지로 운동량을 가지고 있다. 당구공이 다른 공과 충돌하면서 운동량을 전달하는 것처럼 원자가 광자를 흡수하면 광자의 운동량이 원자에게 전달되는 것이다. 이로 인해 원자의 속력은 의도와 달리 올라가기도 하고, 내려가기도 한다.

다행히도 광자의 흡수가 원자 속력의 감소로만 이어질 수 있는 방법이 있다. 원자는 특정 진동수의 빛만 흡수하므로(48페이지 참고) 레이저 진동수를 이보다 약간 낮게 설정한다. 원자는 레이저 빛의 이동 방향에 따라 진동수를 다르게 감지하게 된다. 이는

은 원자 물리학과 재료 공학에서 여러 통찰력 있는 연구 프로젝트를 가능케 했다. 이 중 가장 두드러진 것은 보스-아인슈타인 응축Bose-Einstein condensate, BEC라 불리는 이상한 형태의 물질을 만드는 것이다. BEC의 존재 가능성은 1920년대에 알베르트 아인슈타인과 인도의 물리학자 사티엔드라 나드 보스Satyendra Nath Bose에 의해 처음 예측되었으며, 1995년에 콜로라도대학의 물리학자들에 의해 최초로 만들어졌다.

BEC에서 모든 원자는 개별성을 소실하면서 하나의 초입자superparticle로 합쳐진다. 이는 매우 낮은 온도에서 양자 효과가 더욱 강화되어 원자가 입자보다는 파동처럼 행동하기 때문이다. BEC에서 이들은 모두 동일한 파동함수로 정의할 수 있다(52페이지 참고). 정상 온도에서 원자는 다양한 속력으로 돌아다니며 에너지 또한 다양한 분포를 보인다. 각각의 원자는 상이한 양자 상태(양자 상태는 입자의 속력, 위치 및 에너지와 같은 "관측치observables"의 집합이다)를 지닌다. 온도가 절대 영도 가까이 떨어지면 에너지 분포는 훨씬 더 제한적이 되며, 에너지의 양자화가 시작된다(48페이지 참고). 원자에게는 특정 에너지만이 허용되며, 마치 전자가 원자 내에서 가능한 가장 낮은 에너지 상태로 떨어지는 것처럼 원자도 에너지를 잃고 "떨어져" 가능한 낮은 에너지 상태의 빈 공간을 점유한다.

원자 내의 어떤 두 전자도 완전히 동일한 양자 상태를

도플러 효과로 설명할 수 있는데, 당신이 일정한 속력으로 구급차를 향해 가는 경우에 구급차의 사이렌 소리가 커지는 것과 마찬가지이다. 빛을 향해 움직이는 원자는 레이저의 진동수를 약간 더 높게 인식하므로 간신히 광자를 흡수할 수 있게 된다(레이저에서 멀어지는 원자의 경우, 거울에서 반사된 같은 빔이 반대 방향을 향한다). 광자 하나의 운동량은 매우 작지만 여러 광자를 흡수하게 되면 기체 내 원자의 평균 속력은 초당 수백 미터에서 초당 수센티미터로 감소하며, 온도도 절대 영도에 근접할 정도로 감소한다. 자기광포획 챔버에서 스며 나오는 자기장은 차가운 원자를 점점 더 좁아지는 공간에 가둔다.

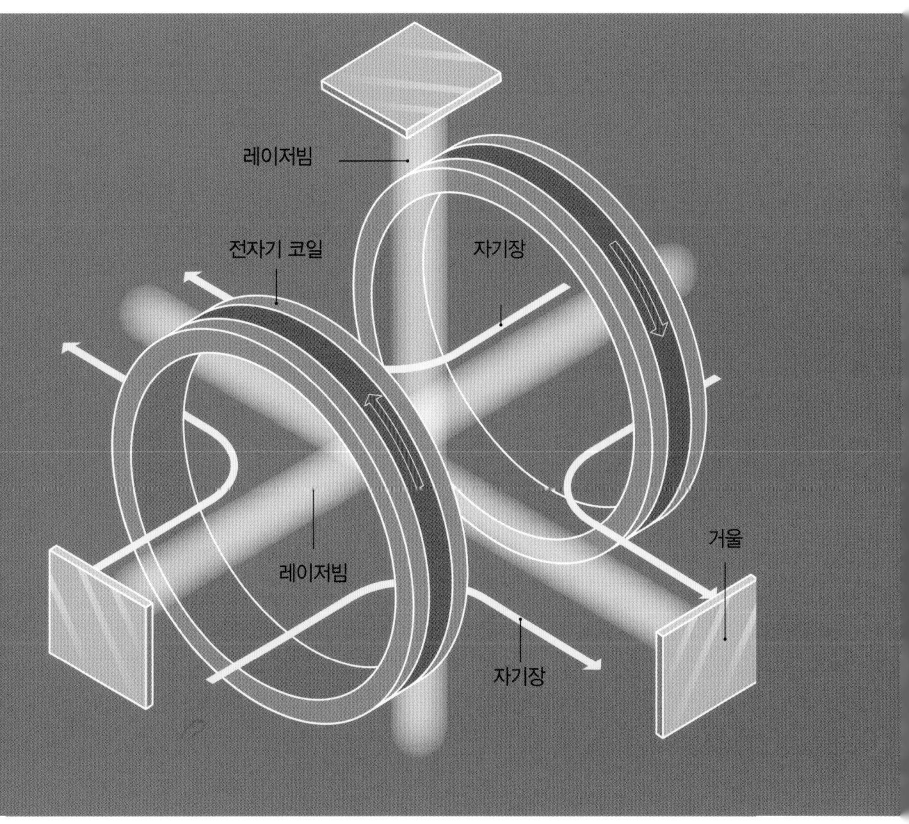

갖지는 못한다. 이들은 가장 낮은 에너지 상태부터 채워 가는데, 이러한 행동은 "페르미온fermion"이라 불리는 입자 계열의 특징이다(7장에서 좀 더 자세히 논의된다). 전자, 양성자, 중성자는 모두 페르미온이지만, 모든 입자가 페르미온은 아니다. 일부는 "보손boson"이며, 이들은 여러 개가 동시에 정확히 동일한 에너지 상태를 가질 수 있다. 모든 원자가 전자, 양성자, 중성자를 가지고 있음에도 불구하고, 어떤 원자는 전체적으로 보손이기도 하다. 그리고 BEC의 형태로 유도될 수 있는 것은 이 보손 원자이다.

BEC를 생성하기 위해, 실험가들은 대개 루비듐 또는 소듐 등의 (보손) 원자 기체를 진공 상태의 자기광포획 챔버 내로 주입한다. 자기광포획은 기체를 절대 영도보다 수천 분의 1K 정도 높은 온도까지 냉각시킨다. 그런 다음, 이들은 매우 차가운 기체에 라디오파를 쪼여 가장 빠르게 움직이는 원자와 충돌시킨다. 이러한 증발 냉각evaporative cooling(92페이지 참고)은 가장 활발한 원자만 제거하여 전자 구름의 평균 운동에너지를 상당히 감소시키며, 온도를 절대 영도보다 수백만 분의 1도 높은 정도까지 낮춘다. 매우 낮은 온도임에도 불구하고 기체 원자는 응결해서 액체를 형성하지도, 얼면서 고체를 형성하지도 않는데, 이는 챔버 안에 있는 기체가 희박하기 때문으로, 고체는 말할 것도 없고 심지어 공기에서보다 cm^2당 원자의 수가 훨씬 적다. 원자는 챔버 중앙의 작은 공간으로 쑤셔 넣어지는 상황에서도 액체나 고체를 형성할 기회를 갖기 전에 BEC가 된다.

펨토화학 및 아토화학

원자를 연구하는 물리학자들과 화학자들은 레이저와 원자의 상호 작용 덕분에 이전과는 비교할 수 없을 정도로 상세히 화학 반응을 살펴볼 수 있게 되었다. 반응 중 일어나는 화학 결합의 분해 및 생성은 매우 빠른 속도로 발생하기 때문에 펨토초femtosecond(1,000조 분의 1초) 및 아토초attosecond(100경 분의 1초)라는 시간 척도를 사용한다(108페이지 참고). 1초에는 우주 나이를 초로 환산했을 때의 수만큼의 아토초가 있으니, 아토초는 엄청나게 짧은 시간 단위임을 알 수 있다.

레이저를 사용한 화학 반응 연구 기술은 1990년대 이집트 출신의 미국 화학자 아메드 즈웨일Ahmed Zewail에 의해 개발되었다. 그는 이 공로를 인정 받아 1999년 노벨화학상을 수상했다. 가장 주된 전제 조건은 사용되는 레이저 빛의 펄스가 가능한 짧아야 한다는 점인데, 이는 카메라로 빠르게 움직이는 물체를 선명하게 찍기 위해서는 카메라 셔터가 열리는 시간이 짧아야 하는 것과 마찬가지이다. 시간 차원에서 이와 같은 극단적인 분해능은 주사 탐침 현미경과 주사 투과 전자 현미경으로 볼 수 있는 공간 차원에서의 극단적인 분해능과 유사하다. 원자 스케일의 과정을 상세히 들여다보는 또 다른 방법인 것이다. 즈웨일과 그의 동료들이 시행한 초기 펨토초 연구에서는 먼저 매우 짧은 레이저 펄스로 화학 반응을 유발한 다음, 다른 레이저 펄스를 사용해 화학 반응에 참여하는 원자와 분자의, 반응 직후 상태를 연구했다. 한편 여러 연구소에서는 이미 펨토초의 장벽을 넘어 아토초 단위의 레이저 펄스로 연구하고 있다.

교통사고 현장 조사관들이 잔해 분석을 통해 사건의 퍼즐 조각을 끼워 맞추듯이, 초단 레이저 펄스가 통용되기 이전의 화학자들은 생성물을 면밀히 분석해 화학 반응이 어떻게 진행되었는지 파악할 수 있었다. 펨토화학과 아토화학은 진행 중인 반응의 실제 영상을 구성할 수 있는 기회를 제공하며, 이는 마치 충돌 장면을 느린 화면으로 반복해서 보는 것과 같다. 모든 화학 반응에는 반응물과 생성물 사이에서 원자 간 결합은 깨졌지만 아직 새로운 결합은 생성되지 않은 중간 단계가 존재한

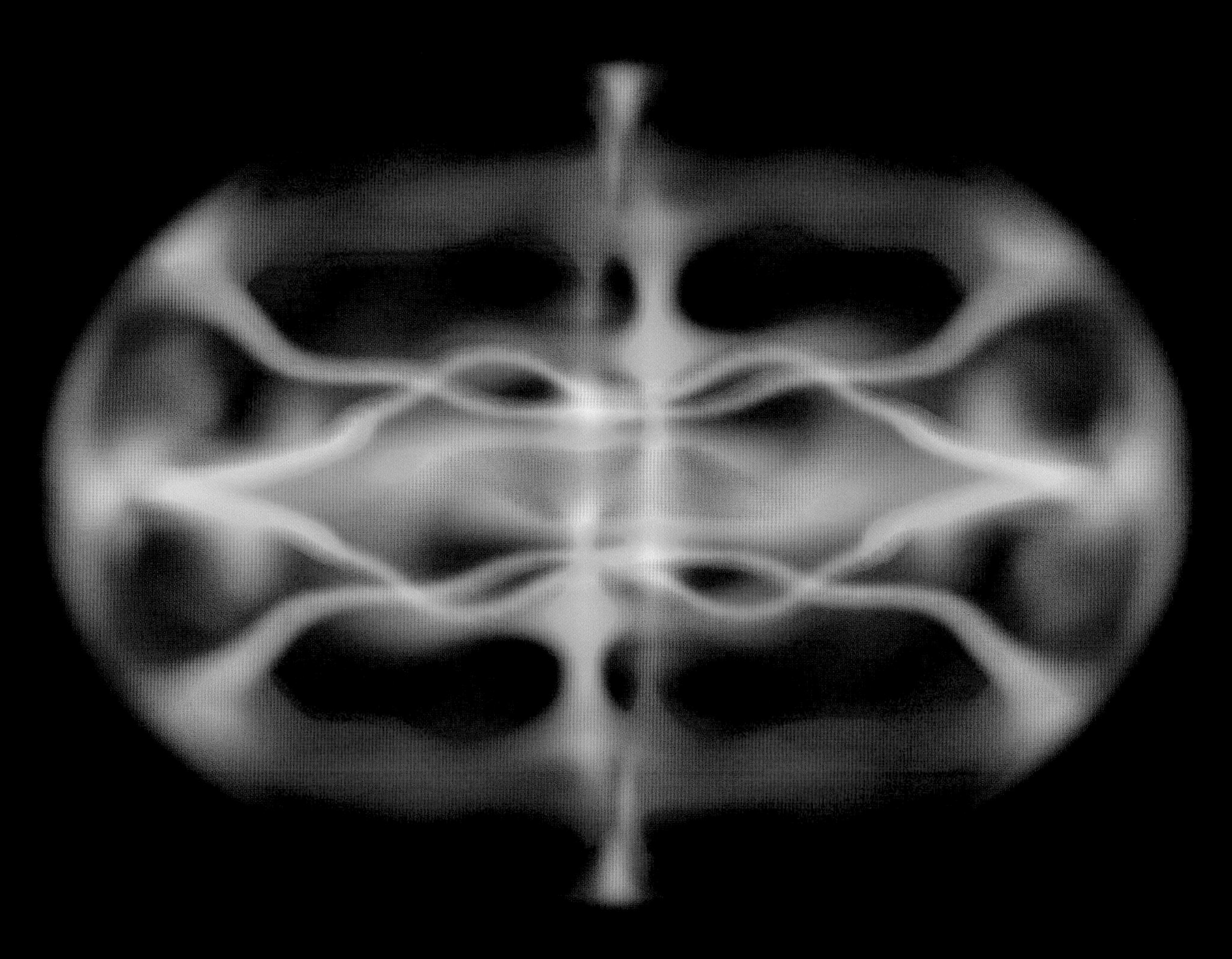

냉각되고 가둬진 원자들이 보스-
아인슈타인 응축을 위해 하나로
합쳐지기 시작할 때의 파동 함수를
나타낸 컴퓨터 시뮬레이션.

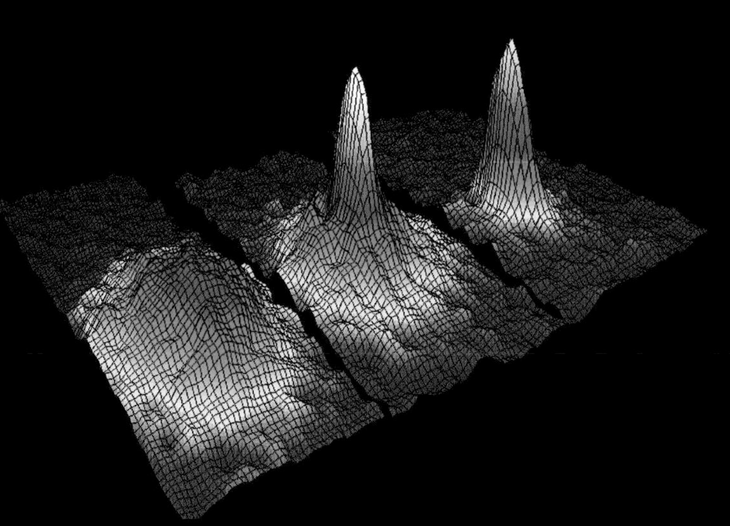

좌측의 그래프는 1995년 최초로
보스-아인슈타인 응축이 일어났을 때의
모습이다. 색은 자기광포획 장치 내부에
있는 루비듐 원자의 밀도를 나타내는데,
빨간색이 밀도가 가장 낮은 부분이다.
흰색은 원자가 합쳐져서 단일 파동
함수를 공유하는 영역을 의미한다.

다. 반응의 중간 생성물은 대개 펨토초 또는 아토초 정도만 지속된다. 이러한 중간 생성물의 형성과 상호 작용의 역학을 자세히 이해하기 위한 노력은 매우 짧은 시간 척도를 이용한 연구가 발전하는 원동력이 되었다. 펄스-탐침 펨토초 및 아토초 연구에서, 첫 번째 레이저 펄스는 전자와 부딪혀 이를 보다 높은 에너지 준위로 올리거나 반응하는 분자의 원자 간 결합을 깨는 데 필요한 에너지를 제공한다. 두 번째 펄스는 중간 생성물을 탐구한다. 연구자들은 대개 분자가 어떤 진동수의 빛을 흡수하는지를 관찰해 어떤 결합이 깨졌고 어떤 전자가 어느 준위에 있는지를 확인하므로, 이는 분광학의 일종이라 할 수 있다(68페이지 참고). 연구자들은 펄스와 탐침 간의 간격을 변화시켜 반응이 진행되는 과정을 매우 짧은 시간 간격으로 영상화한다.

짧은 시간 척도 연구자들이 사용할 수 있는 기술의 범위는 점차 확장되고 있으며, 기본적인 펄스-탐침 접근은 더 이상 매우 짧은 시간 척도에서 분자에 발생하는 급격한 변화를 조사하기 위한 유일한 방법이 아니다. 과학자들은 이제 "자유 전자 레이저free electron laser" (145페이지 참고)를 사용하는데, 이는 라디오파에서부터 엑스선에 이르기까지, 광범위한 범위의 진동수를 지닌 강력한 전자기파빔을 생성하도록 조정될 수 있다. 반응의 중간 생성물과 최종 생성물을 탐구하기 위해 전자 회절electron diffraction을 사용하기도 한다. 이 과정에서 들어오는 복사선이 전자와 충돌해 전자를 분자 내의 결합으로부터 분리시키면, 분리된 전자는 주위에 존재하는 원자에 의해 회절되며(50페이지 참고) 스크린에 간섭띠를 형성한다. 이 초고속 전자 회절 덕분에 연구자들은 반응에서 중간 분자 내 원자의 위치를 1옹스트롬 미만의 정확도로 파악할 수 있게 된다.

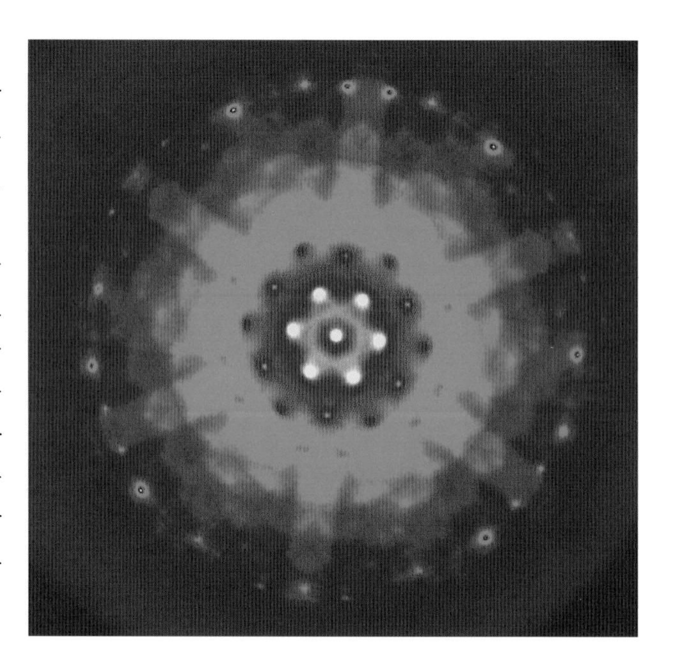

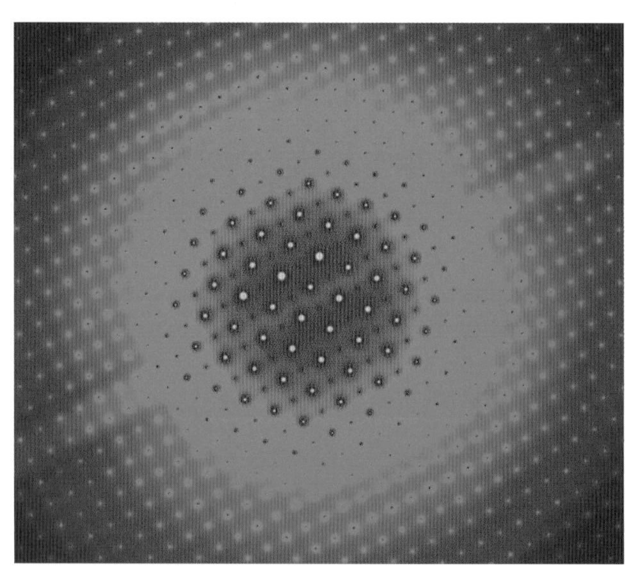

순수 규소(위)와 삼산화 몰리브덴 (아래)의 전자 회절 패턴(115페이지 참고)을 보여주는 가색상 전자 현미경 사진. 초고속 전자 회절에서, 들어오는 전자는 기존의 결정 구조를 건드려 일시적으로 바꾸고, 원자 간 결합에 관한 정보를 알려준다.

펨토초 분광기

펨토초 연구를 위한 실험장비. 펄스 레이저와 탐침 레이저 사이의 시간 지연은 탐침빔probe beam의 경로에서 거울을 앞뒤로 움직임으로써 바뀐다. 따라서 탐침 레이저가 시료에 도달하기까지는 다소 시간이 걸린다.

레이저 펄스는 파장이 매우 짧음

펄스 레이저빔의 이동 경로

탐침 레이저가 펄스 레이저보다 약간 뒤에 도착

시료

거울

펄스 레이저

탐침 레이저

탐침 레이저빔이 다양한 방식으로 지연되며 통과

탐지기 (분광기)

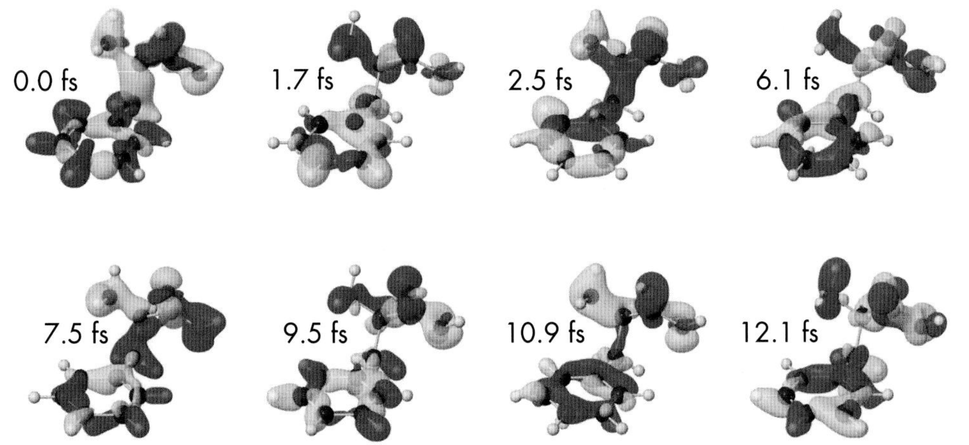

펨토초 분광기를 이용하면 분자 내에서 매우 빠르게 일어나는 변화를 알 수 있다. 옆의 이미지는 페닐알라닌 단일 분자가 레이저 펄스와 충돌한 이후에 분자 오비탈의 변화 과정을 나타낸다. 전체 과정이 단 12펨토초, 즉 1,000조 분의 12초 안에 일어난다.

24
24

제6장

원자의 응용

20세기와 21세기 기술 혁신의 산물 중 대부분은 원자의 작동 원리에 대해 깊은 이해가 없었다면 결코 발명되지 못했을 것이다. 특히 방사능과 전자의 발견, 그리고 양자역학이 아니었다면 오늘날의 디지털 혁명은 불가능했을 것이며 레이저, MRI, 핵의학 및 핵발전도 존재하지 않았을 것이다. 이 장에서는 계속해서 발전하고 있는 원자 이론에 기반해 개발된 몇 가지 기술에 관해 살펴볼 것이다.

원자와 아원자 입자에 대한 이해가 없었다면
현대 사회에서 당연하게 받아들여지는 대부분의 것들은 탄생할 수 없었을 것이다.

반도체 소자

반도체는 도체와 부도체의 중간에 해당하는 전도도conductivity를 지닌 원소 또는 화합물을 가리킨다. 반도체는 빛이나 열 또는 전기의 형태로 에너지를 얻으면 전도도가 증가할 수 있다. 전도도는 도핑doping, 즉 다른 원소의 원자를 결정 구조에 첨가하여 조정할 수도 있다. 도핑된 반도체는 디지털 혁명의 근원을 이루는 전자 부품의 기반이다.

전도도가 높은 도체에서 전자는 물질 내부를 자유롭게 이동할 수 있다. 이는 금속의 경우, 금속 결합에 의해 가능하다(106페이지 참고). 금속 원자의 원자가 전자껍질(최외각 전자껍질)에 있는 전자는 전도띠conduction band를 채우는데, 에너지띠란 각각의 에너지 준위가 매우 가까이 붙어 있어 서로 겹쳐지면서 연속적인 에너지 범위를 형성하는 집합체를 말한다.

비금속 역시 전도띠를 가지지만 이들의 원자가 전자껍질에 있는 전자는 전도띠로 이동할 만큼의 에너지를 지니고 있지 않다. 다시 말하면 비금속의 경우 "원자가띠valence band(원자가 전자껍질 내 에너지 준위의 범위)"와 전도띠 사이에 커다란 틈gap이 존재하며, 이는 곧 전자가 원자에 강하게 들러 붙어 있다는 의미이다. 특히 이들 전자는 고체를 구성하는 원자 간의 공유 결합에 관여한다.

반도체 물질에도 띠틈band gap이 존재하지만 그 크기가 훨씬 작다. 반도체에 열을 가하거나 빛을 비추면 일부 전자는 띠틈을 지나 전도띠로 들어갈 수 있을 정도로 충분한 에너지를 얻는다. 일부 전자는 상온에서도 전도띠로 이동할 정도의 에너지를 지니며, 이것이 반도체의 전도도가 부도체에 비해 훨씬 높은 이유이다.

전자는 음전하를 지니기 때문에 원자가띠에서 전도띠로 이동하면 상대적으로 양전하를 지닌 지점이 남게 되

전도도

모든 고체에서 원자 내 전자의 에너지는 다른 원자의 존재에 영향을 받으며, 그로 인해 정확한 수치 대신 허용된 에너지 "띠"로 합쳐진다(107페이지 참고). 결합에 관여하는 전자는 "원자가띠"에 해당하는 에너지를 지니는데 특정 에너지 준위 이상에서는 전자가 원자를 벗어나 자유롭게 움직이며 전기를 전도한다. 이들 전자는 "전도띠" 내에 있다. 금속에서는 원자가띠와 전도띠가 겹치기 때문에 금속은 전기 전도도가 높다. 부도체에서는 원자가띠 에너지와 전도띠 에너지 사이에 커다란 틈이 존재한다. 반도체의 경우 띠틈이 작기 때문에 약간의 에너지만 주어도 전자가 쉽게 들뜬다. 따라서 열을 가하거나 빛을 비추게 되면 반도체의 전도도가 증가하게 된다.

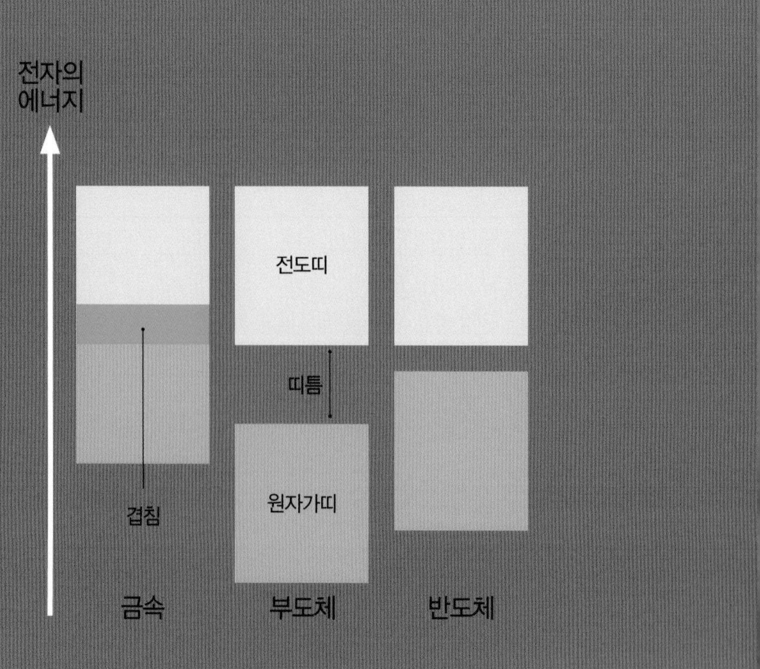

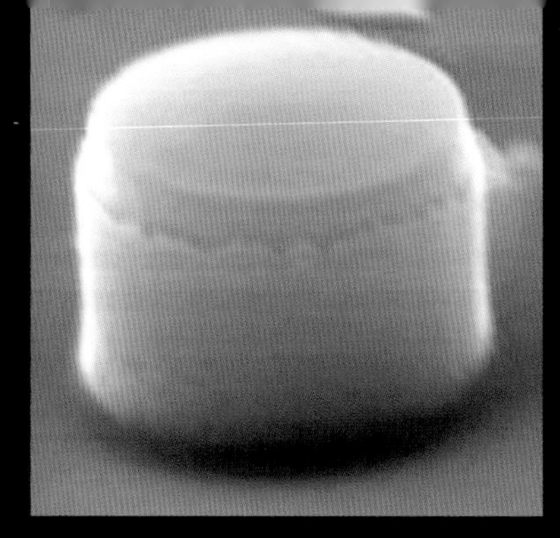

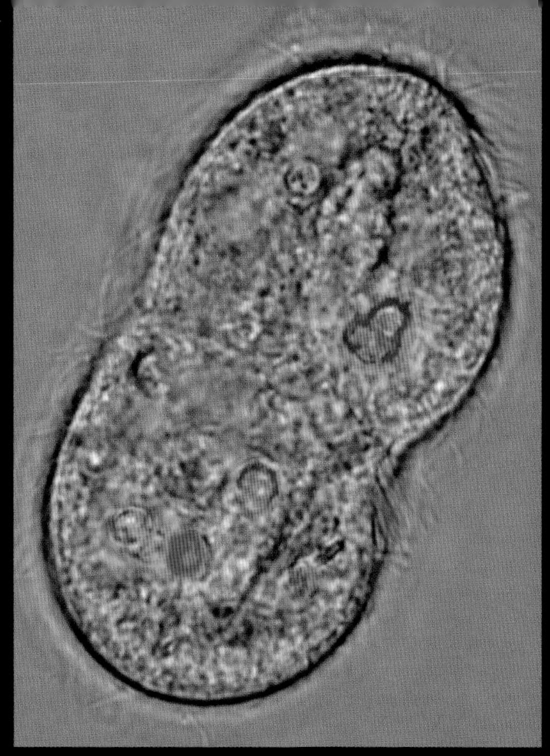

(맨 좌측) 그림에서 보이는 것과 같은 매우 작은 퀀텀닷은 미래 전자공학 및 통신 분야에서 중요한 역할을 할 것이다.

(좌측) 유방암 세포의 광학 현미경 이미지. 암과 관련된 특정 단백질의 활성화로 밝아진 퀀텀닷을 암세포가 흡수했다.

는데, 이를 전자 양공electron hole 또는 그냥 양공이라고 부른다. 전자가 에너지를 잃고 원자가띠 내의 낮은 에너지 준위로 다시 "떨어지면", 전자와 양공은 재결합할 수 있다. 전도띠 내에서 자유로워진 전자는 음전하의 운반자가 될 수 있다. 이때 전압이 걸리면 전자가 움직이면서 전류를 생성하며, 유입되는 전자는 결정 내의 양공과 결합할 수 있다.

전자-양공 쌍이 결합 또는 재결합하는 경우, 이들이 방출하는 에너지는 대개 포논phonon이라 불리는 진동의 형태로 결정 주위에서 소멸되지만, 광자photon of light를 생성할 수도 있다. 퀀텀닷이라 불리는, 지름이 수 나노미터에 불과한 작은 반도체 결정은 들뜬 전자가 결정 내의 양공과 재결합할 때 특정 진동수의 빛을 생성한다. 이때 방출되는 빛의 색은 퀀텀닷의 크기에 따라 달라진다. 퀀텀닷은 일부 TV 스크린에서 이미 사용되고 있으며, 자외선을 쪼이면 밝고 순수한 색을 생성한다.

어떤 물질은 전도를 매우 잘 하지만, 전도를 거의 하지 않는 물질도 있다. 물질의 전기 전도도는 미터당 시멘스(Sm^{-1})라는 단위를 사용해 측정한다. 구리와 같이 우수한 전도체는 상온에서 약 1천만 Sm^{-1}의 전기 전도도를 지니지만, 황과 같이 전기를 잘 통하지 않는 물질의 전도도는 $1Sm^{-1}$ 미만이다. 상온에서 반도체의 전도도는 이들 수치의 중간으로 약 $1{,}000Sm^{-1}$ 정도이다. 하지만 이 수치는 온도가 올라갈수록(또는 반도체에 전자기파를 쪼일 때) 높아지는데, 이는 일부 전자들이 띠틈을 넘어 전도띠로 이동할 수 있을 만큼의 에너지를 받기 때문이다.

도핑

전자공학에서 가장 흔히 사용되는 반도체는 규소(실리콘) 원소이다(게르마늄 원소, 갈륨 원소의 화합물, 그리고 황화 카드뮴과 같은 다른 화합물도 흔히 사용된다). 규소 원자는 원자가 전자껍질에 4개의 전자를 지니고 있으며, 순수한 규소 결정의 경우 각 원자가 다른 4개의 원자들과 전자 하나씩을 공유하며 4개의 공유 결합을 형성한다. 각 결합은 2개의 전자로 이루어지므로 각 원자는 총 8개의 전자에 둘러싸이면서 안정적이고 꽉 찬 껍질 배치를 이룬다(80페이지 참고). 도핑doping은 원자가 전자 수가 다른 원소를 추가하는 것으로 반도체의 전도도를 높인다.

예를 들어 인 원자는 5개의 원자가 전자를 지닌다. 규소 결정에 인을 첨가하면 이들은 통상적인 공유 결합을 형성하지만 결정 내에서 인 원자가 존재하는 곳에는 결합에 참여하지 않는 전자가 하나씩 남는다. 이 전자는 전도띠에 근접한 에너지 준위를 지니므로 쉽게 전하 운반자가 되어 결정 안을 돌아다닐 수 있다. 5개의 원자가 전자를 지닌 원소로 도핑을 하면 n형n-type 반도체가 되는데, 여기서 n은 음전하 운반자(전자)의 negative를 의미한다.

3개의 원자가 전자를 지닌 원소로 도핑을 할 경우에는 반대의 결과가 발생한다. 예를 들어 규소 결정에 붕소 원자를 넣으면, 각각의 붕소 원자는 규소 원자와 공유 결합을 형성하지만 결정 내부에 하나의 양공이 남게 되어 이웃한 규소 원자는 공유 결합을 형성하지 못한다. 결정 내 이 부위는 주위 규소 원자를 포함한 다른 곳으로부터 전자를 쉽게 받아들일 수 있다. 사실상 양공이 결정 안을 돌아다닐 수 있는 셈이다. 3개의 원자가 전자를 지닌 원소로 도핑을 하면 p형p-type 반도체가 되는데, 여기서 p는 양전하 운반자(양공)의 positive를 의미한다.

도핑된 반도체

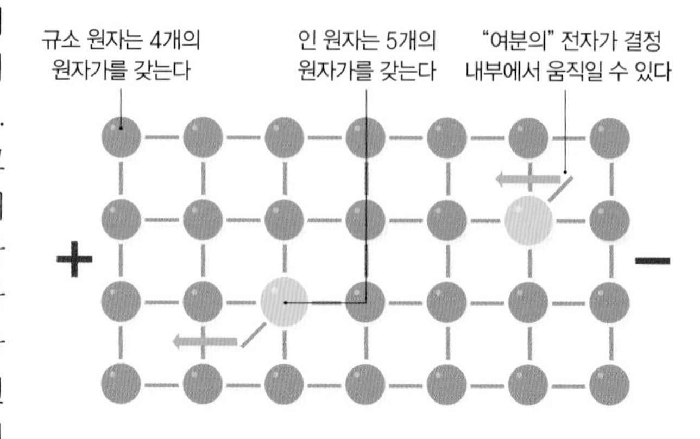

인 불순물이 포함된 n형 반도체

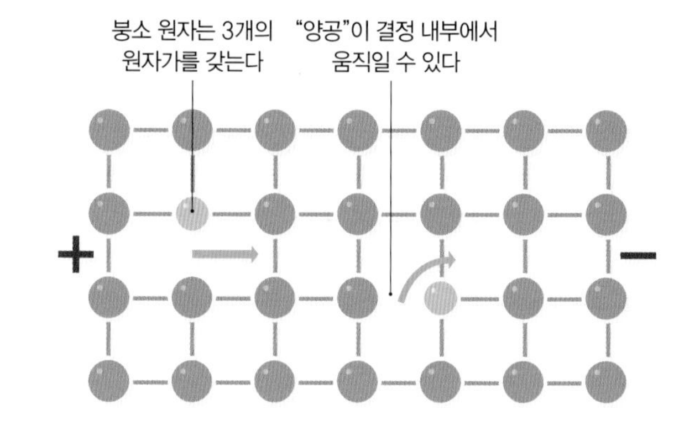

붕소 불순물이 포함된 p형 반도체

규소 결정에 5가 원자를 주입하면 여분의 전자가 생기는데, 이 전자는 결정 내부를 움직이며 전류를 형성한다. 3가 원자를 주입할 경우 전자가 부족해져 양전하를 가진 "양공"이 전하 운반자가 된다.

순수한 규소 결정은 실온에서 은색을 띠는 고체이다. 규소는 중요한 반도체로, 쉽게 도핑되어 p형 및 n형 반도체를 생산한다.

P-N 접합 다이오드의 작동 원리

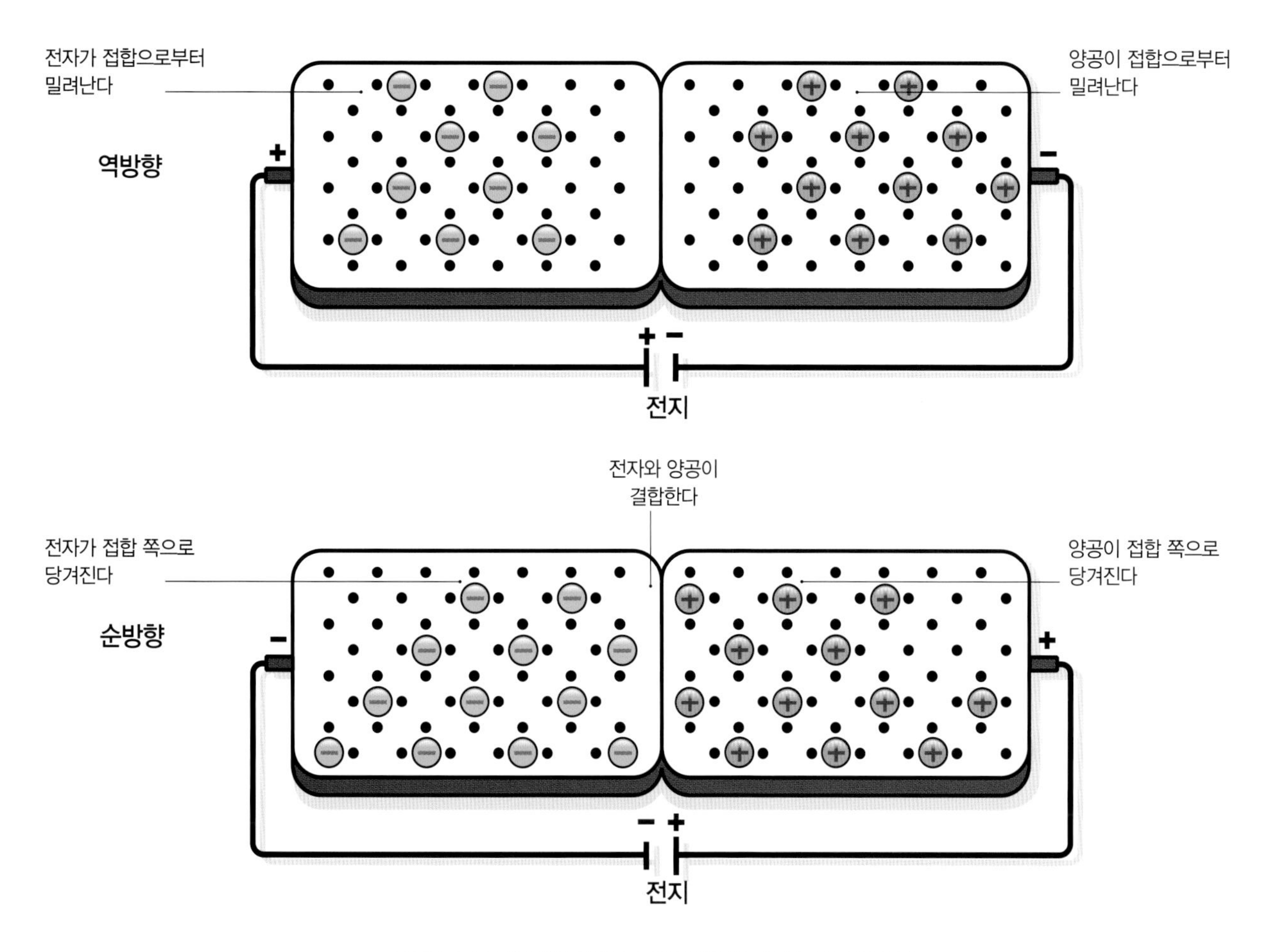

다이오드의 전압이 "역방향"으로 연결되면 전자와 양공이 서로 반대 방향으로 밀려나기 때문에 전기를 전도하지 않는다. 반면 "순방향"으로 연결되면 전자와 양공이 만나면서 재결합하는데, 이 경우 양쪽에 전하 운반자가 더욱 많이 생성되면서 전류가 흐른다.

이들을 한곳에 놓으면 "p-n 접합p-n junction"을 형성한다. 이들 두 종류의 도핑된 반도체는 디지털 혁명에서 중추적인 역할을 담당한다.

다이오드

p-n 접합은 가장 기본적인 반도체 기반 전자 부품인 다이오드diode의 근간이 된다. 전지의 (-)극을 다이오드의 n형 반도체 끝에 연결하고(두 번째 그림), (+)극을 p형 반도체 끝에 연결하면 다이오드에 전류가 흐른다. 전자는 (-)극에서 밀려나 접합을 넘어가 양공과 결합한다. 동시에 전지의 (+)극이 다이오드의 p형 반도체 끝으로부터 전자를 당겨오기 때문에 p형 반도체에는 더 많은 양공이 생성된다. 하지만 전지를 반대로 연결하면 전류가 흐르지 않는다. 이는 다이오드의 본질적인 특성으로, 전기는 오직 한 방향으로만 흐를 수 있다.
적절한 물질을 선택하고 도핑을 할 경우, 전자가 접합

부위에서 양공과 결합할 때 특정 진동수를 지닌 빛이 생성된다. 이 경우에 다이오드는 발광 다이오드light-emitting diode, 즉 LED가 된다. 이는 여러 전자 기기의 디스플레이에서 사용되며 저에너지 램프에도 쓰인다. 탄소 기반 화합물carbon-based compound을 사용해 반도체처럼 작동하도록 만든 LED를 organic LED(OLED)라 부르는데, 이는 스마트폰 디스플레이에서 흔히 사용된다.

반도체 접합은 레이저 다이오드laser diode의 핵심이기도 하다. 이 값싼 저전력 레이저는 바코드 리더, DVD 플레이어, 레이저 프린터를 비롯한 여러 전자제품에서 사용된다. 다른 레이저와 마찬가지로 레이저 다이오드 역시 파동이 모두 같은 위상에 있는(파동의 골과 마루가 일치한다는 의미) 광선을 생성한다. 레이저는 양자물리학에 대한 이해 덕분에 개발될 수 있었던 기술 중 하나이다(맞은편 박스 참고).

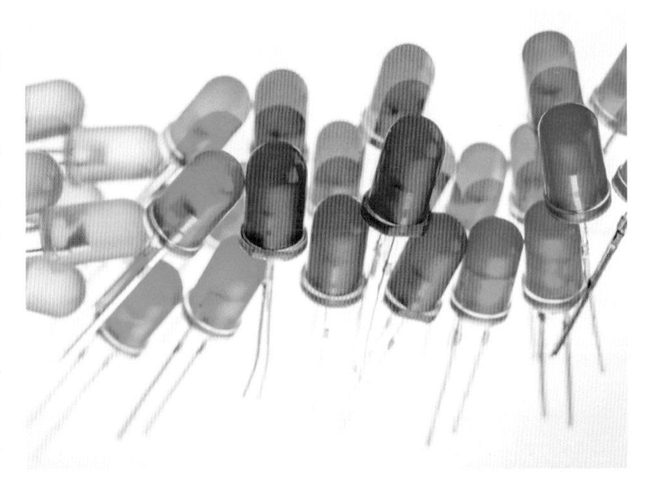

LED(위)는 에너지 효율이 매우 높고, 아주 빠르게 불을 켰다 껐다 할 수 있는 저렴하고 유용한 광원이다. 현대식 TV 스크린의 대부분은 흰색 백라이트로 LED 패널을 사용한다. OLED TV 스크린은 조금 다르며, 아래에 보이는 이미지를 생성하는 매우 작은 크기의 적색, 녹색, 청색 LED를 사용한다. 이러한 저전력 스크린은 평평하며 휘어질 수도 있다.

레이저

"레이저laser"라는 단어는 "light amplification by the stimulated emission of radiation(유도 방출에 의한 빛의 증폭)"에서 비롯되었다. 통상적인 LED 및 형광등에서와 마찬가지로 레이저 다이오드에 의해 생성되는 광자 하나하나는 들뜬 전자가 낮은 에너지 상태로 떨어질 때 소실되는 에너지로부터 생성된다. LED나 형광등에서 광자의 방출은 무작위로 발생하지만, 레이저 다이오드에서는 광자가 일제히 생성되며, 광파light wave의 요동은 모두 위상이 일치한다.

레이저 다이오드의 핵심은 p형 및 n형 영역 사이에 위치한 도핑되지 않은 반도체 영역이다. 전기가 다이오드를 통과할 때 중심 부위에서는 엄청난 수의 전자가 들뜬 상태가 된다. 이러한 상황을 "밀도 반전population inversion"이라 부른다(전자는 보통 무작위로 낮은 에너지 상태에 놓이기 때문이다). 이 들뜬 전자들은 (1) 높은 에너지 상태에 머무르다가 (2) 이곳을 통과하는 광자에 의해 낮은 에너지 준위로 떨어진다. (3) 유입되는 광자와, 이로 인해 생성된 새로운 광자는 서로 완벽하게 위상이 일치한다. 그렇기 때문에 이러한 "유도 방출stimulated emission"은 빛을 증폭하는 효과를 나타낸다. 이제 이전에는 광자가 하나뿐이었던 곳에 2개의 동일한 광자가 존재하는 것이다.

다른 레이저의 작동 원리도 마찬가지로 밀도 반전 이후 유도 방출에 의한 증폭이 일어나지만, 이 경우 "레이저 매질lasing medium"로 반도체가 아닌 다른 것(대개 고체 결정이나 기체)을 사용한다. 가장 광범위하게 이용되는 레이저는 자유 전자 레이저로, 챔버 내에서 지그재그로 왔다갔다 하는 전자에 의해 빛이 생성된다. 이 레이저는 매우 다양한 범위의 진동수를 지닌 빛을 생성하도록 조정 가능하기 때문에 여러 용도로 쓰인다.

반도체 레이저의 구조(왼쪽)와
레이저의 일반적인 작동 원리(오른쪽)

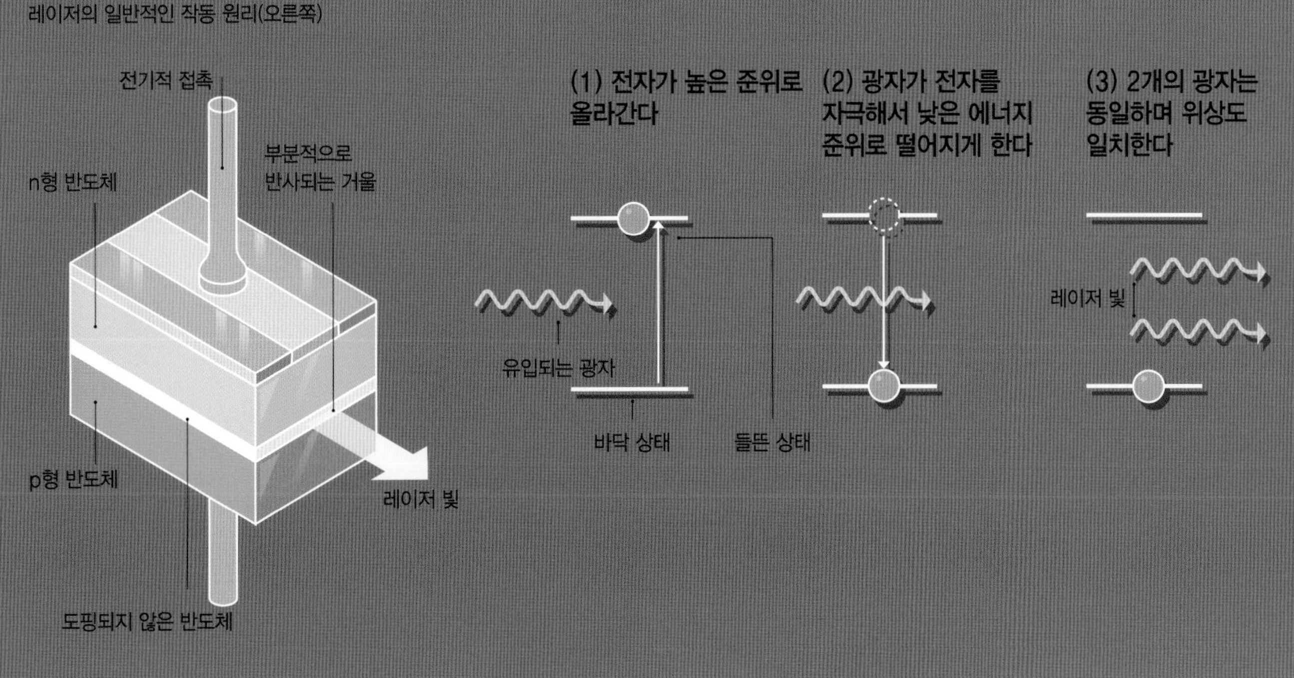

트랜지스터

반도체 부품의 정수는 트랜지스터[transistor]라 할 수 있다. 컴퓨터 내부의 마이크로프로세서 하나에는 수십억 개의 트랜지스터가 포함되어 있다. 트랜지스터는 두 가지 주요 기능을 지닌다. 첫째, 트랜지스터는 아주 작은 입력 전류를 받아 이와 형태는 동일하지만 다양한 세기를 가진 더 큰 전류를 생성할 수 있다. 다시 말하면 신호를 증폭할 수 있는 것이다. 둘째, 트랜지스터는 다이오드의 경우에서처럼 전력원의 극성을 바꾸지 않고서도 "on"(전기를 전도함)과 "off"(전기를 전도하지 않음)라는 두 상태를 지닐 수 있다. 이들 "on"과 "off" 상태는 "0"과 "1"이라는 이진수 체계의 두 숫자로 나타낼 수 있다. 이것이 바로 트랜지스터가 디지털 혁명의 핵심인 이유이다.

특히 컴퓨터의 마이크로프로세서 및 그 외 디지털 기기에서 가장 흔히 사용되는 트랜지스터는 장효과 트랜지스터[field effect transistor, FET]이다. 트랜지스터의 주 전류는 소스[source]라 불리는 지점에서 드레인[drain]이라 불리는 지점으로 흐른다. 이 전류는 게이트[gate]에 걸린 전기장으로 제어할 수 있으며, on 또는 off 상태로 변환된다. 트랜지스터에 흐르는 전류를 호스에 흐르는 물로 생각해보면, 게이트의 전기장은 누군가가 호스를 손가락으로 꽉 쥐거나 놓으면서 물의 흐름을 제어하는 것과 같을 것이다. FET 중에서 가장 흔한 것은 금속-산화물-반도체 장효과 트랜지스터[metal oxide semiconductor field effect transistor, MOSFET]이다. 이는 게이트가 금속으로 만들어지며, 대개 이산화규소로 된 절연층에 의해 트랜지스터 몸체와 분리되기 때문에 이러한 이름이 붙었다.

MOSFET은 n형 또는 p형 반도체로 이루어지는데, 소스와 드레인은 서로 다른 형(p형 또는 n형)의 반도체로 구성된다. 이는 두 p-n 접합을 병렬로 위치시킨 것과 마찬가지로 각각 서로의 거울상[mirror image]이다. 이는 곧 두 다이오드를 맞대고 붙인 것과 같기 때문에 트랜지스터에는 전류가 흐르지 못한다. 게이트에 전압을 걸면 트랜지스터 몸체 내에 전기장이 생성되어 전자 또는 양공(전압에 따라 달라짐)을 게이트 쪽으로 끌어당긴다. 이제 전하 운반자(전자 또는 양공)는 소스에서 드레인 쪽으로 전류가 흐를 수 있는 채널을 형성한다. 이러한 스위칭 과정은 마이크로프로세서 안에 있는 수십억 개의 트랜지스터 각각의 내부에서 1초에 수백만 번 일어날 수 있다. 이것이 바로 컴퓨터가 지시 사항과 디지털화된 데이터(문자/숫자, 소리, 영상 등)를 나타내는 이진수 "0"과 "1"을 처리하는 방법이다.

원형 실리콘 웨이퍼 1장에서 수십 개의 사각형 마이크로프로세서가 동시에 만들어진다. 각각의 마이크로프로세서에는 수십억 개의 작은 MOSFET 트랜지스터가 있다.

MOSFET의 작동 원리

금속-산화물-반도체 장효과 트랜지스터는 도핑된 반도체 "덩어리"로 구성되며, 그 내부에는 2개의 서로 다르게 도핑된 반도체 영역이 있다. 그림에서 덩어리는 p형 반도체(붉은색)이며 다른 두 영역은 n형 반도체(녹색)이다.

3개의 전기적 연결이 있는데, 소스는 전지의 (−)극, 드레인은 (+)극에 연결되며 게이트는 (−)극이나 (+)극에 연결될 수도 있고, 아니면 전압이 전혀 없을 수도 있다.

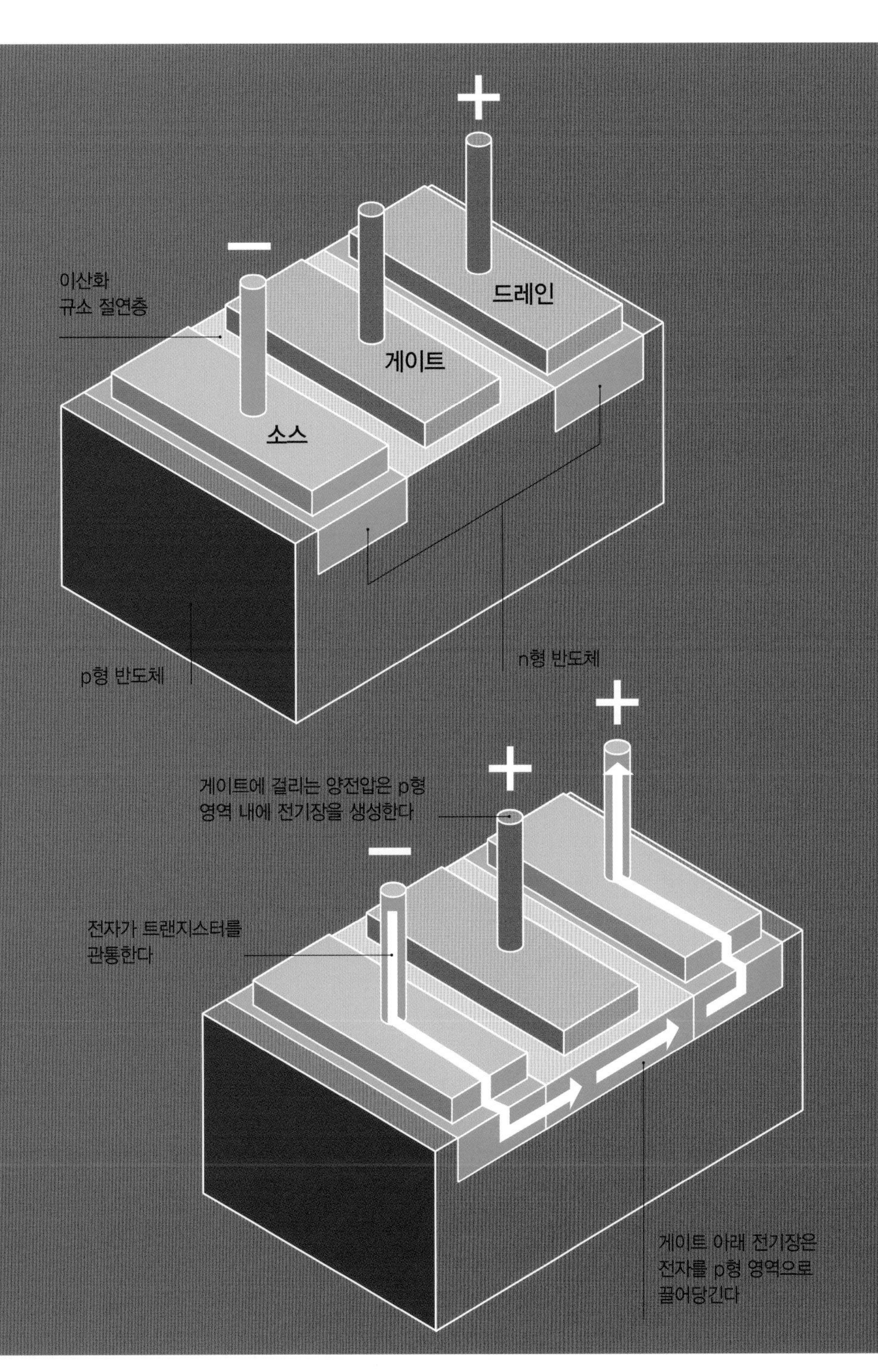

위의 그림에서 트랜지스터는 "off"이다. 2개의 n형 영역 사이에 있는 몸체에는 사용 가능한 전자가 없기 때문에 전류가 흐르지 않는다. 아래 그림처럼 게이트에 양전압을 걸면, p형 반도체 내부에 전기장이 생성되며, 이 전기장이 전자를 게이트 쪽으로 끌어당긴다(게이트와 p형 반도체 사이에는 이산화 규소로 된 절연층이 존재하기 때문에 게이트 자체에는 전자가 흐를 수 없다). 게이트 주위에 존재하는 전자는 인접한 두 n형 반도체에 적합한 전하 운반자이며, 전자는 소스에서 드레인까지 지속적으로 흐를 수 있다. 이제 트랜지스터는 "on" 상태인 것이다.

자기

인류는 적어도 2,000년 전부터 자기에 관한 실험을 해 왔다. 하지만 과학자들이 자기가 어떻게 작동하는지를 이해하고 그 잠재력을 보다 광범위하게 탐구한 것은 20세기에 이르러서야 비로소 가능해졌다. 우리에게 익숙한 자기는 대부분 "스핀spin"이라 불리는 전자의 성질에서 비롯된다. 하지만 MRI 기기와 같은 최신 기술은 전자의 "스핀"이 아니라 핵의 "스핀"에 의한 것이다.

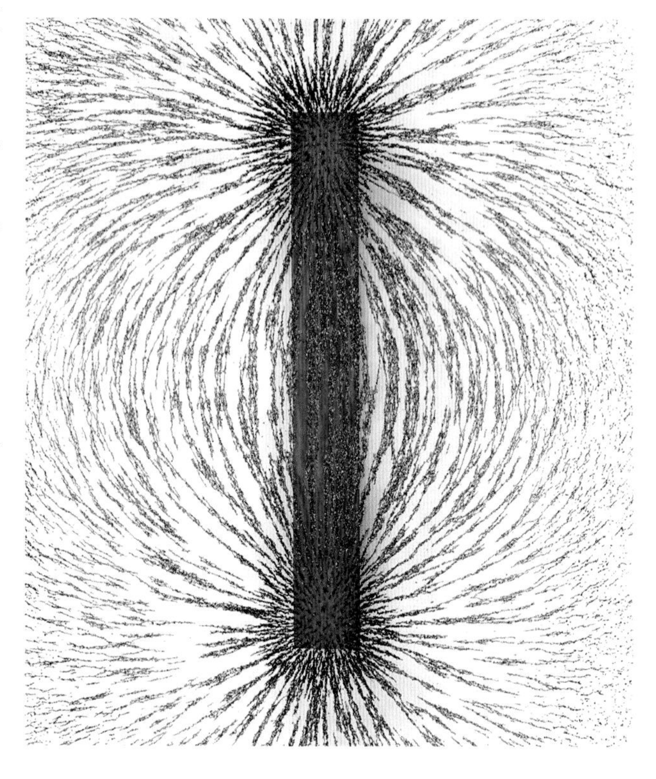

철가루가 영구 자석의 자기장 안에서 자기화되어 서로를 끌어당기며 자기장이 있는 영역을 표시하고 있다. 철가루와 같이 자성을 띤 물질 내에는 자기 구역이라 불리는, 자성을 띤 작은 영역이 존재하는데, 이는 보통 방향성을 지니지 않지만(좌측 아래) 자기장 안에서는 정렬한다(우측 아래).

자기란 무엇인가?

자석이 냉장고 문에 붙도록 하는 힘, 그리고 전기 모터를 돌리는 힘은 모두 자기에 의한 것이다. 자기력은 자기장에 의해 전달된다. 냉장고 자석의 자기장은 자석을 구성하는 작은 결정들에 의한 약한 자기장, 즉 자기 구역magnetic domain의 총합이다(아래 참고). 모터의 내부에서 2개의 자기장이 상호 작용을 하고 있으며, 이들 중 적어도 하나는 도선을 감은 코일에 흐르는 전류에 의해 생성된다. 모터의 도선을 타고 흐르는 전자는, 원자 내부의 전자로 인해 자기를 갖는 냉장고 자석에 비한다면 이 책의 주제와는 거리가 있다. 그렇지만 이들 두 경우는 서로 매우 밀접한 관계에 있다. 이는 모든 자기장에 적용되는 성질, 즉, 전하를 운반하는 입자에 의해 자기장이 생성된다는 사실이다.

비자화

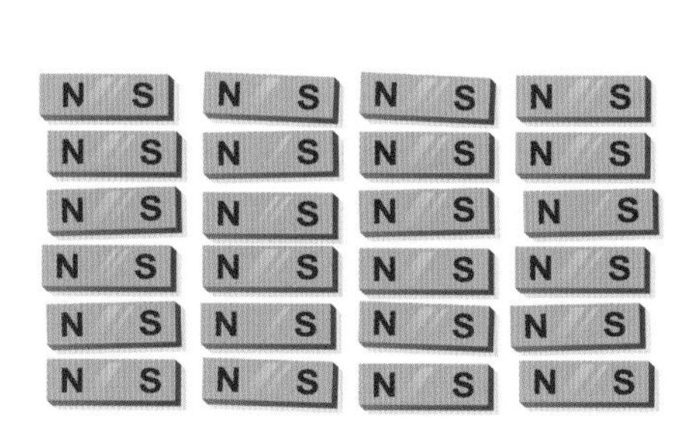

단일 원자는 고유의 자기장을 가지는데, 이는 원자를 이루는 구성 성분이 갖는 모든 자기장의 조합이다(일부 원자에서는 핵에 의한 자기장과 전자에 의한 자기장이 서로 상쇄되기도 하지만 대부분의 원자는 실제로 작은 자석이다). 전자는 원자 주위의 자기장 형성에 가장 큰 비중을 차지한다. 전자의 원자핵 주위 궤도 운동은 모터 내 전자기코일에서의 전류와 마찬가지로 순환 전류에 해당한다. 여기서 주목할 점은, 양자역학에 의하면 전자는 확률의 구름으로 존재하며(34페이지 참고), 태양 주위를 공전하는 행성처럼 핵 주위를 돌지는 않지만 공전하는 것과 동일한 영향을 미친다는 사실이다.

전자는 "스핀"이라 불리는 성질도 지니는데, 이로 인해 자체 자기장을 가지게 된다. 이 용어는 1920년대에 전자가 궤도 운동을 할 뿐만 아니라 자기 효과magnetic effect도 지닌다는 사실을 입증한 실험의 결과로 만들어졌다. 물리학자들은 지구가 자전하는 것처럼 전자도 자신을 축으로 회전하는 작은 구형 전하라고 제안했다. 하지만 이러한 설명은 실제 현실에 잘 부합하지 않는 것으로 드러났다. "스핀"은 양자장론quantum field theory의 수학 지식 없이는 쉽게 이해되지 않는, 모든 아원자 입자가 갖는 기이한 내재적 성질인 것이다.

철은 가장 흔한 자성 물질이다. 철 조각(또는 대부분 철로 이루어진 강철)은 자석에 쉽게 달라 붙는다. 자기 구역(철 내부의 작은 결정으로, 이들 각각의 내부에는 철 원자의 자기장이 배열되어 있다) 내 자기장의 방향은 무작위로 배열되어 있기 때문에 철은 전체적으로 자기장이 없다. 하지만 철 내부에 자기장이 존재하면, 철의 자기 구역이 만든 자기장을 같은 방향으로 정렬시키므로 철은 자성을 띠게 된다. 이후 영구 자석과 철은 각각의 자기장이 상호 작용하면서 달라 붙는다.

스핀

스핀이라 불리는 양자역학적 성질은 사실 스핀 각운동량spin angular momentum이 좀 더 정확한 명칭이며, 팽이처럼 회전하는 것을 지칭하지는 않는다. 이는 모든 입자들이 지니는 고유의 성질이다. 에너지와 마찬가지로 스핀은 양자화되어 있어 특정 수치만을 가질 수 있다. 전자의 스핀은 $+^1/_2$ 또는 $-^1/_2$(양자역학에 적합하도록 선택된 단위임), 즉 "스핀 업spin up" 또는 "스핀 다운spin down"이다. 동일한 오비탈을 공유하는 전자들은 스핀만 제외한다면 완전히 동일한 양자 상태에 있다. 그렇기 때문에 각 오비탈에 2개의 전자만이 허용되며, 서로 상반되는 스핀에 의해서만 구분된다. 만약 오비탈이 2개의 전자로 채워져 있다면, 이들 두 전자의 자기장은 서로 상쇄된다. 하지만 오비탈에 짝 없는 전자unpaired electron 하나만 존재한다면 이는 자기장을 가질 것이다. 다른 입자들도 스핀을 지니는데, 예를 들어 양성자와 중성자도 반정수 스핀half integer spin($-^1/_2$ 또는 $+^1/_2$)을 가진다. 이들의 스핀은 구성 요소인 쿼크와 글루온gluon이 지닌 스핀의 결과이다(39페이지 참고). 광자의 스핀은 1이지만 전하가 없기 때문에 자기장을 지니지 않는다.

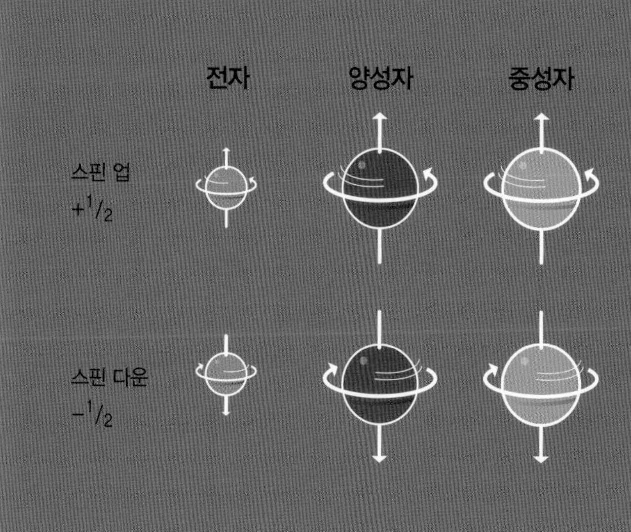

철의 원자는 짝 없는 전자 때문에 자성을 지니며, 이로 인해 철은 자기 구역을 갖는다. 대부분의 원자에서 짝 없는 전자는 이온 결합이나 공유 결합을 통해 쌍을 이룬다(98페이지 참고). 하지만 철(그리고 다른 많은 금속)의 경우, 짝 없는 전자는 원자가 전자껍질보다 낮은 에너지 준위에 있으므로 결합에 참여하지 않는다. 이들 전자는 짝 없는 상태로 남게 되고, 이들의 스핀이 정렬하면서 원자는 (상대적으로) 강력한 자기장을 갖게 된다.

20세기에 들어 자기의 원인, 그리고 전자 배치와 주기율표의 구조와의 연관성에 대한 이해는 강력한 자석의 개발로 이어졌다. 특히 1950년대부터 자석 제조업자들은 주기율표의 f-블록에 있는 희토류 금속rare earth metal을 사용하기 시작했다(78페이지 참고). 네오디뮴은 자성을 지닌 희토류 금속 중에서 가장 흔히 사용되며, 철 및 붕소와의 합금, 하드디스크 드라이브 모터, 풍력 발전용 터빈, 전기자동차의 모터에 사용된다. 네오디뮴 원자는 7개의 짝 없는 전자를 지니며, 네오디뮴 자석은 영구 자석 중에서 가장 강력하다. 그렇기 때문에 이들은 다른 자기화할 수 있는 물질에 비해 훨씬 더 작게 만들 수 있다.

핵 자기

핵을 구성하는 양성자와 중성자가 전하와 스핀을 지니기 때문에, 원자핵 역시 작은 자석으로 작용할 수 있다. 전자가 오비탈에서 쌍을 이루듯이, 핵의 내부에서는 양성자가 동일한 에너지를 지닌 다른 양성자와 쌍을 이루고, 중성자도 다른 중성자와 쌍을 이룬다. 이렇게 쌍을 이루는 각각의 구성 요소는 스핀을 제외하면 동일한 양자 상태를 지닌다. 즉, 스핀의 경우 하나는 "업", 하나는 "다운"이다. 쌍을 이룬 2개의 양성자나 2개의 중성자의 자기장은 쌍을 이룬 전자의 경우와 마찬가지로 상쇄된다. 그러므로 양성자 수와 중성자 수가 모두 짝수인 핵은 전체적으로 자기장을 가지지 않는다. 하지만 그렇지 않은 핵종도 많이 있으며 이들은 자기장을 지닌다. 핵의 자기장은 단일 전자의 자기장에 비해서도 훨씬 약하지만 특정 상황에서는 매우 생산적인 방식으로 사용될 수 있다.

강한 자기장 내에 물질을 놓으면 대부분의 핵의 스핀은 장에 따라 정렬할 것이다. 더욱이 각각의 핵은 "세차 운동precession"을 할 텐데, 이는 자이로스코프나 감속하는 팽이처럼 스핀 축이 원을 그린다는 의미이다. 세차 운동의 진동수는 핵 내 양성자 수 및 중성자 수의 합과 외부 자기장의 강도에 의해 결정된다. 이제 세차 운동과 동일한 진동수의 전자기파 펄스를 물질에 쪼이면, 다수의 핵은 스핀 축의 방향을 90도 또는 180도 바꿀 것이다. 이러한 현상은 방사선의 진동수가 세차 운동의 진동수와 일치할 때만 발생하며, 공명resonance의 한 예이다. 일

풍력 발전용 터빈 내부의 강력한 영구 자석은 네오디뮴-철-붕소 합금으로 만든다. 터빈의 날개가 회전할 때, 자석은 고정된 코일 주위를 회전하면서 도선에 전류를 유도한다.

핵 스핀

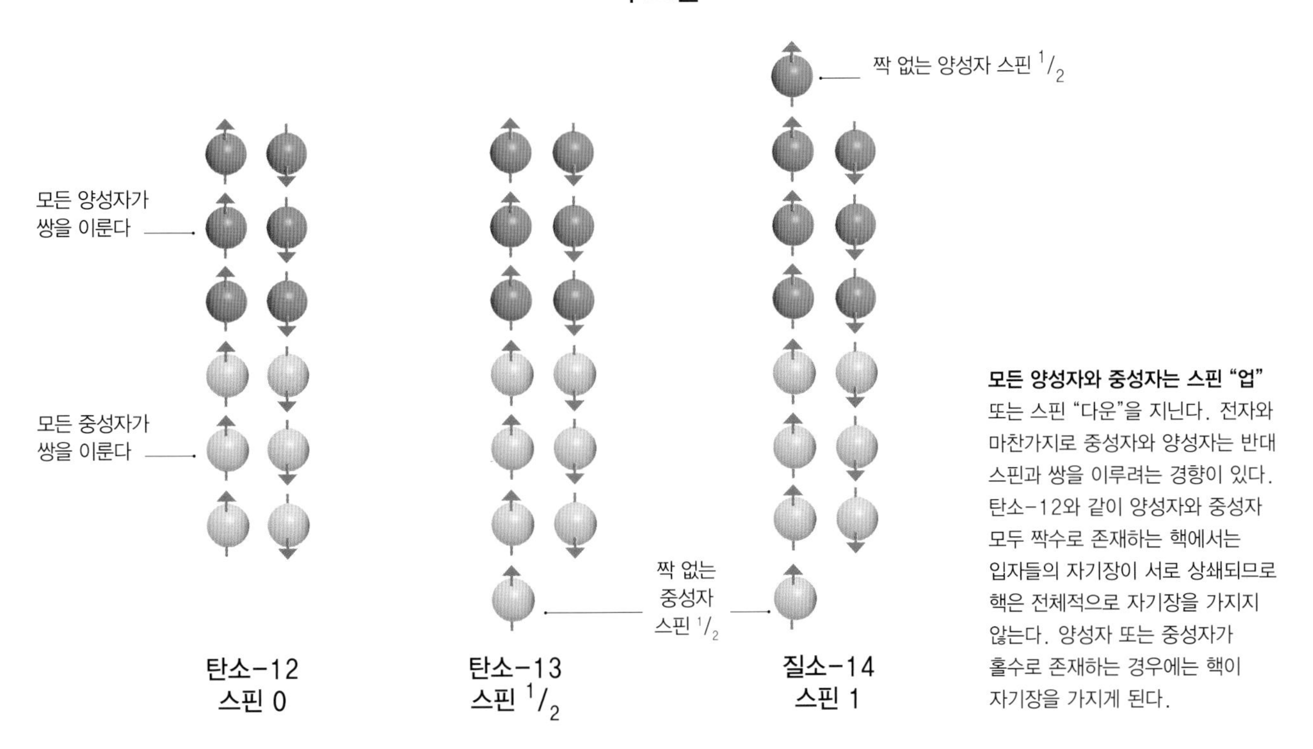

모든 양성자와 중성자는 스핀 "업" 또는 스핀 "다운"을 지닌다. 전자와 마찬가지로 중성자와 양성자는 반대 스핀과 쌍을 이루려는 경향이 있다. 탄소-12와 같이 양성자와 중성자 모두 짝수로 존재하는 핵에서는 입자들의 자기장이 서로 상쇄되므로 핵은 전체적으로 자기장을 가지지 않는다. 양성자 또는 중성자가 홀수로 존재하는 경우에는 핵이 자기장을 가지게 된다.

상에서 공명을 경험할 수 있는 경우는 그네에 탄 사람을 밀 때, 매번 그네가 도달하는 최대 높이를 올리기에 가장 적합한 순간에 미는 것이다. 또 다른 예로는 큰 소리로 노래해서 와인잔을 진동시켜 깨뜨리는 것이다. 와인잔을 손 끝으로 탁 치면 특정 진동수로 진동하게 되는데, 이 진동수는 잔의 크기와 유리의 두께에 의해 결정된다. 와인잔은 당신이 "공명 진동수"로 노래하는 경우에만 깨질 것이다. 마찬가지로 핵 스핀의 뒤집힘flipping 과정 역시 핵의 공명 진동수에서만 일어나며, 이를 핵자기공명nuclear magnetic resonance, NMR이라 부른다. 핵에 충돌하는 라디오파는 핵을 뒤집을 뿐 아니라 핵을 무작위가 아니라 함께(같은 위상으로) 세차 운동하도록 한다.

라디오파 펄스가 멈추면, 핵은 완화하면서 시작점으로 되돌아가기 시작한다. 이들은 동시에 다시 뒤집히지 않고 하나씩 무작위로 진행한다. 그동안 핵은 라디오 신호radio signal를 내보낸다. 핵이 다시 완화될 때까지 소요되는 시간은 핵이 위치하는 물질의 종류에 따라 달라지므로, 이를 통해 물질의 종류를 구분할 수 있다. 라디오 펄스가 멈춘 다음, 또 다른 종류의 "완화"가 일어난다. 그리고 나서 라디오파와 동기화된 세차 핵은 동기화가 소실되기 시작하면서 위상이 다른 상태로 세차 운동을 하는데, 이는 주변 원자들과의 상호 작용으로 인한 부분도 있다. 세차 운동을 하는 핵은 위상이 일치할 경우 강한 라디오 신호를 방출하는데, 이는 동기화가 소실되면서 점차 약해진다. 이러한 완화가 발생하기까지 소요되는 시간 역시 주위의 원자에 의해 좌우되므로, 테스트하는 물질의 특징을 나타낸다. 가장 중요하면서도 널리 사용되는 NMR의 응용은 자기공명영상magnetic resonance imaging, MRI이다. 이는 인체 내 해부학적 구조의 상세한 3차원 이미지를 생성해 여러 종류의 조직을 선명하게 볼 수 있도록 한다(다음 페이지 박스 참고).

자기공명영상

병원에서 근무하는 영상의학과 의사는 MRI 기기에 핵자기공명을 사용한다. 강력한 자기장이 자성 핵magnetic nuclei을 정렬하고 이들의 세차 운동을 유발하며, 일련의 라디오파 펄스가 이들을 뒤집는다. 공명 진동수는 생체 조직에서 매우 흔한 수소 원자핵의 공명 진동수로 선택된다. 핵이 뒤집힌 상태에서 다시 완화되는 데 소요되는 시간과 이들이 세차 운동 동기화를 소실하는 데 소요되는 시간은 조직의 종류에 따라 특징적이다. 조직에서의 수소 밀도 역시 조직의 종류에 따라 다르다(특히 수분이 많은 조직은 수소 농도가 높기 때문에 전반적으로 더 강한 신호를 보인다). 두 번째 자기장 세트도 존재하는데, 이들은 서로 직각을 이루며 강도는 환자의 길이, 폭, 깊이에 따라 달라진다. 이러한 차이로 인해 체내 모든 지점은 약간 다른 공명 진동수를 지니게 되며, 이로 인해 각 지점에서의 신호 역시 약간 달라진다. 컴퓨터로 신호를 분석하고 이들을 조합해 3차원 이미지를 구성하여 특정 위치에 어떤 종류의 조직이 있는지를 나타낸다.

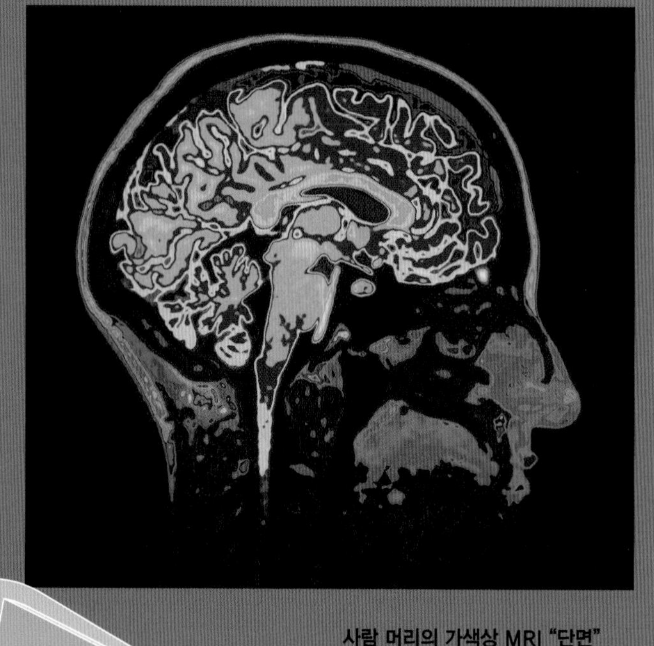

사람 머리의 가색상 MRI "단면"으로 여러 종류의 조직을 나타낸다. 뼈는 파란색, 중성자가 많은 뇌의 지방 조직은 주황색과 빨간색, 그 외 조직은 자주색이다.

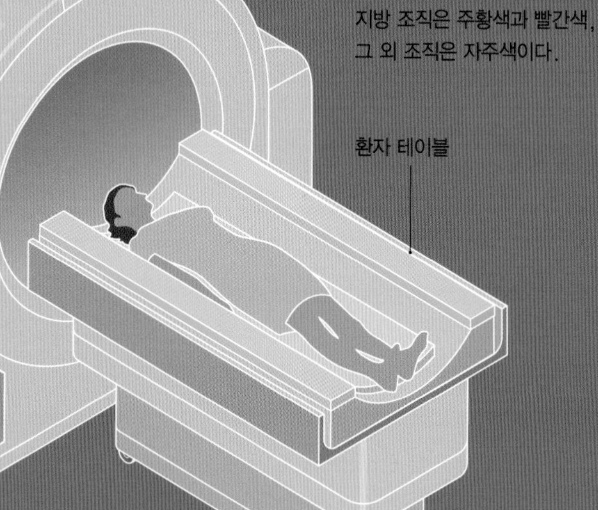

MRI 스캐너 모식도.
메인 자석 코일은 액체 헬륨에 담겨 있기 때문에 전류가 자유롭게 흐를 수 있다. 이는 초전도 코일로 매우 강력한 자기장을 생성한다.

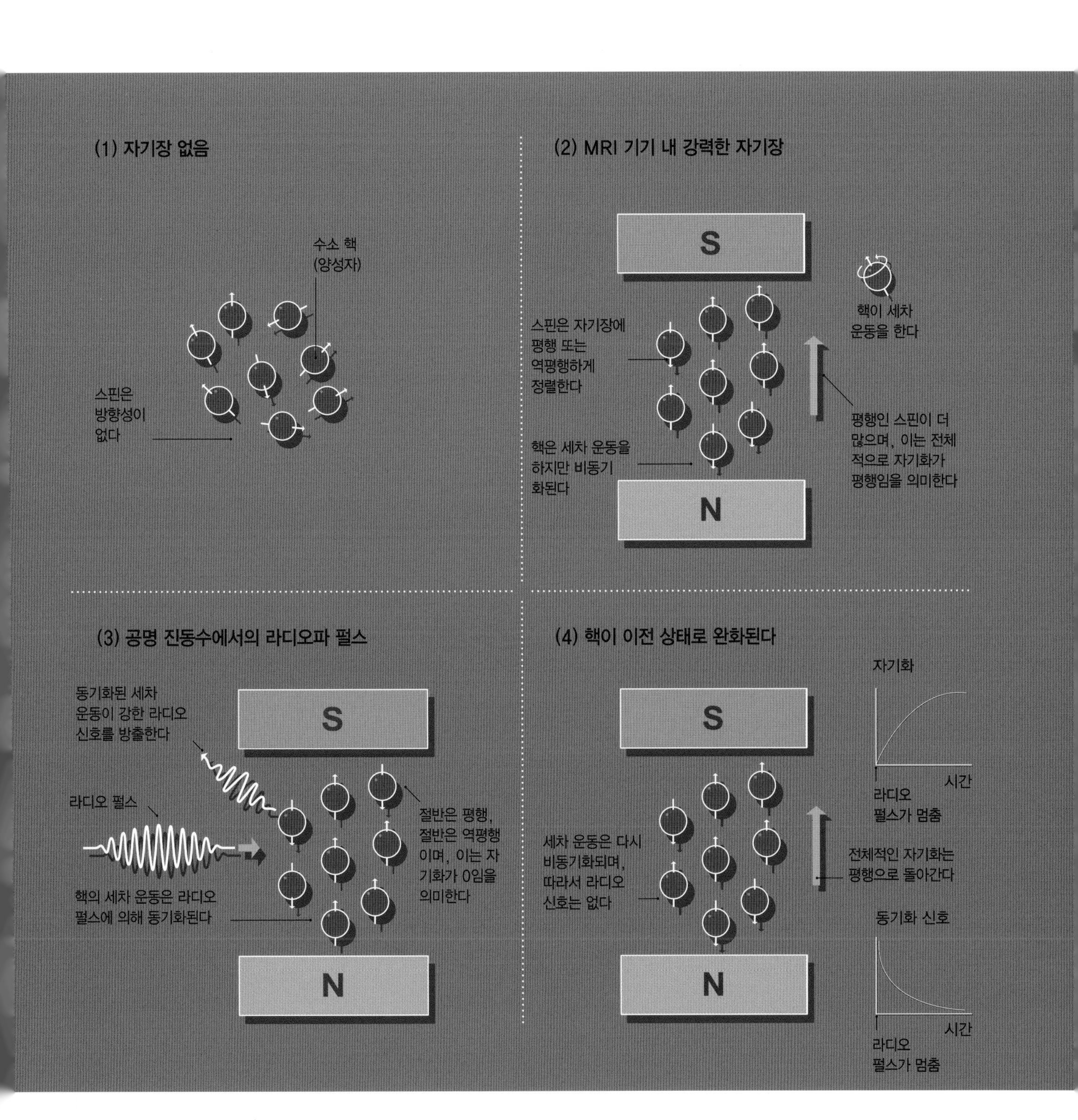

(1) 자기장 없음
수소 핵
(양성자)
스핀은
방향성이
없다
(2) MRI 기기 내 강력한 자기장
S
N
스핀은 자기장에
평행 또는
역평행하게
정렬한다
핵은 세차 운동을
하지만 비동기
화된다
핵이 세차
운동을 한다
평행인 스핀이 더
많으며, 이는 전체
적으로 자기화가
평행임을 의미한다
(3) 공명 진동수에서의 라디오파 펄스
동기화된 세차
운동이 강한 라디오
신호를 방출한다
라디오 펄스
S
N
절반은 평행,
절반은 역평행
이며, 이는 자
기화가 0임을
의미한다
핵의 세차 운동은 라디오
펄스에 의해 동기화된다
(4) 핵이 이전 상태로 완화된다
S
N
세차 운동은 다시
비동기화되며,
따라서 라디오
신호는 없다
전체적인 자기화는
평행으로 돌아간다
자기화
시간
라디오
펄스가 멈춤
동기화 신호
시간
라디오
펄스가 멈춤

방사능

20세기가 되자, 과학자들은 방사능 물질의 위험과 가능성을 인지하게 되었다. 방사능 물질에 의해 생성된 방사선 입자와 방사선은 여러 응용 분야에서 다양한 방식으로 사용된다. 예를 들어 방사선과 인체의 상호 작용은 여러 질병의 진단 및 치료에 있어 매우 중요하다. 하지만 어떤 경우에는 핵붕괴nuclear disintegration에 의해 생성되는 열만 사용하기도 한다.

방사성 핵종은 불안정한 양성자 및 중성자의 조합이다. 불안정한 핵은 알파 입자, 베타 입자 또는 감마 입자를 방출하면서 좀 더 안정적인 상태로 "붕괴"할 수 있다(61페이지 참고). 방출되는 입자는 전자와 충돌하면서 이를 원자에서 떼어내며 이온을 생성하기 때문에 이온화 방사선ionizing radiation이라 불린다.

의학에서의 방사능

암 치료법의 하나인 방사선 치료radiation therapy, radiotherapy는 방사능 물질을 사용하기도 한다. 이온화 방사선은 종양 세포 및 그 주변 세포의 DNA를 손상시킨다. 종양 세포는 자가 복구를 할 수 없지만 정상 조직 내 세포는 이것이 가능하다. 치료 용량의 방사능은 방사성의약품radiopharmaceutical이라 불리는 약제를 통해 체내로 전달되며 고전력-엑스선에 의해서도 전달되는데, 이는 방사능 물질에서 나오는 이온화 방사선과 비슷한 정도로 DNA에 영향을 미친다. 방사성의약품에는 대개 알파 붕괴가 일어나는 방사능 핵종이 포함되는데, 방출된 알파 입자는 이온화 경향이 높으면서 짧은 파장을 지니기 때문에 국소적으로 작용할 수 있다.

의사는 종양 내부 또는 그 주변에 소량의 방사성의약품을 주사하거나 수술적으로 위치시키는데, 이러한 시

가정에서의 이온화

대부분의 가정용 연기 감지기smoke detector에는 방사성 핵종 아메리슘-241이 소량 들어 있다. 이는 감지기 내부에서 공기를 이온화시키는 알파 입자가 지속적으로 방출되도록 한다. 소량의 전류가 이온화된 공기를 통해 흐른다. 연기 입자가 존재할 경우, 이들이 알파 입자를 흡수해 공기는 더 이상 이온화되지 않으며, 전류가 차단되면서 경고음이 울린다. 이는 가이거-뮐러 계측기Geiger-Muller radiation detector의 원리와 정반대로 작동한다(60페이지 참고).

삽입된 그림: 이온화 방사선을 나타내는 국제 위험물 표식

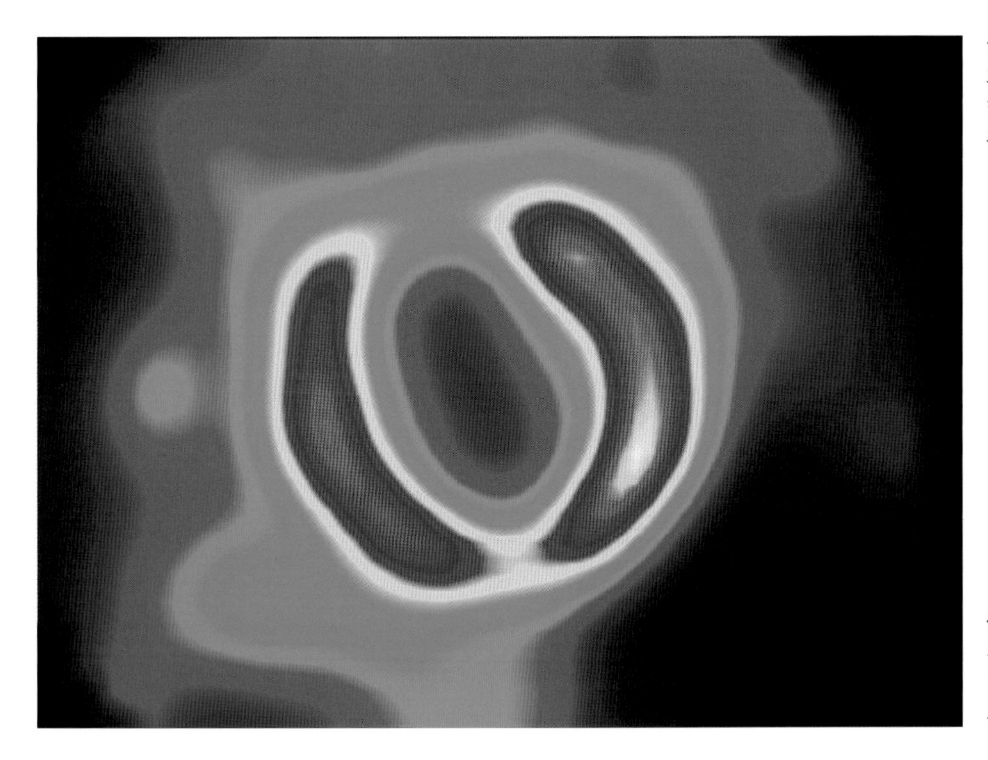

심근경색 환자의 심장 근육에 흐르는 혈류의 이미지. 방사성 핵종인 테크네슘-99m을 혈액에 주입한 후 스캔했다.

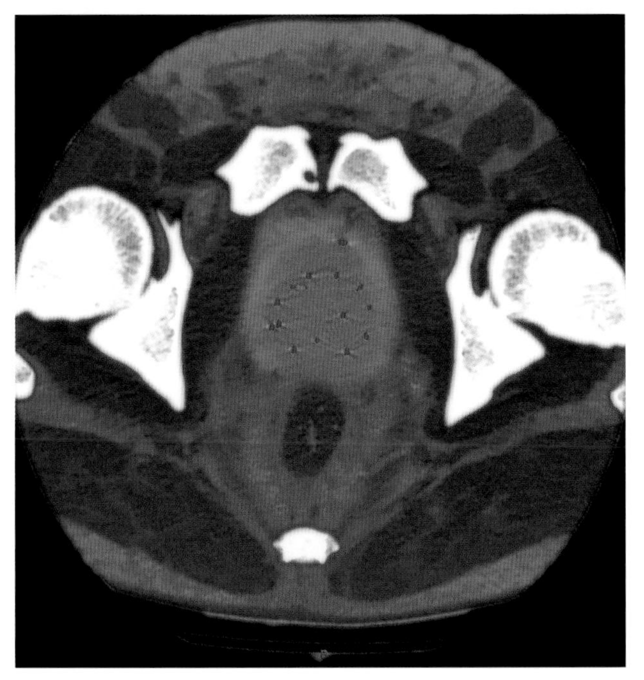

국소 암 치료를 위해 수술로 환자의 전립선에 작은 방사능원(아이오딘-125, 아래 이미지의 붉은색)을 삽입한 후 촬영한 CT 스캔.

술을 근접치료brachytherapy라 부르며, 유방암, 전립선암 및 자궁경부암 치료에 흔히 사용된다. 그 외에도 방사선을 종양에 전달하는 방법은 여러 가지가 있는데, 한 예로 인-32를 포함한 피부 패치는 피부암 치료에 사용된다.

다수의 방사성의약품은 종양의 형태와 위치, 혹은 혈류의 이미지를 생성해 치료가 아닌 진단 보조 용도로 사용된다. 화합물에 부착된 방사성 핵종은 특정 조직에 의해 선택적으로 흡수되어 방사능 추적자radioactive tracer로 작용한다. 약제는 주사제로 투여되거나 정제로 복용 가능하며, 기체로 흡입되기도 한다. 이 경우에 사용되는 방사성 핵종은 알파 및 베타 입자에 비해 이온화 경향이 적기 때문에 대개 감마선을 방출하며, 생체 조직과 상호 작용을 하지 않은 채 대부분 체외로 빠져 나가게 된다. 감마선은 탐지가 가능해 해당 부위의 이미지를 만드는 데 사용된다.

붕괴열

방사능 물질에 의해 방출되는 방사선이 빠져나가지 못하고 물체 내부에 흡수된다면, 이는 결국 열로 나타날 것이다. 당신의 발 아래 깊은 곳에서는 우라늄과 토륨, 그 외 무거운 원소의 자연 방사능 동위원소들이 엄청난 양의 열을 생성하고 있다. 이 열은 지구 맨틀의 암석을 용융 상태로 유지하고, 지질 구조판을 움직이는 원동력이자 지열 에너지의 궁극적인 원천이 된다. 좀 더 작은 스케일에서는, 사용하고 난 핵연료의 잔류 방사능residual radioactivity이 핵발전소가 해체된 이후에도 수년 동안 지속적으로 열을 생성한다. 작은 플루토늄-238 덩어리에서 생성되는 열은 이를 붉게 타오르도록 할 정도이다.

우주 탐사선의 엔지니어들은 붕괴열decay heat을 두 가지 방법으로 사용한다. 달과 화성에 착륙했던 우주 탐사선에는 방사성 동위원소 가열장치radioisotope heating unit, RHU가 탑재되어 있다. 이 조그마한 기기에는 수십 그램의 방사성 동위원소가 들어 있는데, 이들은 대개 폴로늄-210 또는 플루토늄-238으로 수 와트의 열을 생성해 달과 화성에서 밤 동안의 극심한 추위로부터 계기판 전자장비를 보호한다. 특히 태양계 멀리까지 여행하는 경우에는 태양 전지판solar panel이 우주선의 전기 시스템을 구동하기에 충분한 에너지를 생성하기 못하기 때문에, 많은 우주 탐사선들이 붕괴열을 이용해 전력을 충당한다. 이들 우주선은 방사성 동위원소 열전자 발전기radioisotope thermionic generator, RTG를 탑재하는데, 여기에 배열된 열전쌍thermocouple이 전압을 생성한다. 열전쌍은 두 개의 다른 금속이 접합된 것으로, 두 금속이 서로 다른 온도에 놓일 때 전압을 생성한다. RTG에서 접합의 한 면은 차가운 우주에 노출되어 있지만 다른 면은 방사능원(대개 플루토늄-238)과 인접해 있다. 냉장고 크기의 RTG는 수백 와트를 생산하지만, 시간이 경과함에 따라 방사성이 감소하면서 이 수치 역시 감소한다.

플루토늄 구는 내부의 수많은 방사능 붕괴로 방출된 에너지의 가열 효과로 인해 자연적으로 붉은 빛을 내며 뜨겁게 달아오른다.

뉴호라이즌스New Horizons 우주 탐사선(맞은편 페이지)이 목성의 왜소행성 (및 뒤에 보이는 그 위성인 카론Charon)에 접근할 때의 모습을 그린 상상도. 대부분의 우주 탐사선과 마찬가지로 뉴호라이즌스도 방사성 동위원소의 붕괴열로 전기를 생성하는 방사성 동위원소 열전자 발전기를 탑재하고 있다. 탐사선은 태양으로부터 너무 멀리 떨어져 있어서 태양 전지판으로 전력을 생성하기는 힘들다.

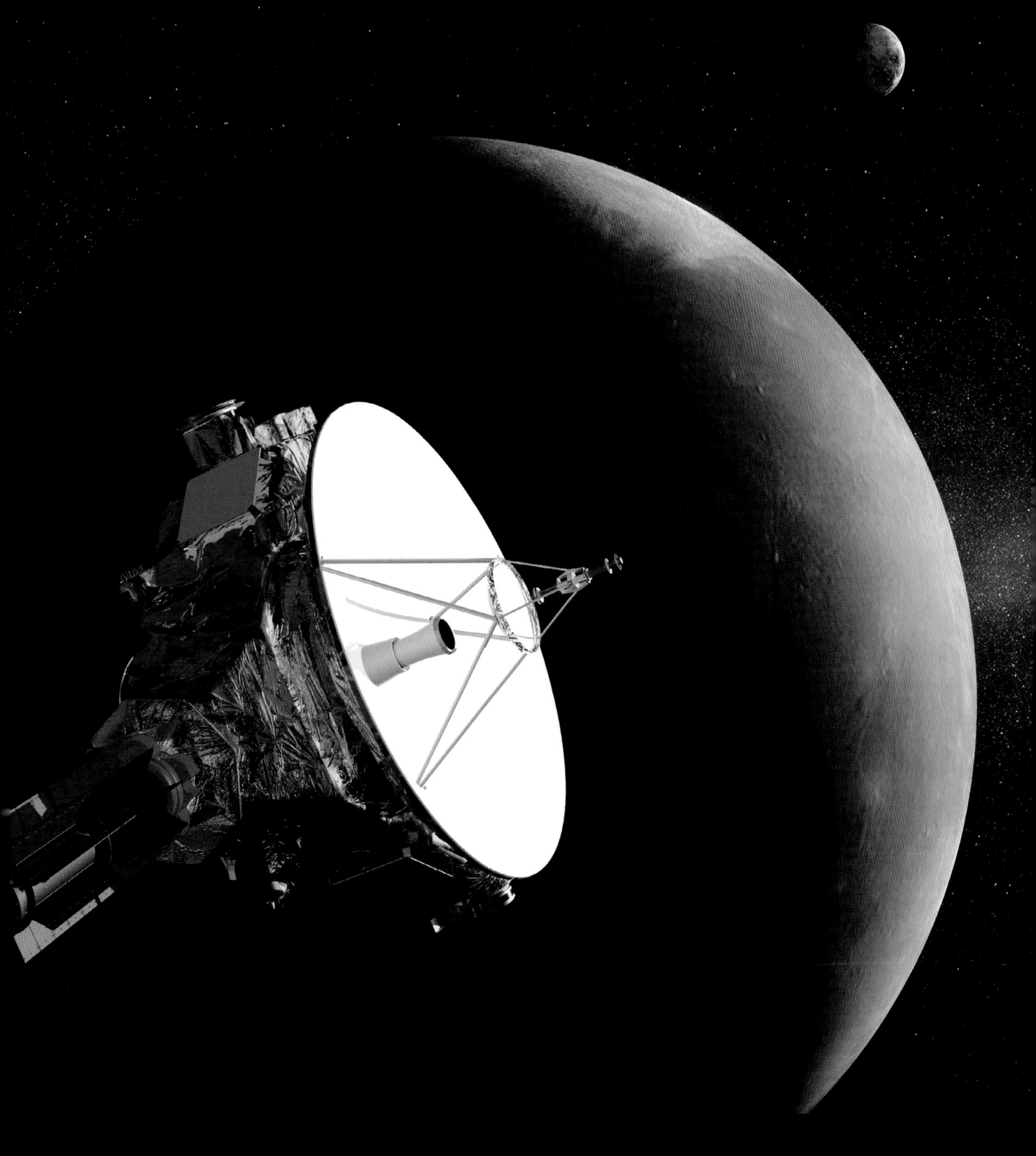

방사능 연대측정법

일상 생활보다는 과학적 연구와 관련된 방사능 응용 분야 중 하나는 방사능 연대측정법radioactive dating, 즉 방사능을 이용해 지질학적 또는 고고학적 유물의 연대를 추정하는 것이다. 특정 시료 내의 불안정한 원자는 시간이 경과할수록 더 많이 붕괴한다. 따라서 붕괴하지 않은 핵종과 붕괴한 것의 비율을 측정하면 시료의 연대를 추정할 수 있다. 여러 방사능 연대측정법 중에서 방사성탄소 연대측정법radiocarbon dating과 포타슘-아르곤 연대측정법potassium-argon dating이 가장 널리 사용된다.

한 과학자가 전기 줄electric rasp을 이용해 화석화된 인간의 두개골 조각에서 시료를 채취하고 있다. 가루에 포함된 탄소-14 내용물을 분석하면 두개골의 주인이 얼마나 오래 전에 사망했는지 추정할 수 있다.

방사성탄소 연대측정법은 사망한 지 오래된 생체 시료의 연대를 측정하는 데 유용하다. 이는 생명체가 살아있는 동안은 탄소를 흡수하지만 죽고 나면 더 이상 흡수하지 못한다는 사실에 기반한 방법이다. 식물은 광합성을 통해 탄소를 흡수하고, 동물은 광합성을 해 온 식물을 먹어서 탄소를 흡수한다. 생명체가 평생 동안 동화하는 탄소 중 일부는 방사성 핵종 탄소-14인데, 이는 우주선cosmic ray이 원자와 충돌해 자유 중성자를 생성할 때 대기에서 만들어진다.

이들 중성자가 질소-14(7p, 7n)의 원자와 충돌하면, 탄소-14(6p, 8n)와 자유 양성자를 생성한다. 탄소-14는 대기에서 일정한 속도로 생성되고, 베타 붕괴에 의해 다시 질소-14로 붕괴하는데(60페이지 참고), 이때 반감

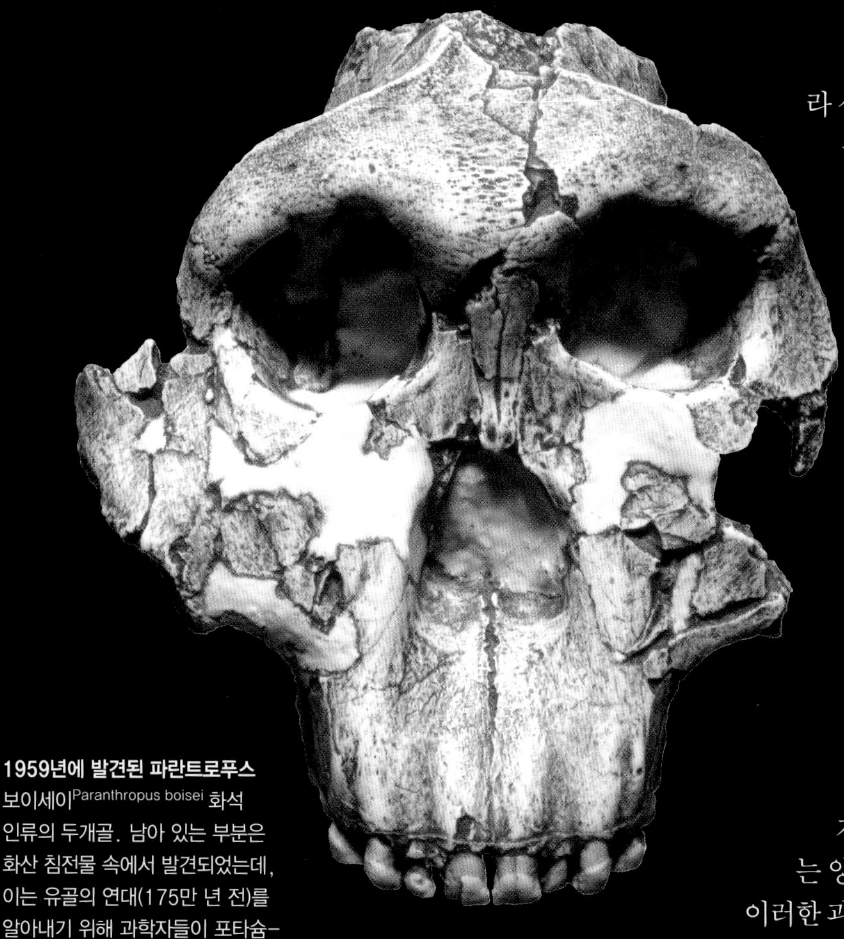

1959년에 발견된 파란트로푸스 보이세이 Paranthropus boisei 화석 인류의 두개골. 남아 있는 부분은 화산 침전물 속에서 발견되었는데, 이는 유골의 연대(175만 년 전)를 알아내기 위해 과학자들이 포타슘-아르곤 연대측정법을 사용하였음을 의미한다.

기는 약 5,700년이다.

생명체는 살아 있는 동안 체내에 탄소-14를 지속적으로 보충하면서 대기에 존재하는 탄소-14와 동일한 비율을 유지한다. 하지만 생명체는 죽고 나면 더 이상 탄소-14를 모을 수 없게 되며, 탄소-14는 붕괴한다. 붕괴하지 않고 아직 남아 있는 탄소-14와 비방사성 탄소-12의 비율을 측정하면 생명체가 얼마나 오래 전에 죽었는지를 알 수 있다. 이는 대개 질량 분석계(69페이지 참고)를 통해 이루어진다. 방사성탄소 연대측정법을 사용할 경우, 뼈를 비롯해 한때 생존했었던 시료의 일부뿐 아니라 선사시대의 주거지와 의복에 사용된 유기물로도 측정이 가능하다.

포타슘-아르곤 연대측정법은 자연적으로 발생하는 핵종인 포타슘-40이 불안정하다는 사실을 이용한다. 포타슘-40의 핵 10개 중 9개 정도는 베타 붕괴를 통해 칼슘-40을 생성하는데, 이는 안정적이면서 매우 흔하기 때문에 방사능 연대측정법에는 도움이 안 된다. 하지만 나머지 1개 정도는 전자 포획electron capture이라 불리는 다른 과정을 통해 붕괴한다. 이는 이름에서 알 수 있듯이 핵이 전자 하나를 흡수하는 것으로, 이 전자는 양성자와 결합해 중성자를 생성한다. 이러한 과정을 통해 원자 번호가 하나 줄어드는 효과가 발생하지만 원자량(전체 양성자와 중성자의 수)에는 변화가 없다. 포타슘의 원자 번호는 19이며, 원자 번호가 18(하나 작은)인 원소는 아르곤이다. 그러므로 포타슘-40 핵이 전자를 포획하면 아르곤-40 핵이 된다. 아르곤은 비활성 기체(80페이지 참고)로 다른 원소와 화학 반응을 일으키지 않는다. 암석에서 포타슘 원자의 방사능 붕괴로 인해 아르곤이 생성되면, 이는 암석의 결정 구조 내에 갇힌다. 포타슘-아르곤 연대측정법은 용암이 굳어 생성된 화성암에서 유용하다. 암석이 굳기 전에는 아르곤이 빠져 나갈 수 있지만, 굳고 난 후에 새롭게 생성된 아르곤은 암석 내에 갇히기 때문에 암석이 얼마나 오래 전에 형성되었는지 추정할 수 있는 것이다. 여기에서도 질량 분석계를 사용해 암석 시료 내의 아르곤-40 대 포타슘-40 비를 측정한다.

핵반응

의료 및 우주 탐사에 사용되는 방사능 핵종의 대부분은 원자로nuclear reactor에서 만들어진다. 상용 원자로는 모두 핵분열을 이용하는데, 이는 크고 무거운 핵이 좀 더 작은 조각으로 나눠지면서 많은 양의 에너지와 방사성 물질을 분출하는 것을 말한다. 하지만 다른 종류의 핵반응인 핵융합도 존재하며, 이는 거의 무한대에 가까운 에너지를 생산할 수 있는 미래의 에너지원으로 각광 받고 있다.

핵분열

원자핵의 구조 및 성질에 관한 연구는 1920년대부터 활발하게 시작되었다. 1930년대 후반에 이르자 물리학자들은, 일부 크고 불안정한 핵이 단순히 알파 입자나 베타 입자를 방출하거나 감마선 방출을 통해 에너지를 잃는 대신, 좀 더 작은 조각으로 나눠지는, 즉 분열하는 과정을 이해하게 되었다. 분열은 자발적으로 발생하기도 하지만 불안정한 핵에 중성자를 충돌시키면 더욱 촉진된다. 크고 불안정한 핵이 분열할 때는 자유 중성자가 방출될 수 있기 때문에 이러한 과정은 연쇄적으로 일어날 수 있다. 즉, 이 과정에서 새롭게 방출된 중성자는 주변에 있는 다른 핵의 분열을 초래하고, 이들이 분해되면서 더욱 더 많은 중성자가 방출되는 것이다. 연쇄 반응은 불안정한 핵이 충분히 존재하는 경우에만 시작되고 또 유지될 수 있다. 그러므로 연쇄 반응이 일어날 수 있는 최소 질량인 임계 질량critical mass이 존재한다.

핵분열에 의해 생성된 보다 작은 딸핵은 이들을 만든 불안정한 핵에 비해 작은 에너지를 가진다. 그러므로 연쇄 반응이 일어나는 임계 질량을 지닌 분열 물질 덩어리에서, 많은 양의 에너지가 핵분열 조각nuclear fragment의 되튐recoil 및 중성자의 움직임으로 방출된다. 빠른 시간 내에 방출된 충분한 에너지는 원자로 노심reactor core에 있는 물을 끓게 하거나(이로 인한 증기가 전기 발전기를 돌린다) 원자폭탄이 폭발할 때 엄청난 파괴력을 야기한다.

원자로에서 가장 흔히 사용되는 분열 핵종은 우라늄-235이며, 원자 폭탄에서는 우라늄-235 또는 플루토늄-239가 흔히 쓰인다. 하지만 일부 원자로는 토륨-232를 사용한다. 지각에는 우라늄에 비해 토륨 함유량이 훨씬 많으며, 토륨 원자로에서 나오는 방사성 폐기물은 우라늄 원자로의 것에 비해 반감기가 훨씬 짧다. 하지만 기술적인 문제로 인해 아직까지 토륨 원자로가 주된 형태로 자리 잡지는 못한 상태이다.

정비 중인 원자로 노심. 원자로가 가동될 때는 노심에 고압의 물이 채워져 있어서 끓지 않는다. 그러나 노심이 열을 물에 전달하면 물이 끓어서 터빈 발전기를 가동시킨다.

분열 연쇄 반응

불안정한 핵종(여기에서는 우라늄-235)이 중성자를 흡수하면, 이들은 2개의 작은 조각, 즉 2개의 작은 핵종으로 나눠진다. 우라늄-235의 경우, 이들은 대개 크립톤-92와 바륨-141이다. 작은 핵의 결합에너지는 큰 핵의 결합에너지보다 작기 때문에 이 과정에서 에너지가 방출된다. 이때 분열이 일어난 후 핵자 수가 바뀌는 사실(92 + 141 = 233)에 주목하자. 분열 전에는 충돌하는 하나의 중성자를 포함해 전체 236개의 핵자가 존재했다. 그러므로 분열 후에는 3개의 중성자가 존재하고, 근처에 우라늄-235 원자가 있다면 이들 중성자는 더 많은 분열을 초래할 것이다. 이러한 과정은 빠르게 연쇄 반응으로 이어지며 순식간에 많은 양의 에너지를 방출하게 된다. 원자로에서는 자유 중성자의 일부를 흡수할 수 있는 재질로 만든 제어봉 삽입을 통해 연쇄 반응을 조절한다. 원자폭탄의 경우에는(162페이지 참고) 연쇄 반응이 소멸되지 않고 지속되어 끔찍할 정도로 파괴적인 결과를 초래한다.

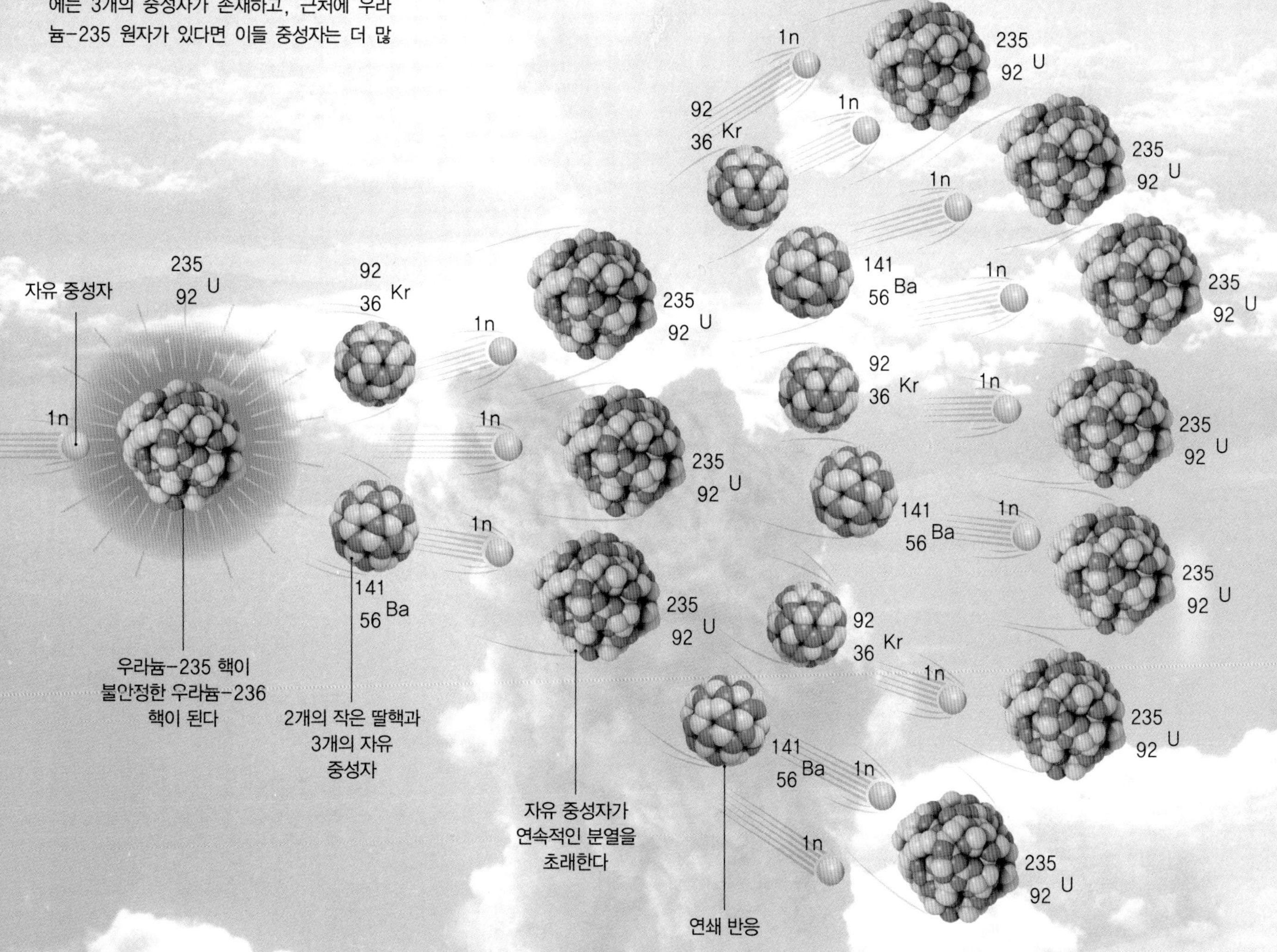

1

2

3

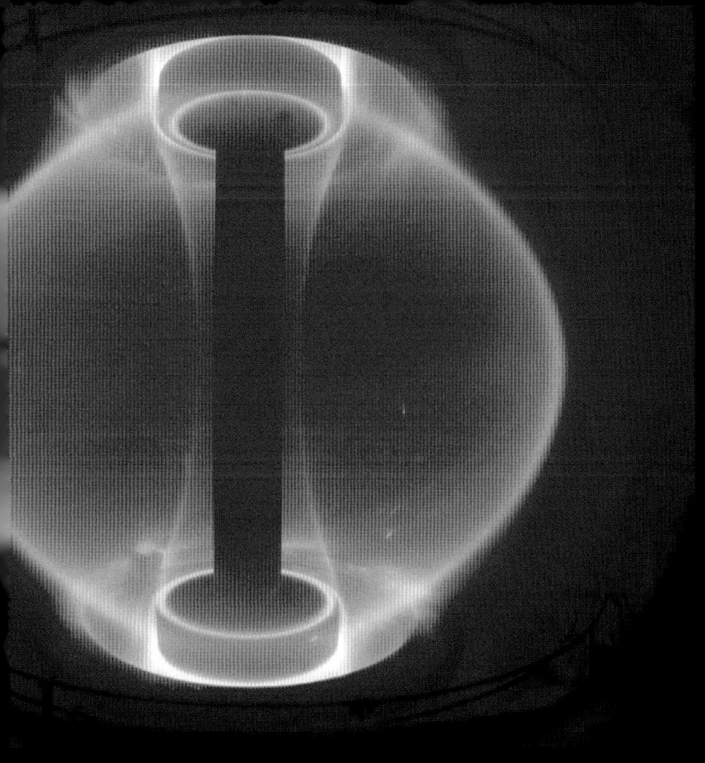

핵융합

태양을 비롯한 항성에 전력을 공급하는 핵반응인 핵융합 과정에서도 많은 양의 에너지가 방출된다(72페이지 참고). 핵융합에서는 두 개의 작은 핵(대개 수소 동위원소)이 매우 높은 온도와 압력에서 서로 결합하면서 더욱 커진 새로운 핵을 형성한다. 이 새로운 핵은 이를 형성한 두 작은 핵에 비해 에너지가 작으며, 여분의 에너지는 역시 열로 방출된다. 이 과정은 수소 폭탄과 같은 무기를 제작하는 데에도 사용될 수 있으며 이는 열핵무기thermonuclear device라고도 불린다. 하지만 핵융합을 연구하는 과학자들은 미래에 핵융합을 조절해 값싼 전기를 풍부하게 생성할 수 있기를 희망한다. 핵융합로는 방사능 폐기물을 사실상 생성하지 않으며, 우주에서 가장 풍부한 원소인 수소를 원료로 사용한다.

핵융합은 핵들이 충분한 운동량을 가지고 빠른 속력으로 움직여 융합할 수 있는 매우 높은 온도에서만 가능하다. 이를 위해서는 수천만 도의 고온이 필요한데, 융합 전력 기술에서의 한 가지 문제점은 이렇게 뜨거운 물질을 물리적으로 어떻게 보관하느냐이다. 이와 같은 고온에서는 수소가 완전히 이온화되어 플라스마로 존재하는데, 다행히도 용기와의 접촉 없이 플라스마를 보관할 수 있는 방법이 있다. 플라스마는 강력한 자기장을 사용해 보관 및 통제가 가능하다. 통상적인 방법은 토카막tokamak이라 불리는 도넛 형태의 용기toroidal chamber를 사용하는 것이다. 핵융합은 실험용 원자로에서 여러 차례 시도되었지만, 아직까지는 반응을 시작하기 위해, 산출되는 에너지보다 많은 양의 에너지를 사용해야 했다.

(1) 1952년, 태평양의 마셜 제도 근처 에네웨타크 환초에서 시행된 암호명 아이비 마이크Ivy Mike 수소 폭탄 실험에서의 최초의 열핵폭발 (핵융합). (2) 수백만 도에 달하는 토카막 원자로 내부의 수소 플라스마와 (3) 가동하지 않을 때의 토카막 내부.

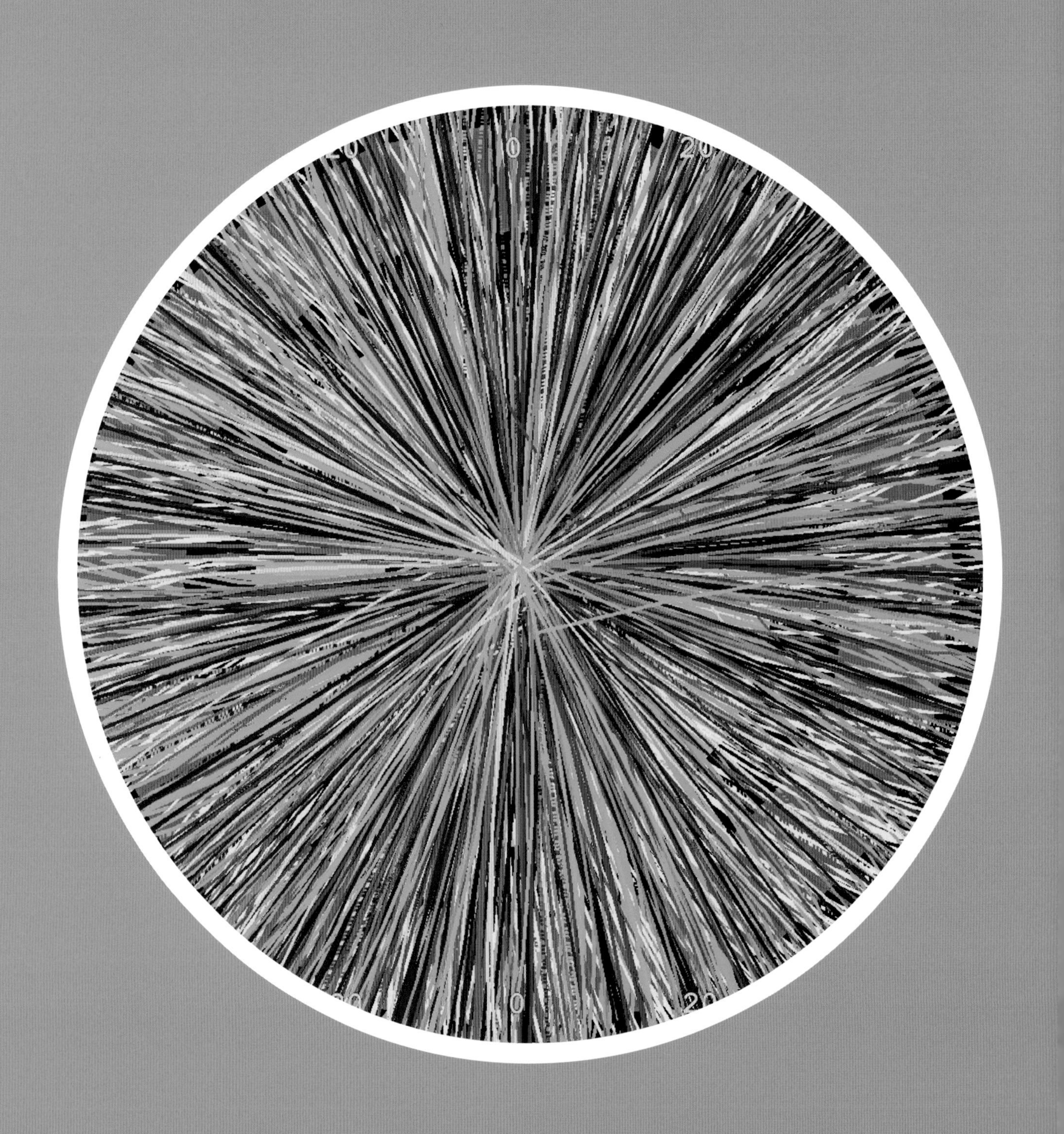

제7장

원자론의 종말?

원자론에서 가장 중요한 교리는 물질이 더 이상 나눠지지 않는 작은 입자인 원자로 구성된다는 것이다. 20세기에 물리학자들은 원자가 내부 구조를 지닌다는 사실을 알게 되었다. 즉, 원자가 더 작은 구성 성분으로 이루어졌다는 것이다. 핵은 양성자 및 중성자로 구성되며, 이들은 다시 쿼크로 이루어진다. 과학자들은 계속해서 여러 다른 아원자 입자들을 발견하면서 다음과 같은 질문을 던졌다. 원자는 대체 무엇인가? 진정 기본적이면서 쪼개지지 않는, 물질의 구성 요소인가? 세상은 무엇으로 이루어져 있는가? 이에 대한 해답은 아마도 장field일 것이다.

스위스 제네바 인근에 있는 CERN에서 고에너지 납 이온의 충돌에 의해 생성된 수천 개 입자들의 흔적. 물리학자들은 이와 같은 실험을 통해 가장 근본적인 수준에서 물질을 탐구하고, 원자 스케일 이하의 크기나 질량을 가진 많은 종류의 입자들 간의 상호 작용을 밝혀냈다.

궁극의 원자를 찾아서

“원자”의 원래 의미는 “기본적”이라는 뜻을 내포한다. 즉, 다른 무엇으로도 이루어지지 않고 내부 구조를 지니지 않으면서, 더 이상 나눌 수 없는 고체 입자를 의미한다. 하지만 현대 물리학에 의하면 원자는 비록 작긴 하지만 자연의 궁극적인 기본 구성 요소는 아니다. 이들은 보다 작은 입자들로 구성되며, 원자 외에도 다른 다양한 미세 입자들이 존재한다. 주기율표 덕분에 화학 원소들 간의 질서를 발견할 수 있었듯이, 이들 입자들은 표준 모형Standard Model이라 불리는 이론을 통해 조직화된다.

주기율표는 우리를 둘러싸고 있는 세상의 다양한 물질 속에서 질서를 찾기 위한 노력이었다. 이는 물리학자들이 양성자와 중성자뿐 아니라 심지어 전자의 존재를 알기도 전에 이미 태동한 개념이었다. 하지만 이 주기율표에 나타난 질서는, 직관적이지는 않지만 비교적 단순한 양자역학의 규칙에 기초한 원자 구조의 결과라는 사실이 밝혀졌다. 주기율표의 각 칸에는 원소가 자리하고 있는데, 이들 원소의 원자는 정해진 수의 양성자와 전자를 지니며, 각 원소의 화학적 성질은 전자가 핵 주위에 배열된 방식에 의해 결정된다. 그렇기 때문에 물리학자들과 화학자들은 원자가 내부 구조를 지녔다는 사실에 실망하지 않았다. 이 내부 구조가 주기율표의 패턴을 설명하는 데 도움이 되었기 때문이다(78페이지 참고). 하지만 진정한 원자, 즉 내부 구조를 지니지 않는 기본 입자를 발견하기 위한 탐구는 계속되었다.

또 다른 입자들

중성자의 발견 이후에도 양성자와 중성자로 이루어진 핵이 전자 구름에 둘러 싸여 있는 원자 모형은 지속되었다. 원자 물리학자들은 비록 원자는 기본 입자가 아니었지만 적어도 양성자, 중성자, 그리고 전자는 기본 입자라는 생각으로 스스로를 위로할 수 있었다. 하지만 20세기가 되자 이론과 실험을 통해 이전에는 상상조차 할 수 없었던 다양한 입자들이 발견되었고, 결국 과학자들은 양성자와 중성자도 기본적인 입자가 아니라는 사실을 깨닫게 되었다. 이로써 세상이 양성자와 중성자, 전자로 이루어져 있다는 생각은 뿌리째 흔들리게 되었다.

그 선봉에 선 사람은 영국의 물리학자 폴 디랙Paul Dirac이었다. 1920년대 말, 디랙은 양자 이론과 상대성 이론을 접목할 수 있는 방법을 찾았다. 그는 전자가 전하를 제외한 모든 면에서 동일한 도플갱어, 즉 분신을 가진다는 사실을 우연히 발견했다. 반전자antielectron, 즉 양전자positron는 전자와 동일한 질량을 지니지만 음전하가 아닌 양전하를 띤다. 결국 모든 입자는 연관된 입자(광자와 같이 전하가 없는 입자는 스스로가 반입자로 간주

2

(1) 1960년 CERN에서 거품 상자 내부에 있는
양성자끼리 충돌시켰을 때의 사진. 양성자가 충돌하면서 14개의 중성자가 뻗어 나갔다(직선). 일부 양성자와 부딪힌 전자는 궤도에서 벗어나면서, 상자 내의 자기장에서 나선형으로 회전했다.

1

된다)를 지닌다는 피할 수 없는 결론에 이르게 되었다. 1940년대 일본의 물리학자 유카와 히데키Hideki Yukawa(53페이지 참고)는 파이온pion 가설을 세웠고, 이는 1956년에 예상대로 발견되었다. 한편, 우주로부터 온 고에너지 입자(우주선cosmic ray)와 지구 대기 중의 원자와의 충돌 장면을 담아낸 사진을 통해 다른 종류의 입자가 존재할 것으로 추측되었다. 그리고 1950년대와 60년대 강력한 입자 충돌기particle collider의 부상과 더불어, 입자 물리학자들은 이전에는 알려지지 않았던 다양한 입자를 발견하기 시작했다. 이들 입자는 원자의 일부가 아니었으므로 우리가 알고 있는 일반적인 물질을 구성하지 않았다. 그렇다면 이들의 정체는 대체 무엇이었을까?

3

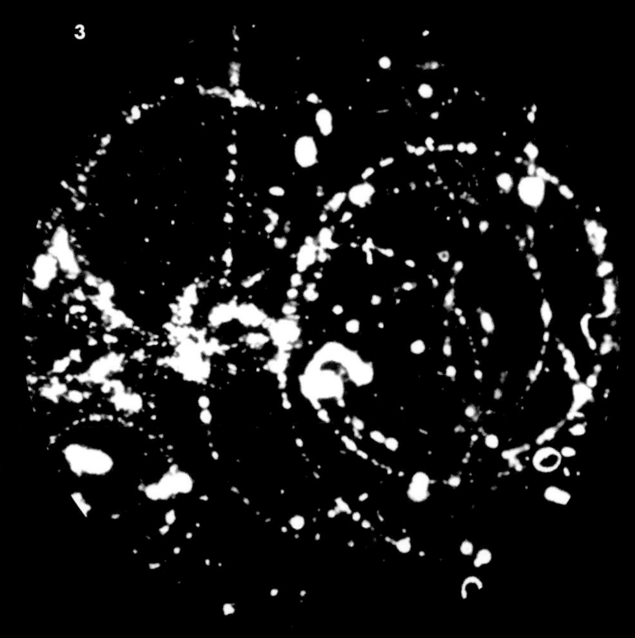

(2) 사진 유제에서 우주선 입자
(적색)가 원자핵과 충돌하는 모습을 기록한 사진 건판의 가색상 이미지. 파이온(노란색), 플루오린 원자핵(녹색) 및 기타 핵 파편(파란색)을 방출하고 있다.

(3) 1927년, 안개 상자cloud chamber
내부의 우주선 충돌을 찍은 최초의 사진(우측). 상자 내부의 자기장 안에서 전하를 띤 입자가 어떻게 휘는지 주목하자.

1952년, 미국의 물리학자 도널드 글레이저Donald Glaser는 거품 상자bubble chamber를 발명했다. 이것은 액체(대개 수소) 탱크로, 전하를 지닌 입자가 작은 거품 흔적을 남기는 것이었다. 탱크 내부의 자기장과 전기장으로 인해 입자는 자신의 질량과 전하에 따라 휘어진 경로를 따랐다. 이 기기 덕분에 입자 물리학자들은 입자 가속기 내에서 다른 입자들 간의 충돌로 인해 생성된 여러 새로운 입자를 발견할 수 있게 되었다. 각각의 입자는 다른 조합의 전하와 질량을 지니며, 일부 입자와는 상호 작용을 하지만 다른 것들과는 하지 않았다. 불가사의하게도 입자들은 존재와 소멸 사이를 왔다 갔다 할 수 있었다.

1960년대, 미국의 물리학자 머리 겔만Murray Gell-Mann과 러시아 출신의 미국 물리학자 조지 츠바이크George Zweig는 여러 새로운 입자를 이해하려고 연구하였고 이들 중 다수가 복합 입자, 즉, 겔만이 "쿼크"라 명명한 더 작은 입자로 구성된 것이라고 했다. 그들의 이론에 따르면 어떤 입자는 2개의 쿼크로 구성되며, 양성자와 중성자(그리고 반양성자와 반중성자)는 각각 3개의 쿼크로 이루어진다. 당시 과학계는 의심스러운 반응을 보였지만, 1970년대에 시행된 실험을 통해 이 이론이 옳다는 사실이 밝혀지면서 쿼크의 존재를 확인하게 되었다. 쿼크로 이루어진 모든 입자는 하드론hadron이며, 이 중 2개의 쿼크로 된 하드론은 메손meson, 3개의 쿼크로 된 하드론은 바리온baryon이라 불린다. 처음에는 "위up" 쿼크와 "아래down" 쿼크의 2종류 쿼크만이 고려되었다(예를 들어 양성자는 2개의 "위"와 1개의 "아래" 쿼크로 구성된다). 하지만 얼마 지나지 않아 더 큰 질량을 지닌 동등한 쿼크 쌍이 존재한다는 사실이 분명해졌으며, 이들은 "맵시charm", "기묘strange", "꼭대기top", "바닥bottom"으로 불린다. 그리고

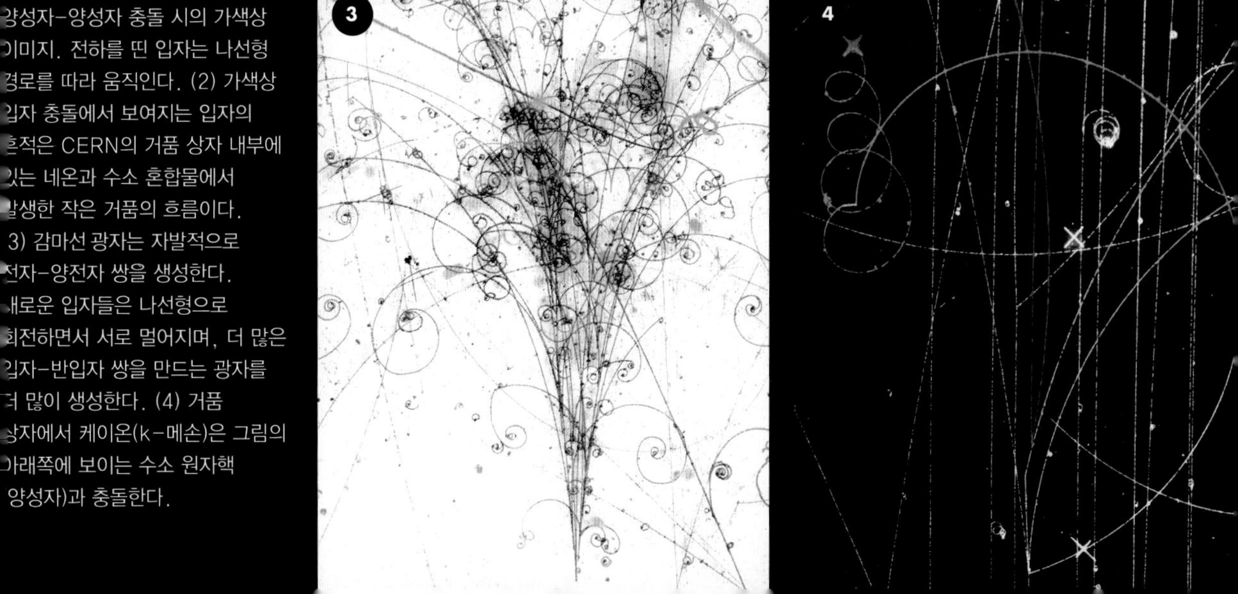

1) CERN의 거품 상자에서
양성자-양성자 충돌 시의 가색상 이미지. 전하를 띤 입자는 나선형 경로를 따라 움직인다. (2) 가색상 입자 충돌에서 보여지는 입자의 흔적은 CERN의 거품 상자 내부에 있는 네온과 수소 혼합물에서 발생한 작은 거품의 흐름이다. (3) 감마선 광자는 자발적으로 전자-양전자 쌍을 생성한다. 새로운 입자들은 나선형으로 회전하면서 서로 멀어지며, 더 많은 입자-반입자 쌍을 만드는 광자를 더 많이 생성한다. (4) 거품 상자에서 케이온(k-메손)은 그림의 아래쪽에 보이는 수소 원자핵(양성자)과 충돌한다.

1

각각은 반입자 파트너를 지닌다.

전자는 고집스럽게 기본적인 입자로 남아 있으며, 현재까지 밝혀진 바에 의하면 내부 구조가 없는 것으로 보인다. 하지만 전자에게는 사촌이 있으며, 이들은 뮤온muon과 타우tau의 형태를 지닌다(여기에서도 이들의 반입자는 반뮤온antimuon, 반타우antitau이다). 이 두 입자는 동일한 전하를 지니며 일반적인 행동도 같지만, 전자보다 질량이 크고 전자와는 달리 일반적인 물질을 구성하지 않는다. 또 다른 입자인 중성미자neutrino는 전자와 밀접한 관련이 있다. 중성미자의 존재는 베타 붕괴(이 과정에서 핵은 전자를 방출한다) 시 발생하는 원인 모를 에너지 소실을 설명하기 위해 1930년에 제기되었다. 중성미자는 1950년대에 발견되었고, 뮤온 중성미자 및 타우 중성미자 등 연관된 입자가 많다. 전자, 뮤온, 타우 및 이들의 파트너 중성미자, 그리고 각각에 대한 반입자는 하드론과는 다른 계열을 형성하며, 이를 렙톤lepton이라 부른다.

1970년대까지 물질은 (쿼크 기반의) 하드론과 렙톤으로 이루어진 것으로 보였다. 이들 입자와 더불어, 물질의 입자 간에 작용하는 힘을 운반하거나 매개하는 다른 입자들도 있었다. 이들 힘 운반 입자가 바로 "게이지 보손gauge boson"이며, 광자(전자기력을 매개), 글루온gluon(쿼크 간의 강한 핵력을 매개), 그리고 W 및 Z 보손(핵 붕괴 시의 약한 핵력, 좀 더 정확히는 약한 상호 작용을 매개)이 이에 해당된다.

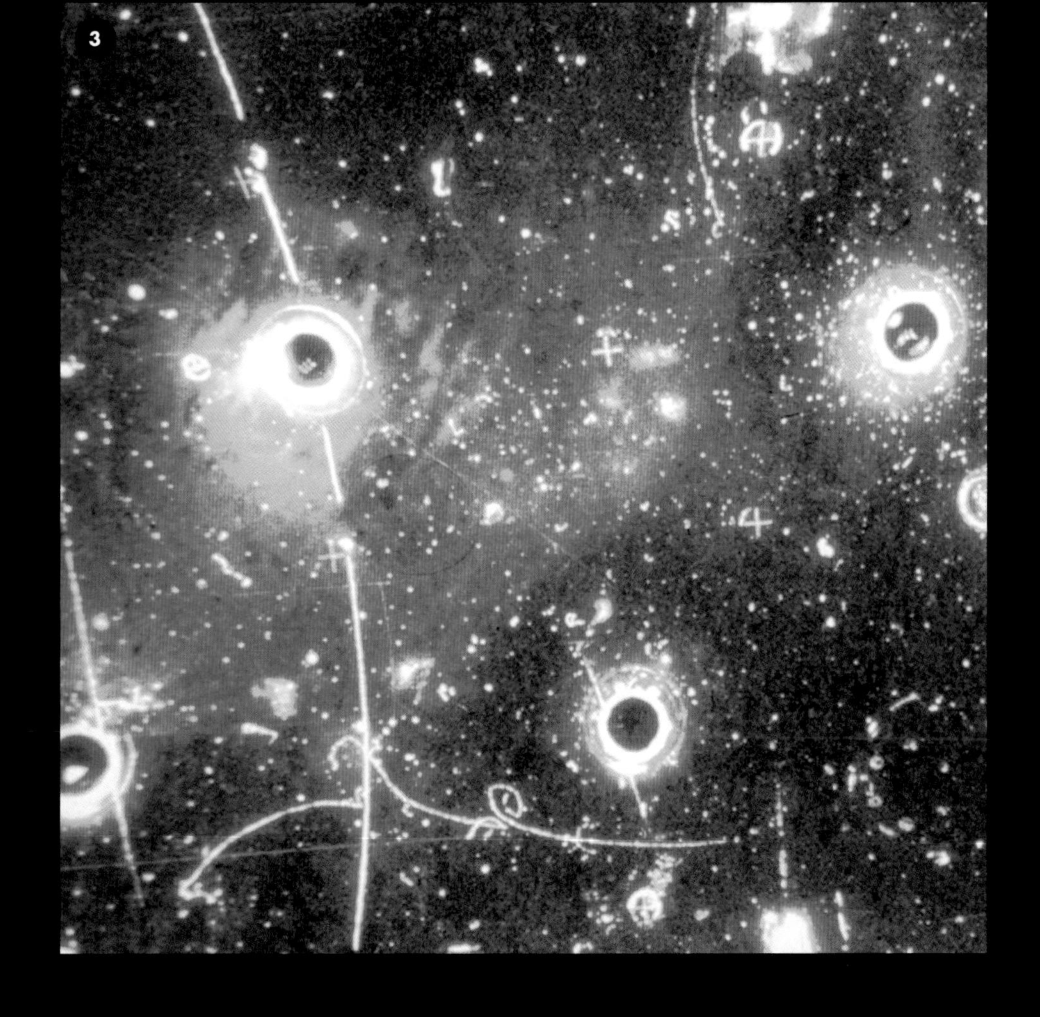
3

여기에 스핀이라는 양자적 성질이 가세하면서 상황은 더욱 복잡해진다. 스핀은 모든 기본 입자들이 지니는 성질로, 전하를 띤 입자를 작은 자석으로 만들어준다(49페이지 참고). 어떤 입자는 반정수 스핀을 지니는데($-^3/_2$, $-^1/_2$, $^1/_2$, $^3/_2$ 등), 이들은 페르미온fermion이라 불리며, 특정 양자 상태에는 오직 하나의 페르미온만이 존재할 수 있다. 모든 렙톤은(전자를 포함) 페르미온이며, 모든 쿼크도 마찬가지이다. 힘을 매개하는 입자는 보손으로, 정수 스핀(-1, 0, 1 등)을 지닌다. 어떤 수의 보손도 동일한 양자 상태를 지닐 수 있다. 복합 입자는 이를 구성하는 입자들의 전체 스핀에 따라 페르미온이나 보손이 될 수 있다. 예를 들어 일부 원자도 보손이 될 수 있으며, 그렇기 때문에 매우 낮은 온도에서 보즈-아인슈타인 응축이 될 수 있는 것이다(다수의 원자가 "초원자superatom"로 같은 상태를 차지한다. 132페이지 참고).

많은 종류의 입자가 존재하고, 이들을 분류하는 방식 또한 다양하기 때문에, 물리학자들은 "입자 동물원particle zoo"이라는 용어를 사용하기 시작했다. 이론 물리학자들에게는 이를 이해할 수 있는 방법이 절실했다. 원자와 원소의 세계에 대한 주기율표에 필적할 만한 것이 기본 입자 세계에도 필요했던 것이다.

(1) 2012년 CERN. 매우 빠르게 움직이는 양성자를 납 이온에 충돌시켜 생성된 입자들의 궤적을 추적한 것.
(2) 맞은편 페이지는 CERN의 강입자 충돌기에 있는 CMSCompact Muon Solenoid 검출기에서 2개의 양성자-양성자 충돌실험의 결과를 스크린에 나타낸 것이다(2012).
(3) 뉴욕 업턴에 있는 브룩헤이븐 국립연구소Brookhaven National Laboratory의 상대적 중이온 충돌기Relativistic Heavy Ion Collider에서 고에너지 금 이온의 충돌에 의해 생성된 하전 입자가 나선형으로 쏟아져 나오고 있다.

1

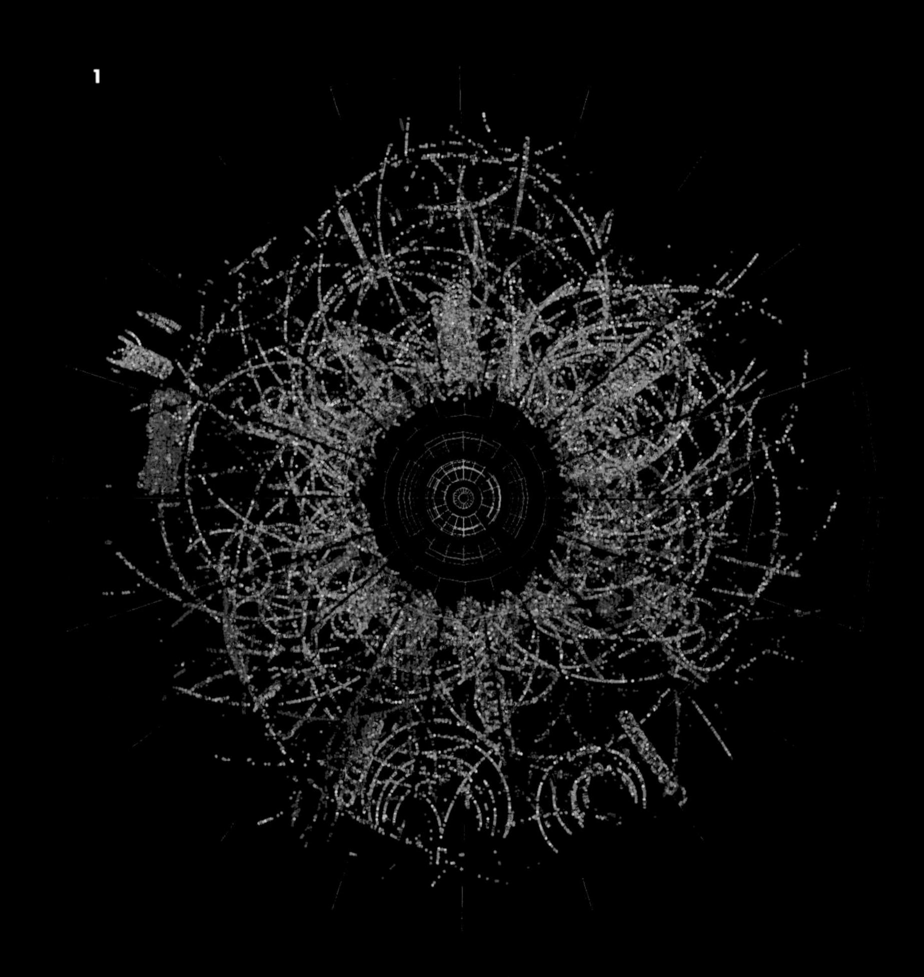

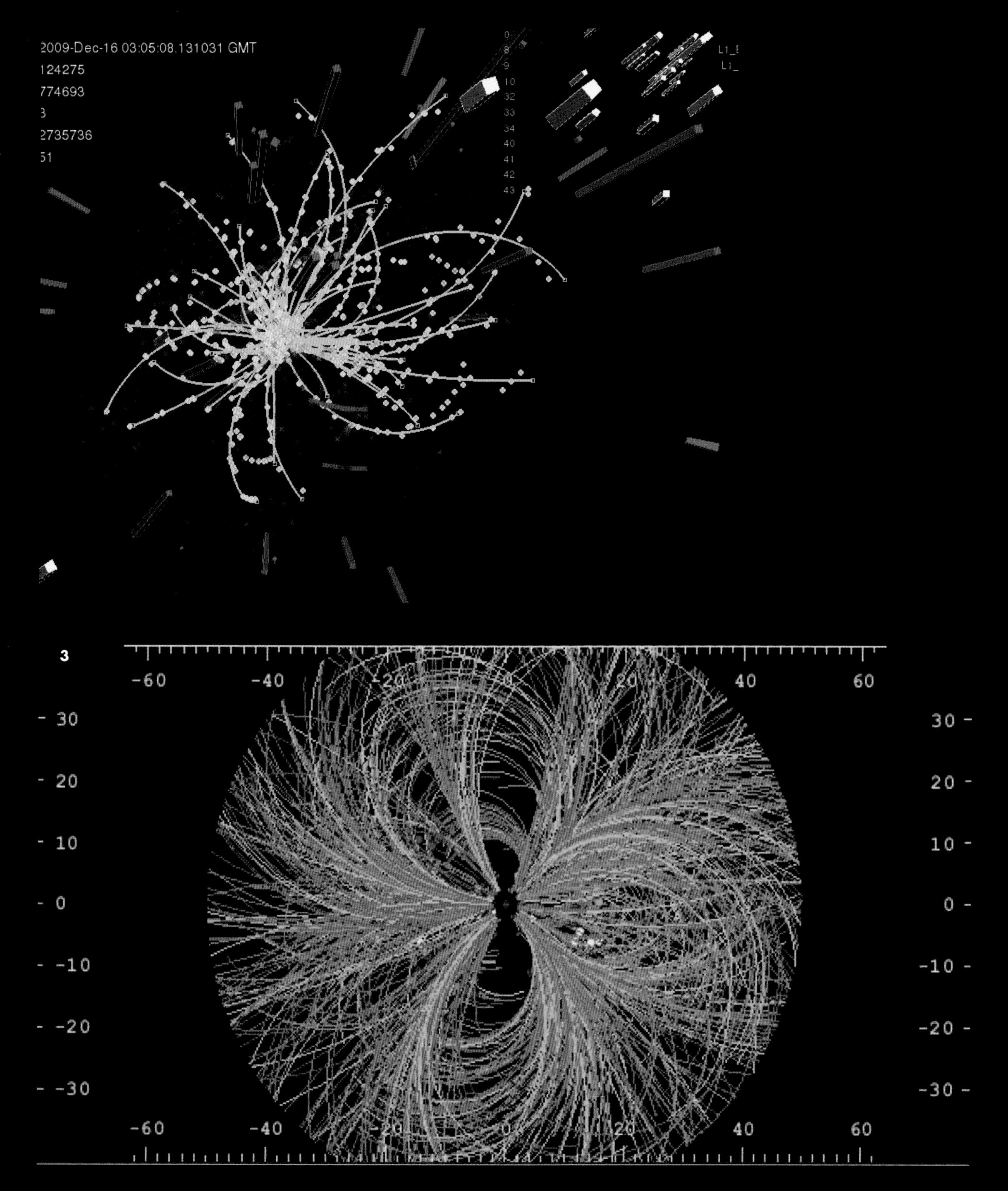
2
2009-Dec-16 03:05:08.131031 GMT
124275
774693
2735736
3
-60
-40
-20
0
20
40
60
30
20
10
0
-10
-20
-30

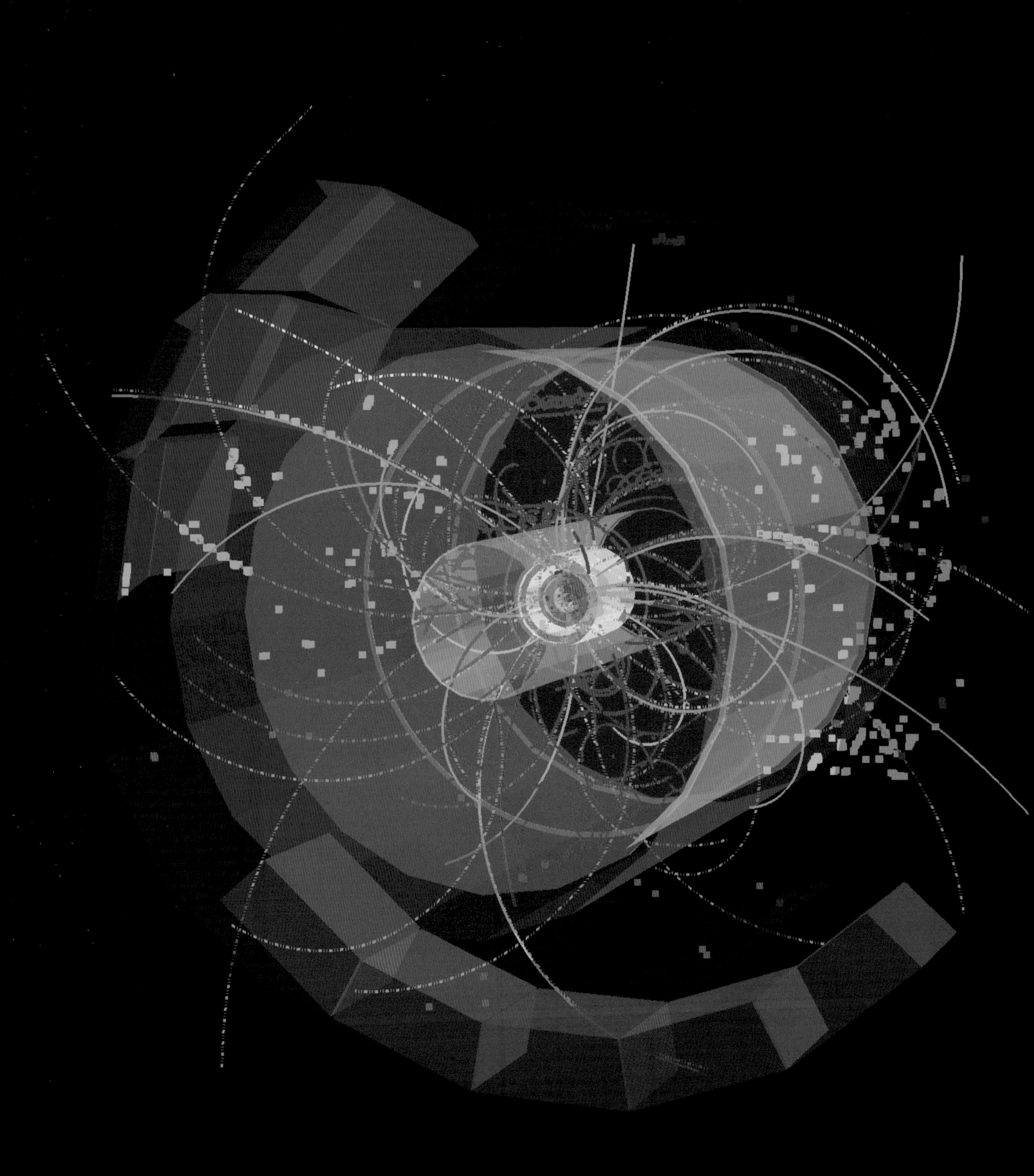

표준 모형

과학자들은 물질 입자(하드론과 렙톤)와 힘 운반 입자(게이지 보손) 사이에 존재하는 다양한 상호 작용이 규칙성을 가진다는 사실을 알게 되었다. 상호 작용에는 네 가지 종류가 있는데, 중력, 전자기력, 강한 핵력, 그리고 약한 상호 작용이 그것이다. 이 중 중력은 나머지 세 종류의 상호 작용과 확연히 다르다. 중력은 아인슈타인의 일반상대성이론으로 멋지게 설명할 수 있는데, 비록 현재까지 관측된 바는 없으나 중력을 운반하는 입자인 중력자graviton가 존재할 가능성은 여전히 있다. 그러나 입자물리학자들은 나머지 세 종류의 상호 작용도 체계화할 수 있었다. 이들은 어떤 입자가 어떤 다른 입자와 상호 작용을 하는지, 그리고 각각의 상호 작용에서 전하 및 에너지와 같은 성질이 어떻게 항상 보존되는지에 대한 규칙을 발견했다.

이러한 작업의 결과가 표준 모형Standard Model이라 불리는 정교한 규칙으로, 입자들의 계보와 함께 이들이 어떻게 상호 작용하는지 보여주는 표로 요약될 수 있다. 입자 동물원에는 다시 질서가 찾아왔고, 동물들은 길들여졌다. 지금까지 발견된 수백 개의 입자가 12개의 입자(6개의 렙톤과 6개의 쿼크)와 4개의 힘 운반 입자(게이지 보손)로 정확히 표현될 수 있었다. 표준 모형을 완성하기 위해서는 또 하나의 입자, 즉 다른 종류의 보손이 필요했다(힘 운반 입자인 게이지 보손은 아니다). 이것이 바로 힉스 보손Higgs boson이며, 이 입자의 축복 받은 발견은 표준 모형의 효용성을 증명하기 위해 진행된 여러 실험 중 가장 최근인 2012년, 프랑스와 스위스의 국경 지역에 위치한 CERN 연구소의 강입자 충돌기Large Hadron Collider, LHC에서 이루어졌다. "신의 입자the God particle"라는 별명을 얻긴 했지만, 힉스 보손은 그 자체로 특별히 중요한 입자는 아니다. 그러나 CERN에서 이것이 생성됨으로 인해 힉스장Higgs field이라 불리는 존재가 확인되었다. 힉스장은 기본 입자 질량의 기원을 비롯해, 표준 모형에서의 여러 주요 현상을 설명하는 데 도움을 준다. 힉스장과 같은 장은 표준 모형을 뒷받침하는 기반이다.

CERN의 ALICE 검출기 내에서 납 이온들의 충돌로 생성된 입자들이 쏟아져 나오는 모습을 컴퓨터로 재구성한 것.

표준모형의 기본 입자들. 기본 페르미온은 물질 입자, 기본 보손은 힘 운반 입자이다(힉스 보손 제외).
출처: AAAS

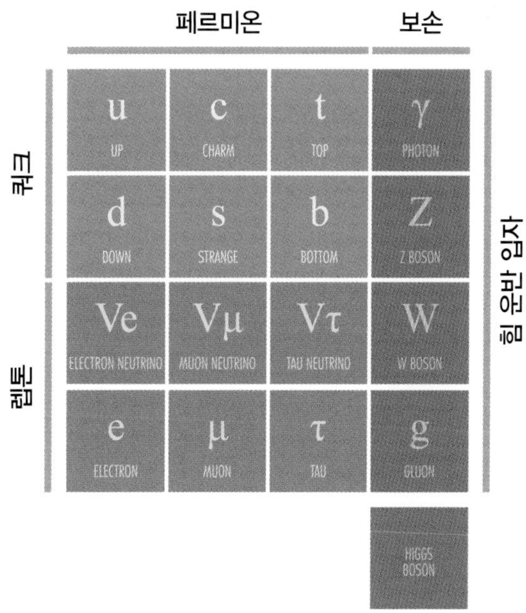

	페르미온			보손	
쿼크	u UP	c CHARM	t TOP	γ PHOTON	힘 운반 입자
쿼크	d DOWN	s STRANGE	b BOTTOM	Z Z BOSON	힘 운반 입자
렙톤	Ve ELECTRON NEUTRINO	Vμ MUON NEUTRINO	Vτ TAU NEUTRINO	W W BOSON	힘 운반 입자
렙톤	e ELECTRON	μ MUON	τ TAU	g GLUON	힘 운반 입자
				HIGGS BOSON	

양자장

입자와 그 상호 작용을 설명하는 표준 모형의 기저를 이루는 개념은, 입자는 고체가 아니라 우주 전체에 퍼져 있는 장field에서의 교란이라는 사실이다. 이들 장은 수학적 개체로, 입자 간의 상호 작용을 설명하는 데 도움이 된다. 또한 오늘날 우리가 보통 입자라고 생각하는 것들의 파동성과 입자성 사이를 잇는 중요한 연결고리이기도 하다.

장은 무엇인가?

장에 대한 개념은 1840년대로 거슬러 올라가 영국의 과학자 마이클 패러데이의 아이디어에서 시작되었다. 1820년대와 1830년대에 패러데이는 전기와 자기에 대한 실험에 몰두하고 있었다. 그는 자석과 전하가, 빈 공간에 퍼지는 것처럼 보이는 명확한 선들을 따라 힘을 행사한다는 사실을 깨달았다. 장의 세기는 공간의 위치에 따라 달랐다. 달리 말하면, 자기장 안에 놓인 자석은 위치에 따라 강한 힘을 받거나, 약한 힘을 받기도 한다는 뜻이다. 1846년, 패러데이는 빛이 전기장과 자기장 내에서의 파동의 움직임, 즉 교란이라고 제안했는데, 이는 20년 후 제임스 클러크 맥스웰에 의해 수학적으로 증명되었다(28페이지 참고). 파동이 장을 통해 전파될 수 있다는 사실은 매우 중요하며, 1920년대에 양자 이론을 통해 입자의 파동성이 드러나면서 그 중요성이 더욱 부각되었다(32페이지 참고).

전기장과 자기장은 하나의 실체, 즉 전자기장으로 존재한다. 1920년대에 물리학자들이 원자를 이해하기 위해 양자역학을 처음 도입했을 때, 이들은 전자의 에너지 상태를 양자화된(특정 에너지만 허용되는) 것으로 간주했지만, 전자기장 자체가 어떻게 양자화되는지는 사실상 고려하지 않았다. 이후 몇몇 물리학자들은 이 문제점

파인만 다이어그램

1948년, 미국의 물리학자 리처드 파인만Richard Feynman은 QED에서 전자와 광자의 상호 작용을 기술하는 복잡한 수학적 설명을 간단한 다이어그램으로 단순화해서 나타내려고 했다. 각각의 다이어그램에서, 물질 입자와 힘 운반 게이지 보손은 직선 또는 물결선으로 표시된다. 양성자와 같은 복합 입자는 선의 모음으로 표시되는데, 이때 각각의 선은 쿼크를 나타낸다. 상호 작용이 발생할 수 있는 방식은 여러 가지가 존재한다. 예를 들어(우측) 2개의 전자(e^-)는 가상 광자(ɣ)의 교환을 통해 서로 밀어낸다. 전자는 또한 스스로와 가상의 광자를 교환할 수도 있으며, 그 과정에서 가상의 광자가 자발적으로 가상의 전자-양전자 쌍이 될 수도 있다. 각각의 다이어그램은 상호 작용의 배후에 있을 수 있는 기전을 보여주고, 기전의 발생 가능성을 계산하는 데 도움이 될 수 있다. 결론적으로 다이어그램은 상호 작용이 발생할 모든 가능성을 나타내는 것이다.

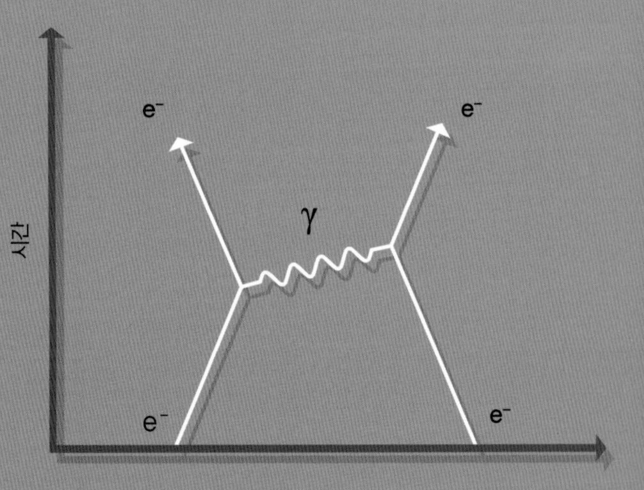

을 다루면서 광자가 전자기장에서의 교란, 즉 들뜬 양자화라는 이론을 만들어냈다. 전하를 띤 입자와 전자기장 사이의 상호 작용에 대한 연구는 전기 역학electrodynamics이라 불리며, 전자기장의 양자화에 관해 최근에 만들어진 이론은 양자 전기 역학quantum electrodynamics, QED으로 알려지게 되었다.

마이클 패러데이의 실험은 전자기에 대한 이해에 지대한 공헌을 했다. 그는 1845년 11월 7일 작성한 일기에서 "장field"이라는 단어를 최초로 사용했다.

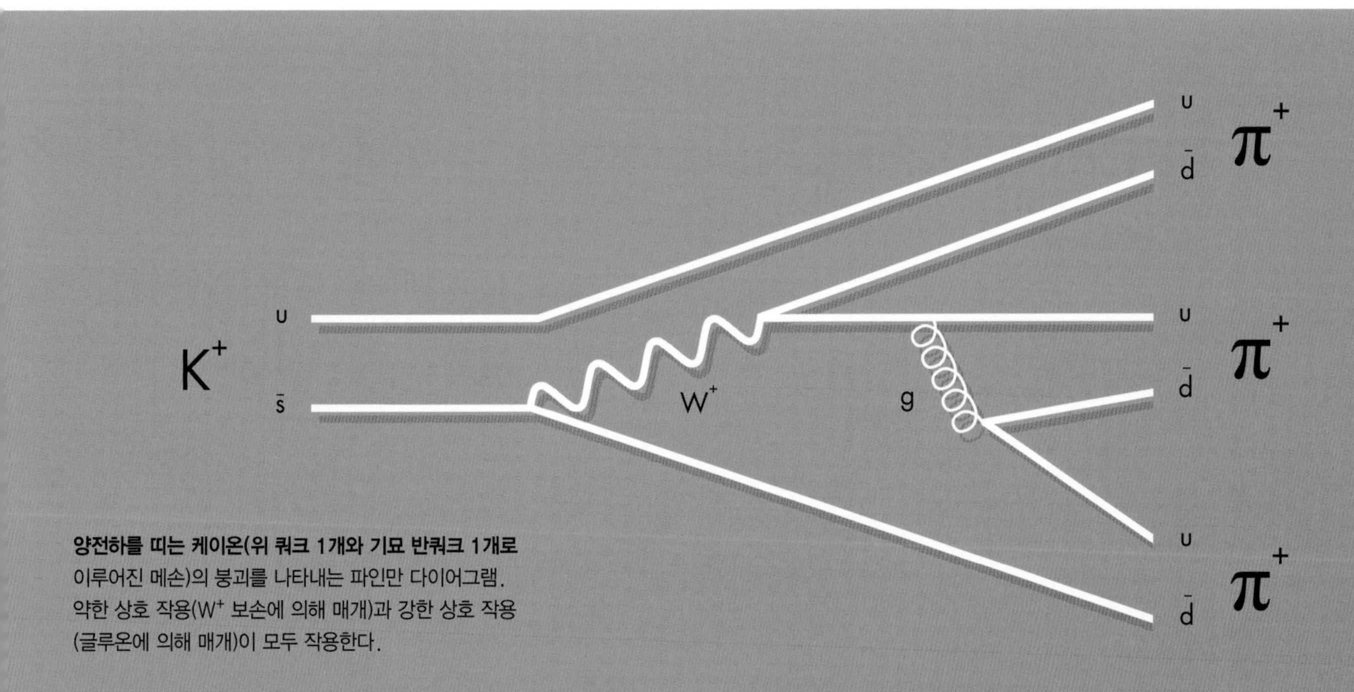

양전하를 띠는 케이온(위 쿼크 1개와 기묘 반쿼크 1개로 이루어진 메손)의 붕괴를 나타내는 파인만 다이어그램. 약한 상호 작용(W^+ 보손에 의해 매개)과 강한 상호 작용(글루온에 의해 매개)이 모두 작용한다.

양자장 이론

전자기장의 양자화를 다룬 최초의 이론은 1920년대 후반에 등장했다. 이들은 전하를 띤 입자와 광자 간의 상호 작용을 수학적으로 기술하고 예측할 수 있었다. QED에서 광자는 전자기장을 통과해 돌아다니는 교란, 즉 "들뜸"이었고, 물리학자들은 이 개념을 전자기를 넘어 다른 상호 작용에까지 확장시켰다. 예를 들어 강한 핵력의 영향을 받는 입자 간의 상호 작용은 양자 색역학quantum chromodynamics, QCD으로 기술된다. 이 이름은 쿼크가 전하와 유사한 성질을 지닌 강한 핵력에 영향을 받는다는 사실에서 비롯되었는데, 이러한 성질은 "색color"이라 불리며 쿼크가 상호 작용하는 방식을 결정한다. 강한 핵력에서 힘 운반 입자는 글루온이며, 이들은 광자가 전자기장에서 양자화된 들뜸인 것과 마찬가지로, 양자 색역학에서 글루온장의 양자화된 들뜸으로 존재한다. 약한 상호 작용은 양자 맛역학quantum flavor dynamics, QFD(비록 약한 상호 작용과 전자기력은 전기-약 작용 이론electroweak theory이라는 단일 장 이론으로 통합되기는 했지만)이라 불리는 유사한 이론으로 기술된다.

양자장 이론quantum field theory, QFT은 힘 운반 입자(광자, 글루온, W, Z)를 장의 들뜸으로 다룰 뿐 아니라 물질의 입자도 같은 방식으로 다룬다. 달리 말하면, 전자는 사실 전자기장과 직접적으로 상호 작용하는 "전자장electron field"의 양자화된 들뜸인 것이다. 이는 양자 이론과 실험에 의하면 전자 역시 파동처럼 움직이기 때문에 타당한 기술이라고 할 수 있다. 따라서 QFT에 의하면 12개의 물질 장, 즉 6개의 렙톤에 의한 장과 6개의 쿼크에 의한 장(각각의 반입자는 파트너 입자와 동일한 장이 나타난 것이다)이 존재한다. 또한 힘 운반 입자(글루온, 광자, W와 Z 보손) 각각에 의한 4개의 힘 운반 장도 존재한다. 그리고 힉스장도 있고, 가설상의 중력자(일부 물리학자들은 이를 중력 상호 작용의 운반자라고 제안했다)를 기술하는 또 다른 장도 존재할 수도 있다. 이러한 장들은 잘 계산된 수학적 규칙에 따라 상호 작용한다. 이들은 우리가 일상에서 경험하는 물질의 구조뿐 아니라, 입자 가속기에서 관측되는 다양한 종류의 생성과 소멸 사건을 나타낸다.

입자 가속기는 QFT를 검증하기 위한 완벽한 실험 장치라 할 수 있다. 입자 가속기는 장을 교란시키는 에너지를 공급하는데, 충분한 에너지를 사용할 경우 입자를 생성할 수 있다. 이것이 바로 (다른 많은 입자를 포함해) 힉스 보손이 발견된 방식이었다. 마찬가지로 전자가 에너지를 잃으면 전자장은 이 에너지를 전자기장에 전달하며, 이런 방식으로 광자가 만들어진다. 전자기력을 운반하는 광자(그리고 다른 힘 운반 게이지 보손)는 존재하지도 않은 상태에서 물질 입자에 영향을 줄 수 있다. 사실 대개의 경우, 이들은 포텐셜potential, 즉 "가상"입자로 남아 있으면서 존재의 경계를 드나들며, 이들이 영향을 미치는 물질 입자가 그 영향력을 느낄 수 있을 정도의 시간 동안만 머무른다. 가상 입자의 이러한 양상이 가능한 것은 불확정성 원리the uncertainty principle라는 양자 이론으로 설명할 수 있다.

빈 공간에서 쿼크와 글루온 장의 요동을 보여주는 컴퓨터 시뮬레이션 애니메이션의 일부. 호주 애들레이드 대학의 CSSMCenter for the Subatomic Structure of Matter에 있는 슈퍼컴퓨터를 이용해 제작되었다.

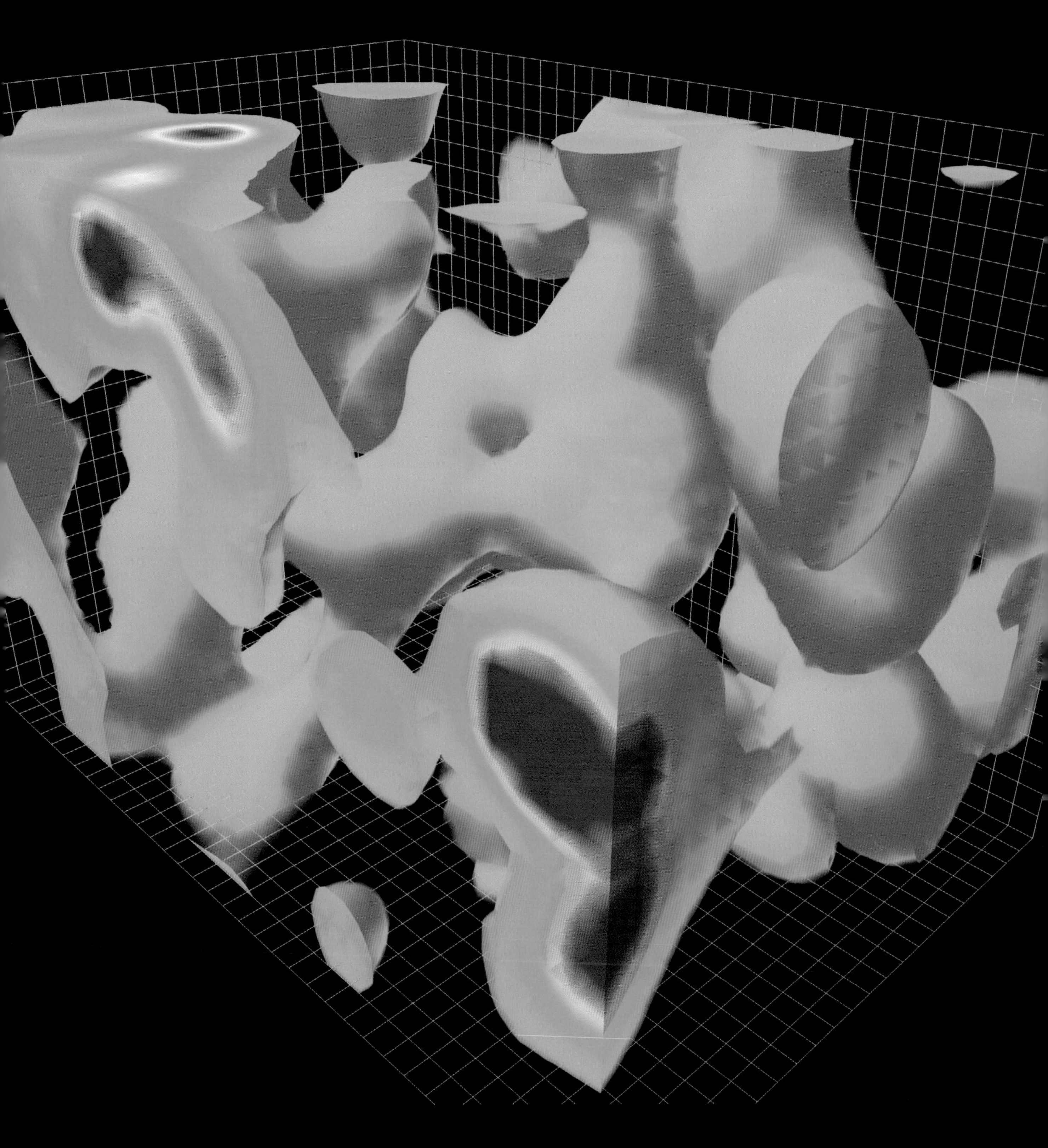

불확정성 원리

우리는 2장에서 양자 물리학의 두 가지 기둥, 즉 에너지(및 다른 성질들)의 양자화와 파동-입자 이중성에 대해 살펴보았다. 세 번째 기둥은 바로 불확실성 원리이다. 불확실성 원리에 따르면 입자의 위치와 운동량 모두를 정확히 아는 것은 불가능하다(아래 박스 참고). 위치를 정확히 알고 있으면 운동량은 알 수 없고 반대의 경우도 마찬가지이며, 두 가지를 정해진 제한 범위의 조합 내에서 파악할 수도 있다. 이러한 제한은 측정 기기의 정확성과는 무관한, 자연의 기본 법칙이다.

위치와 운동량 간의 불확정성 관계로 인해 이들 입자의 두 가지 특성은 "상보적 변수complementary variables"가 되었다. 어떤 과정에 관여하는 에너지와 과정의 지속 기간을 비롯해 다른 상보적 변수 세트도 존재한다. 이러한 사실로 인해 입자는 에너지를 빌린 다음, 불확정성 원리에 의해 정해진 시간 내에 반환하면서 무無로부터의 생성이 가능하게 된다. 그리고 이러한 가능성은 현실로 이어진다. 모든 물질과, 공간으로 스며드는 힘의 장에는 가상 입자들이 지속적으로 들끓고 있는데, 이들은 아주 짧은 시간 동안 존재하면서 우주의 "실제" 사건이 일어나는 무대에 혼돈의 배경을 만든다. 불확실성 원리는 입자가 절대 영도에서도 에너지를 지닐 수 있는 이유이기도 하며(132페이지 참고), 진정한 빈 공간이란 것은 존재하지 않는 이유이기도 하다.

장의 통일

전기와 자기는 한때 별개의 힘으로 간주되었지만 이제 이들은 전자기라는 단일 이론에 포함되며, 더 나아가 약한 상호 작용과도 통합된다. 이론 물리학자들은 다양

양자 불확실성

불확실성 원리는 파동-입자 이중성의 결과이고, 입자를 파동의 측면에서 기술하는 방법을 고려할 때 가장 잘 설명될 수 있다. 예를 들어 광자는 공간에 국소화된 파동 묶음wave packet으로 나타낼 수 있으며, 파동 묶음은 다른 파장을 지닌 여러 파동의 조합 또는 중첩을 통해 수학적으로 기술될 수 있다. 다른 파동을 더 많이 추가할수록 광자는 더욱 국소화된다. 하지만 각각의 파장은 모두 다른 운동량을 지니기 때문에 국소화된 파장일수록 운동량의 불확정성이 심해진다. 명확히 정해진 운동량을 지닌 광자는 단일 파장을 지닌 단일 파동으로 나타낼 수 있겠지만, 이 파동은 공간상에서 전혀 국소화되지 않으며 모든 방향으로 무한대로 뻗어 나갈 것이다.

명확히 정해진 운동량

파동 함수의 파장은 입자의 운동량을 결정한다. 운동량이 명확히 정해진 입자는 단일 파장의 파동 함수를 갖는다. 이는 곧 공간에서는 명확히 정해지지 않는다는 의미이며, 달리 말하면 위치를 알 수 없다는 뜻이다.

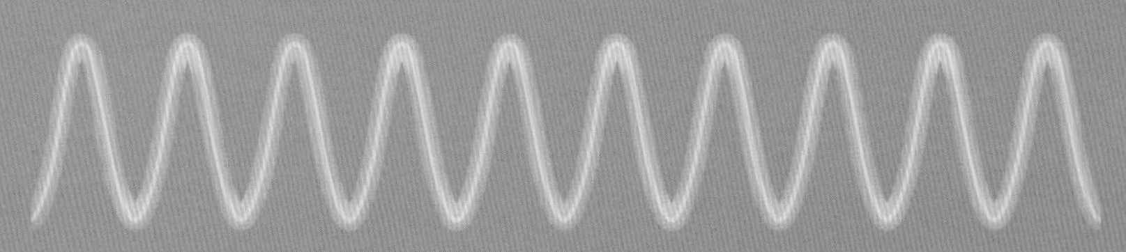

한 양자장 모두를 설명할 수 있고, 이들이 단일장의 일부라는(또는 일부였다는) 사실을 입증하는 단일 이론이 탄생하길 희망한다. 달리 말하면, 모든 장은 하나의 통합된 장이 여러 다른 형태로 나타난 것일 수 있다. 특히 입자/장 간의 상호 작용은 우주의 최초 1초 동안 존재했던 것과 같은 매우 높은 에너지에서 통합되는 것으로 보인다. 이러한 상호 작용은 우주가 냉각되면서, 우리가 오늘날 관찰하는 것과 같이 4개의 개별 상호 작용으로 나뉘었다.

하나의 통합된 양자장의 존재 유무와는 상관없이, 현실에 존재하는 것은 오직 장뿐인 것으로 보인다. 입자는 이들 장의 들뜸에 의해 생성된 가상의 존재이지만, 장과 분리되지 않고 장의 내부에 존재한다. 미국의 물리학자 프리먼 다이슨Freeman Dyson은 1953년에 양자장 이론의 관점에서 바라본 현실에 대해 다음과 같이 우아하게 기술했다.

"우리가 마침내 발견한 세상의 모습은 다음과 같습니다. 10개 내지 20개 정도의 상이한 양자장이 존재합니다. 각각은 공간 전체를 채우고 나름의 고유한 성질을 지닙니다. 장 외에는 아무 것도 존재하지 않습니다. 물질 세계 전체는 장으로 이루어져 있습니다. 쌍을 이룬 여러 장들 사이에는 다양한 종류의 상호 작용이 존재합니다. 각각의 장은 기본 입자 중 하나처럼 보입니다. 입자는 지속적으로 생성과 소멸, 변화를 거듭하기 때문에 특정한 종류에 속하는 입자의 수는 고정되어 있지 않습니다."

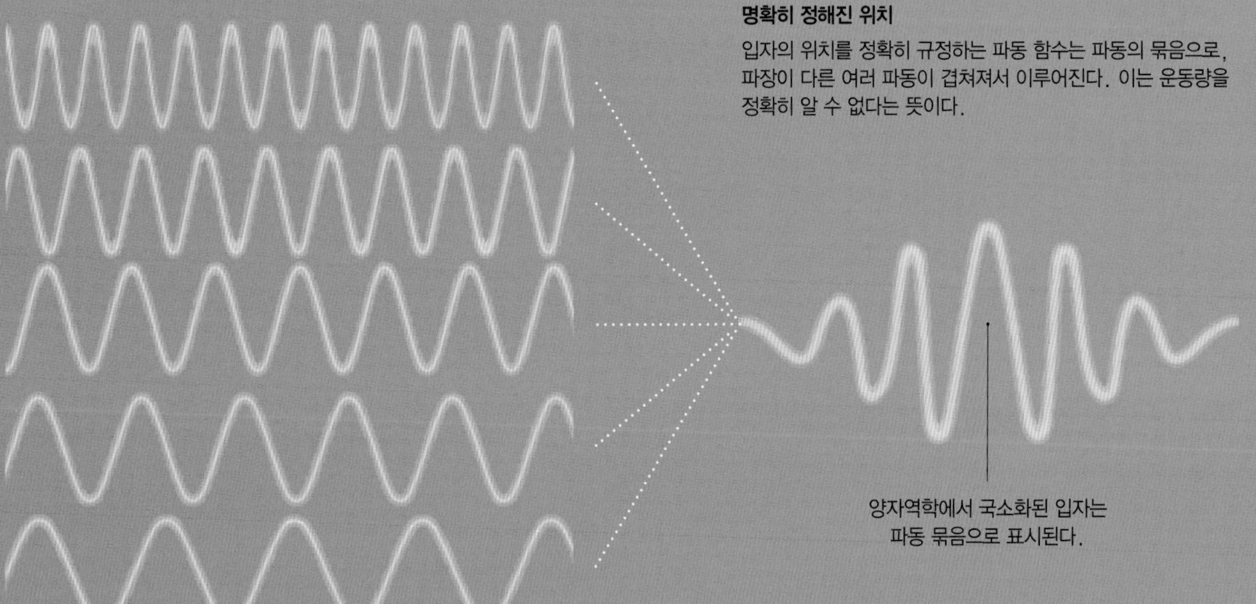

새로운 플레넘

물질이 무엇으로 구성되는지에 관한 생각의 역사를 돌이켜보면, 17세기 및 18세기의 과학 혁명 이래로 원자론에 의한 지배가 점차 증가해왔다. 지난 60년 동안, 우리가 고체 입자라고 생각했던 모든 것들은 공간을 가로지르는 장에서의 들뜸에 불과하다는 사실이 명백해졌다. 물질의 궁극적인 기본 입자에 대한 탐구는 실제로 그러한 것이 존재하지 않는다는 결론으로 우리를 이끌었다.

뒤돌아보기

원자는 분명 존재하지만 데모크리토스가 상상했던 것과는 다르다(13페이지 참고). 그는 물질이 더 이상 나눠질 수 없는 작은 공으로 이루어졌으며, 이들이 빈 공간을 돌아다닌다고 생각했다. 하지만 빈 공간이란 존재하지 않는다. 모든 공간은 장과, 가상 입자들이 득실거리는 늪으로 가득 차 있다. 현대적 의미에서의 "원자"는 3개의 쿼크로 이루어진 핵 주위에 전자가 위치하고 있는 복합 입자를 가리킨다. 하지만 이들 입자, 즉 전자와 쿼크는 데모크리토스가 의미했던 원자가 아니다. 전자와 쿼크 모두 딱딱한 공은 아니다. 당신의 몸 속에 있는 10^{28}개 정도의 전자는 모두 공간을 채우는 전자장의 들뜸이다. 당신의 몸에는 전자보다 훨씬 더 많은 수의 쿼크가 존재하며, 이들 역시 장의 들뜸이다. 양자장이 공간을 모두 채운다면 모든 사람의 전자는 동일한 장의 일부일 것이다. 우리는 모두 현실에서의 복잡하고 지속적으로 변화하는 파동 함수의 일부인 것이다.

데모크리토스의 생각은 동시대의 그리스 철학자 엘레아의 파르메니데스(12페이지 참고)와의 갈등을 초래했는데, 파르메니데스는 우주의 구석구석이 그가 플레넘plenum이라 지칭한 물질로 채워져 있다고 주장하면서 빈 공간은 존재하지 않는다고 고집했다. 그로부터 거의 2,500년이 지난 오늘날, 비로소 그의 주장이 옳았던 것으로 보인다. 세상이 딱딱하고 무거운 것처럼 보임에도 불구하고, 모든 곳에 존재하는 이러한 천상의 장으로만 이루어진 현실의 모습은 받아들이기 쉽지 않을지도 모른다. 하지만 테이블의 딱딱함과 볼링 공의 무게는 모두 여러 장들 사이에서 존재하는 상호 작용의 결과일 뿐이다. 원칙적으로 모든 것이 이러한 상호 작용으로 설명될 수 있는 것이다.

물론 장이 무엇으로 "이루어졌는지"는 누구도 알지 못한다. 우리는 이들을 단지 수학적으로만 기술할 수 있기 때문에 아마도 현실은 수로 이루어졌을 수도 있다. 피타고라스와 그의 추종자들이 2,000년도 더 이전에 주장했던 것처럼 말이다. 아니면 이들은 액체와 같은 물질로 이루어졌을지도 모른다. 어쨌거나 입자가 양자화된 파동의 형태로 장을 통과한다면, 이러한 파동 움직임의 주체는 무엇인가? 장이 정말로 물질이라면, 이 물질은 무엇으로 만들어졌을까? 아마도 일종의 원자는 아닐까…?

물론 장이 무엇으로 "이루어졌는지"는 누구도 알지 못한다.

용어 설명

가상 입자
불확정성 원리에 의해 순간적으로 존재할 수 있는 입자. 빌린 에너지를 정해진 시간 내에 "갚으면", 에너지는 존재할 수 있다.

감마선
매우 높은 진동수(즉, 매우 높은 에너지의 광자)를 지닌 전자기 방사의 일종으로 대개 핵반응 및 방사능 붕괴 시 생성된다.

강한 상호 작용
(또는 강력) 쿼크 간의 상호 작용으로, 가상 글루온에 의해 매개된다. 하드론(쿼크로 이루어진 입자)은 강한 상호 작용의 지배를 받는다.

공유 결합
분자 오비탈에서 전자를 공유하는 원자 간의 결합. 분자는 둘 이상의 원자가 공유 결합을 한 것이다.

광전 효과
금속 표면에 빛 또는 다른 전자기 방사를 쪼일 때 표면에서 전자가 방출되는 현상. 충분히 높은 진동수를 지닌 전자기 방사(충분히 높은 에너지의 광자)만 전자를 방출할 수 있다.

광자
기본 입자. 빛과 다른 전자기 방사는 입자의 흐름인 반면, 가상 광자는 전하를 띤 입자 사이에서 전자기력을 운반한다.

글루온
강한 상호 작용을 매개하는 기본 입자. 글루온은 쿼크를 연결해 양성자 및 중성자를 만든다.

달톤
원자 질량 단위로도 불림. 원자 질량과 분자 질량의 측정 단위. 1달톤은 탄소-12 원자 질량의 12분의 1에 해당한다.

동위원소
특정 원소의 원자가 2개 이상의 다른 형태를 지닌 것으로, 양성자 수는 같지만 중성자 수는 다르다. 모든 원소는 적어도 2개의 동위원소를 지닌다.

레이저
명확히 정해진 파장을 지니고, 파동이 모두 같은 위상에 있는 빛인 간섭성 빛의 광원

렙톤
물질의 입자 중에서 하드론과 달리 강한 상호 작용에 관여하지 않는 입자. 전자는 렙톤이다.

몰
아보가드로 수(6천억 * 1조)와 동일한 수의 입자로 이루어진 원소 또는 화합물의 양. 원소 1몰의 질량은 원자량을 그램으로 표시한 것에 해당한다.

반감기
방사성 동위원소 원자의 절반이 붕괴하는 데 소요되는 시간.

반도체
일반적인 환경에서 금속만큼은 아니지만 부도체보다는 전기를 훨씬 잘 전도하는 물질. 빛이나 열에 의해 에너지를 받거나 적절하게 도핑되면 전도도가 증가할 수 있다.

방사능
(또는 방사능 붕괴) 불안정한 원자핵이 더 낮은 에너지를 지닌, 대개 좀 더 안정적인 상태로 이동하는 과정

방사성탄소 연대측정법
탄소-14 동위원소의 함량 측정을 통해 과거에 생존했던 개체의 나이를 추정하는 기술. 탄소-14는 생명체에 의해 일정한 속도로 흡수되지만 약 5,700년의 반감기로 붕괴한다.

베타 붕괴
불안정한 원자핵이 더 낮은 에너지를 지닌 좀 더 안정적인 상태로 이동하는 과정. 핵의 내부에서 중성자는 양성자와 전자가 되며, 전자는 베타 입자로 핵에서 분출된다.

보손
정수 스핀(0, 1, 2 등)을 지니는 입자 또는 속박 입자군. 보손은 페르미온과 달리 동일한 종류의 다른 입자들과 같은 양자 상태를 공유할 수 있다. 예로는 광자, 헬륨-4 원자 및 힉스 보손(신의 입자로도 불림)이 있다. 페르미온과 비교해보자.

보스-아인슈타인 응축
보손 원자(동일한 에너지의 양자 상태를 공유할 수 있는 원자)가 거의 절대 영도까지 냉각된 물질의 상태로, 이들은 파동 함수가 겹쳐지며 하나의 입자처럼 행동한다.

분자 오비탈
원자 오비탈의 중첩에 의해 생성된 오비탈. 원자 오비탈과 마찬가지로 분자 오비탈에는 전자가 2개까지 들어갈 수 있다. 분자 오비탈은 공유 결합의 기반이다.

불확정성 원리
양자 이론의 주축이 되는 원리로, 쌍을 이루는 물리량(특히 운동량과 위치, 에너지와 시간)을 얼마나 정확히 알 수 있는지에 관한 근본적인 한계를 인식한다.

삼중 알파 과정
항성 내 핵반응으로, 3개의 알파 입자로부터 탄소-12 예비 핵이 생성된다.

상대성
물질과 에너지는 위치와 속력, 그리고 중력장의 세기와는 무관하게 동일한 기본 법칙을 따른다는 전제를 지닌 모든 물리 이론.

스핀
아원자 입자가 마치 회전하는 듯한 양상을 나타내는 성질. 전하를 띤 입자는 스핀으로 인해 자성을 지니지만, 반대되는 스핀이 쌍을 이루는 경우에는 서로 상쇄된다. 짝 없는 전자를 지닌 원자는 잔여 스핀을 지니며 특정 물질이 자성을 지니는 원인이 된다.

신의 입자
힉스장과 관련된 입자인 힉스 보손의 별명. 힉스장은 기본 입자에 질량을 부여하는 양자장이다.

알파 붕괴
불안정한 원자핵이 더 낮은 에너지를 지닌 좀 더 안정적인 상태로 이동하는 과정. 핵은 알파 입자를 방출하는데, 이는 2개의 양성자와 2개의 중성자가 결합한 것이다.

약한 상호 작용
(또는 약력) 특정 아원자 입자 간의 상호 작용으로 방사능 붕괴 및 핵반응과 관련된다.

양성자
모든 원자핵에서 발견되는, 3개의 쿼크로 이루어진 입자. 쿼크는 전하를 띠며, 양성자는 전체적으로 양전하를 띤다.

양자 색역학
특히 쿼크 및 글루온과 같이 강한 상호 작용의 영향을 받는 입자의 행동을 예측하는 양자장 이론

양자 이론
(양자 역학이나 양자 물리학이라고도 불림) 장과 입자 및 이들의 상호 작용을 원자 및 아원자 스케일에서 기술한 이론.

양자 전기 역학
전하를 띤 입자와 광자 간의 상호 작용을 기술하고 예측하는 양자장 이론.

양자장 이론
입자를 모든 공간에 스며드는 양자화된 장의 발현으로 간주하는 체계. 표준 모형에서 각각의 입자는 고유의 장을 지닌다.

오비탈
전자의 파동 함수로 정의되는 공간 영역으로, 전자가 발견될 수 있다. 각각의 오비탈에는 상반되는 스핀을 지닌 전자가 2개까지 들어갈 수 있다.

원소
한 종류의 원자로 이루어진 물질로, 이들 원자의 핵 내에 있는 양성자 수에 의해 정의된다. 예로는 수소, 산소 및 탄소가 있다.

원자 번호
원자핵 내의 양성자의 수. 특정 원소의 원자는 모두 원자 번호가 동일하다.

원자 질량수
줄여서 "질량수"라고도 하며, 핵 안에 있는 전체 양성자와 중성자의 수이다. 원자 번호 및 원자량과 비교해 보자.

원자량
상대 원자 질량이라고도 불리며, 원자 질량 단위(달톤 참고)로 측정된 특정 원소 원자의 평균 질량. 다른 동위원소는 다른 원자량을 지니기 때문에 원자량은 평균값이다.

원자힘 현미경
매우 날카로운 팁을 지닌 탐침으로 표면을 주사하고 탐침과 표면 사이의 힘을 감지해, 신뢰도 높은 원자 이미지를 생성하는 기술.

이온 결합
전자를 얻거나 잃은 원자인 이온 간의 결합. 양이온과 음이온은 이온 결합으로 뭉쳐지면서 결정을 형성한다.

이중 슬릿 실험
빛의 파동성을 조사하고, 이를 입증하기 위해 1801년 처음으로 고안된 실험. 전자와 같은 아원자 입자의 파동성을 강조하는 현대 물리학에서 중요한 의미를 지닌다.

입자 가속기
아원자 입자 또는 이온을 매우 빠른 속력으로 가속한 다음, 서로 충돌시켜 다른 입자들의 홍수를 생성하도록 하는 장치. 실험 물리학자들은 생성된 입자를 이용해 아원자 상호 작용에 관한 이론을 검증한다.

자기공명영상
핵의 자기장과 상호 작용하기 위해 강한 자기장과 라디오파를 사용하는 의학 영상 기술.

자성
스핀을 지닌 입자가 관여하는 현상. 여러 입자 시스템에서 각각의 입자 스핀은 상쇄되며, 이러한 시스템은 자성을 지니지 않는다.

전계 방사형 현미경
날카로운 금속 팁의 표면에서 방출된 전자로 팁 표면 원자 구조의 확대 이미지를 생성한다.

전계 이온 현미경
전계 방사형 현미경과 유사한 기술로, 밀도가 낮은 기체의 원자가 날카로운 금속 팁에 들러 붙은 다음, 이온화되어 팁에서 방출되면서 팁 표면 원자 구조의 확대 이미지를 생성한다.

전자
음전하를 띠며, 모든 원자에서 발견되는 기본 입자.

전자기
전하를 띤 입자 사이에 작용하는 힘. 강한 상호 작용, 약한 상호 작용, 중력과 함께 4개의 기본 상호 작용 중 하나이다.

절대 영도
물질 입자의 운동 에너지가 최소인, 가장 낮은 온도. 절대 온도 값은 켈빈 온도 척도에서 0이며, 화씨 척도에서는 −459.67°, 섭씨 척도에서는 −273.15°이다.

주기율표
모든 원소를 원자 번호 순서대로 가로줄(주기)에 배열해, 유사한 성질 −유사한 전자 배치의 결과−을 지닌 원소가 같은 세로줄(족)에 배열되도록 한 표.

주사 터널링 현미경
물체의 표면에서 빛이 아닌 전자가 부딪혀 튕겨져 나오면서 확대된 이미지를 생성하는 기술.

주사 탐침 현미경
표면에 있는 원자 스케일의 굴곡을 위아래로 주사하고 감지해 정확한 원자의 이미지를 생성하는 기술.

주사 터널링 현미경
매우 날카로운 팁을 지닌 탐침으로 표면을 주사하고 탐침과 표면 사이 틈으로 "터널링"하는 미세한 전류를 측정해, 신뢰도 높은 원자 스케일의 이미지를 생성하는 기술.

주사 투과 전자 현미경
전자빔을 표면의 위아래로 주사하고 지나가는 전자를 수집해, 신뢰도 높은 원자 스케일의 이미지를 생성하는 기술.

중성자
3개의 쿼크로 구성된 입자로, 모든 원자핵에서 발견된다(수소-1은 제외). 쿼크는 전하를 띠지만 중성자는 전체적으로 전하가 없다.

질량 분석
다른 분자로 이루어진 혼합물을 이온화시킨 다음, 빠른 속력으로 가속하고 자기장으로 휘게 하여 구분하는 분석 기술로, 편향 정도는 혼합물의 질량에 의해 결정된다.

쿼크
강한 상호 작용에 관여하는 기본 입자. 양성자와 중성자는 쿼크(그리고 글루온)로 구성된다.

파동 함수
하나의 입자 또는 여러 입자들의 양자 상태에 관한 수학적 기술. 특정 시공간에서 파동 함수의 값은 해당 시공간에서 입자가 특정 상태에 존재할 확률과 연관된다.

파동-입자 이중성
입자로 간주되던 물체가 파동성을 지니며, 파동으로 간주되던 물체는 입자성을 지니는 현상.

페르미온
반정수 스핀($-^1/_2$, $^1/_2$, $^3/_2$ 등)을 지니는 입자 또는 속박 입자군. 페르미온은 보손과 달리 동일한 종류의 다른 입자들과 같은 양자 상태를 공유할 수 없다. 예로는 양성자, 중성자, 전자 및 헬륨-3 원자가 있다. 보손과 비교해보자.

표준 모형
현재까지 제시된 것 중에서 아원자 입자들 간의 기본 상호 작용을 가장 잘 설명할 수 있는 이론.

하드론
강한 상호 작용과 관련된, 2개 이상의 쿼크로 이루어진 복합 입자. 양성자와 중성자는 하드론이다.

핵분열
핵발전소와 핵무기에서 사용되는 핵반응으로, 커다란 원자핵이 두 부분으로 쪼개지면서, 즉 분열하면서 에너지를 방출한다. 자발적으로 발생하기도 하지만 자유 중성자가 존재할 경우 유도될 수도 있다.

핵융합
항성의 중심에서 발생하거나, 열핵무기에서 사용되는 핵반응으로, 작은 원자가 합쳐지면서, 즉 융합하면서 에너지를 방출한다.

핵자기
양성자와 중성자의 스핀이 서로 상쇄되지 않는 핵의 자기. 수소-1 원자의 핵을 포함한 일부 핵의 스핀은 0이 아니며, 따라서 작은 자석으로 작용한다.

화합물
둘 이상의 원소로 이루어진 물질로, 각 원소를 구성하는 원자들은 정해진 비율로 존재한다. 예로는 물(수소 및 산소, 2 : 1)이 있다. 화합물의 원자는 이온 결합이나 공유 결합을 한다.

더 읽을거리

추천 도서

『개념 잡는 비주얼 양자역학책 *30-Second Quantum Theory*』

브라이언 클레그 (궁리, 2018)

수학적인 내용은 그다지 난이도가 높지 않으면서 양자 물리학에 관해 상당히 깊이 있게 다룬 책.

『일반인을 위한 파인만의 QED 강의 *QED - The Strange Theory of Light and Matter*』

리처드 파인만 (승산, 2001)

파인만이 선도한 물리 이론인 양자 전기 역학(QED)에 대한 강의 내용을 묶은 책으로, 빛과 전자가 어떻게 상호 작용하는지를 명료하게 설명한다. QED에 관한 최고의 입문서라 할 수 있다.

『모든 순간의 물리학 *Seven Brief Lessons on Physics*』

카를로 로벨리 (쌤앤파커스, 2016)

이 책은 아름다운 문장으로 여러 복잡한 주제를 7개의 쉬운 "강의"로 전달한다. 저자는 현재 활동 중인 이론 물리학자이다.

『LHC, 현대 물리학의 최전선』

이강영 (사이언스북스, 2014)

LHC와, LHC의 가동으로 세계 과학계의 중심축으로 우뚝 선 연구소인 CERN의 전모를 소개하는 책으로, 원자의 발견에서 현대 물리학이 도달한 '거의 모든 것의 이론'인 입자 물리학의 표준 모형에 이르기까지 입자 물리학의 역사도 다루고 있다.

온라인 자료

양자 물리학 1
(QUANTUM PHYSICS I)

MIT 대학에서 제공하는 무료 공개 온라인 강좌. 이 코스는 대수학에 관한 약간의 사전 지식을 요하는 심도 있는 비디오 강의로 구성된다.

https://ocw.mit.edu/courses/physics/8-04-quantum-physics-ispring-2013/
(또는 https://goo.gl/LFB4MW)

양자 물리학 (QUANTUM PHYSICS)
칸 아카데미

무료 온라인 강좌로, 여러 편의 비디오 강의를 통해 양자 물리학의 원리를 명료하게 설명한다. 다른 과학 분야에 관한 강좌도 들을 수 있으며 강력히 추천한다.

https://www.khanacademy.org/science/physics/quantum-physics

힉스 보손의 발견
(THE DISCOVERY OF THE HIGGS BOSON)

스코틀랜드 에딘버러대학에서 제공하는 무료 공개 온라인 강좌. 고등학교 수준의 물리학적 지식만이 요구되며, 소위 "신의 입자"라 불리는 힉스 보손의 발견에 이르는 과정을 안내한다.

https://www.class-central.com/course/futurelearn-the-discovery-ofthe-higgs-boson-1259
(또는 https://goo.gl/srsU6F)

색인

ㅈ

ㅊ

ㅋ

ㅌ

ㅍ

ㅎ

감사의 글

저자로부터

우선 이 책이 이렇게 멋지게 출판될 수 있도록 도움을 준 아이비 프레스의 직원들에게 감사를 전합니다. 특히 수석 편집장 스테파니 에반스와 디자이너 웨인 블레이즈, 교열 담당자 캐서린 브래들리에게 감사를 보냅니다. 또한 분자 궤도에 대한 논의로 도움을 준 영국 브리스톨대학의 크레그 버츠 교수에게도 감사의 마음을 대신합니다.

이 책은 다음의 무료 공개 자료 소프트웨어를 사용해 분자와 핵의 일러스트레이션을 만들었습니다.
Avogadro : A molecule editor and visualizer. (https://avogadro.cc)
QuteMol : High-quality molecular visualization software. (http://qutemol.sourceforge.net)

도판 저작권

이 책에 쓰인 이미지를 사용할 수 있도록 기꺼이 허가해 준 아래의 개인 및 기관에 감사의 인사를 전합니다. 이미지 사용 승인을 얻기 위해 최선을 다했지만, 의도치 않게 누락된 부분이 있다면 정중히 사과드립니다.

Alamy/Jordan Remar: 91; Kropp: 146; Mint Images Limited: 47T; Phil Degginger: 148T; Pix: 111; Science History Images: 26T, 44.

British Library: 14.

Courtesy Francesca Calegari. From 'Ultrafast electron dynamics in phenylalanine initiated by attosecond pulses', F. Calegari et al., Science 346, 2014. Reprinted with permission from AAAS.

CERN: 164, 167T, 169T, 171T, 171B, 172, 173T, 174.

Jack Challoner: 57, 59, 63 (nucleus), 70, 71, 73B, 74, 75, 76, 89, 92, 96, 97, 98, 100, 102, 103, 105T, 131, 151, 161.

European Southern Observatory: 104.

Flickr/IPAS/Professor Andre Luiten, adelaide.edu.au, CC-BY-SA: 132; James St Jon, CC-BY: 159; Mdxdt, CC-BY-SA: 118C.

Julie Gagnon, http://www.umop.net/spctelem.htm © 2007, 2013, CC-BY-SA: 68.

Getty Images/Bettmann: 15L; Gallo Images: 60; Guillaume Souvant/AFP: 160; National Geographic: 88; Oxford Science Archive/Heritage Images: 19B; Science & Society Picture Library: 21, 26B, 30; Science Photo Library: 15R.

Courtesy Iain Godfrey, SuperSTEM Laboratory, University of Manchester: 121BR.

Viktor Hanacek, picjumbo.com: 12.

Based on an original illustration by Johan Jarnestad/The Royal Swedish Academy of Sciences: 114.

Derek Leinweber, CSSM, University of Adelaide: 178.

Jianwei Miao, University of California, Los Angeles: 112.

NASA: 39BL, 39 (background), 45, 94, 105B, 135T, 157.

National Archives and Records Administration: 161 (background).

NIST: National Institute of Standards and Technology: 124B, 125BL, 129, 135B, 141L, 141R.

Courtesy Quentin Ramasse/Dr. Demie Kepaptsoglou, Prof. Quentin Ramasse, SuperSTEM. Sample from Dr. Vlado Lazarov (University of York) and Sara Majetich (Carnegie Mellon University): 121BL; Dr. Demie Kepaptsoglou, Prof. Quentin Ramasse, SuperSTEM. Samples from Prof. Ursel Bangert, University of Limerick: 121TL; Prof. Quentin Ramasse, SuperSTEM. Sample: Dr. Sigurd Wenner & Prof. Randi Holmestad, NTNU Norway: 121TR.

Science Photo Library: 80, 82C, 82B, 83CL, 83B, 84C, 84BL, 84BR, 85C, 108R; Alfred Pasieka: 83CR; AMMRF/University of Sydney: 118B, 136T, 136B; Brookhaven National Laboratory: 173B; C. Powell, P. Fowler & D. Perkins: 166; Centre Jean Perrin/IBM: 155T; CERN: 170; Charles D. Winters: 90; Don W. Fawcett: 116; Dr. A. Yazdani & Dr. D.J. Hornbaker: 124T; Dr. Mitsuo Ohtsuki: 120; Dr. Kenneth Wheeler: 106; EFDA-JET: 163T, 163B; Emilio Segre Visual Archives/American Institute of Physics: 32; Eye of Science: 125BR, 126R; Gary Cook/Visuals Unlimited: 66L; GIPhotoStock: 27T, 40; Goronwy Tudor Jones/University of Birmingham: 169BL, 169BR; IBM Research: 86, 125T, 127B, 128, 130T, 130B; James King-Holmes: 158; Ken Lucas/Visuals Unlimited: 66BL; Kenneth Eward/Biografx: 2; Martin Land: 66BR; Martyn F. Chillmaid: 66T; NASA's Goddard Space Flight Center/CI Lab: 77; Natural History Museum, London: 66R; NYPL/Science Source: 115R; Omikron: 168; Pascal Goetgheluck: 66BC; Phil Degginger: 27B; Philippe Plailly: 123T, 123B; Prof. D. Skobeltzyn: 167B; Royal Institution of Great Britain: 10; Ted Kinsman: 49B; Victor Shahin, Prof. Dr. H. Oberleithner, University Hospital of Muenster: 127T; Voisin/Phanie: 155B.

Shutterstock/Africa Studio: 39BR; Agrofruti: 108L; Albert Russ: 115L; Alexander Softog: 138; Bjoern Wylezich: 142B; Crafter: 95TL; Dabarti CGI: 150; Gasich Tatiana: 64; Golubovy: 144T; Gopixa: 154; Gustavo Miguel Fernandes: 95BL; HikoPhotography: 95TR; Humdan: 78; Irin-K: 39C; Kai Beercrafter: 20; Kichigin: 95C; L. Nagy: 93; Mikhail Varentsov: 46; Natali art collections: 183; Noor Haswan Noor Azman: 95BR; Pavelis: 109; PNPImages: 101; Speedkingz: 152T; Ugis Riba: 144B.

Image courtesy of Aneta Stodolna. Reprinted with permission from: A. S. Stodolna et al., 'Hydrogen Atoms under Magnification: Direct Observation of the Nodal Structure of Stark States', in Physical Review Letters, 110 (21), 213001, May 2013. Copyright 2013 by the American Physical Society.

Wellcome Collection: 18, 19T, 21 (inset), 25, 177T.

Wikimedia Commons/Bdushaw, CC-BY: 62B; Tatsuo Iwata, CC-BY-SA: 117.